高职高专院校机电类专业规划教材
全国高校人工智能+数字经济优秀教材
全国高校电气类专业优秀教材

自动化生产线安装与调试
（三菱FX系列）（第三版）

严　惠　张同苏　主编
李志梅　周　斌　赵　振　参编
程　周　主审

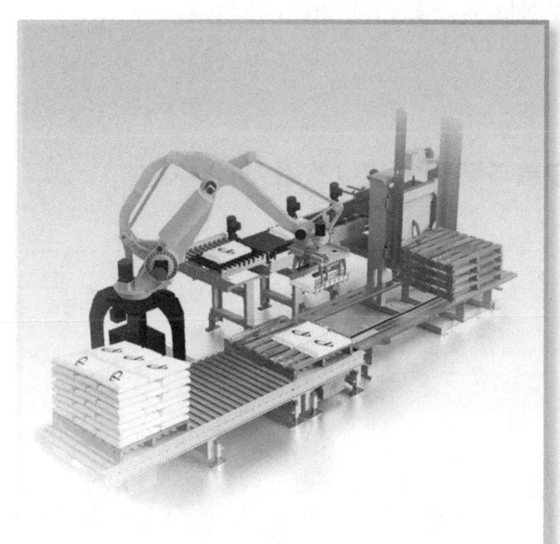

中国铁道出版社有限公司
CHINA RAILWAY PUBLISHING HOUSE CO., LTD.

内容简介

本书是“十四五”职业教育国家规划教材，以历届全国高职院校技能大赛“自动化生产线安装与调试”赛项所指定的竞赛平台为载体，按照项目引领的模式编写，将实施自动化生产线安装与调试相关的知识点和实操技能分解到不同项目中。书中主要内容包括：自动化生产线核心技术应用，自动化生产线各工作单元安装与调试，系统安装与调试，以及人机界面组态与调试等。本书结构紧凑、图文并茂、层次分明、配套资源丰富，具有很好的可读性、实用性和先进性。

本书适合作为高职高专机电类专业相关课程的教材，也可作为应用型本科、职业技能竞赛的相关培训教材，还可作为相关工程技术人员研究自动化生产线的参考书。

图书在版编目(CIP)数据

自动化生产线安装与调试：三菱 FX 系列/严惠，张同苏主编. —3 版. —北京：中国铁道出版社有限公司，2022. 1(2025. 12 重印)

高职高专院校机电类专业规划教材

ISBN 978-7-113-28667-5

Ⅰ. ①自… Ⅱ. ①严…②张… Ⅲ. ①自动生产线-安装-高等职业教育-教材 ②自动生产线-调试方法-高等职业教育-教材 Ⅳ. ①TP278

中国版本图书馆 CIP 数据核字(2021)第 267858 号

书　　名：自动化生产线安装与调试(三菱 FX 系列)
作　　者：严　惠　张同苏

策　　划：祁　云　　　　**编辑部电话：**(010)63549458
责任编辑：祁　云　绳　超
封面设计：付　巍
封面制作：刘　颖
责任校对：孙　玫
责任印制：赵星辰

出版发行：中国铁道出版社有限公司(100054，北京市西城区右安门西街 8 号)
网　　址：https://www. tdpress. com/51eds
印　　刷：北京联兴盛业印刷股份有限公司
版　　次：2010 年 9 月第 1 版　2022 年 1 月第 3 版　2025 年 12 月第 8 次印刷
开　　本：850 mm × 1 168 mm　1/16　**印张：**12. 5　**字数：**320 千
书　　号：ISBN 978-7-113-28667-5
定　　价：36. 00 元

前　言

自2008年全国职业院校技能大赛引入"自动化生产线安装与调试"赛项以来,这一综合实训项目不断被全国广大高职高专院校引入机电类专业综合实训项目教学之中。通过十余届全国技能大赛的引领,以及各院校多年的教学实践,"自动化生产线安装与调试"作为高职高专院校机电类专业的一门综合性实训课程,正在日趋成熟。

培养掌握智能制造相关技术,能够进行智能制造装备和自动化生产线的安装、编程、调试、维修、运行和管理的技术技能型人才,已成为当前高等职业院校机电技术类专业技能培养的主要任务。自动化生产线融合了传感器与检测技术、电机与电气控制技术、PLC控制技术、液压与气压传动技术、工业网络技术等多方面知识,为满足专业综合实训类课程教学所需,我们编写了《自动化生产线安装与调试(三菱FX系列)》。在全国技能大赛的引领下,各院校教师在教学实践中不断总结经验,对教学目标、教学内容、教学方法和教学实施等都提出了许多有益的建议。随着技术的更新,作为教学载体的YL-335B自动化生产线也进行了相应升级,引进了新功能,增添了新的实训项目。为进一步更好地提高教学实施成效,编者对第二版进行了较全面的修订,在教材的格局与内容方面进行了较大幅度的调整,并纠正了其中一些错漏之处。主要调整之处如下:

(1)针对自动化生产线安装与调试的技能技术规范开发了配套的"小工匠训练营"小程序,让读者在寓学于乐的闯关游戏中践行精益求精、追求卓越的工匠精神。读者通过微信扫描"小工匠训练营"二维码(见下页)即可获取相关内容。

(2)对教材整体的项目设置进行了重构,项目架构更着眼于教学实施的可行性,针对各个教学项目的特点进行了任务细分,明确给出各项目的重点与难点、各任务实施的参考学时。

(3)增加了项目资源建设,读者可以通过扫描各个项目中的二维码,获取视频、动画资源,配套的PPT等资源也进行了更新。

(4)对第二版教材中的电气接线图进行了修正。

(5)在项目四的思考题中嵌入了新装配单元技能点,在项目七思考题中增加了机器人码垛单元、新输送单元的技能点,其中新装配单元为全国职业院校技能大赛自动化生产线安装与调试赛项新增考核单元;机器人码垛单元与新输送单元是YL-335B近年升级改造为新的智能制造生产线主要新增工作单元。

本书是“十四五”职业教育国家规划教材，由江苏信息职业技术学院严惠、原亚龙科技集团电气总工程师张同苏任主编，沙洲职业工学院李志梅、常州机电职业技术学院周斌和山东职业学院赵振参与编写。具体编写分工如下：严惠、张同苏编写项目一、项目五、项目七，对书中各工作任务的 PLC 例程和人机界面组态文档进行了全面测试和验证，并负责书中教学资源的建设及全书统稿；李志梅编写项目六；周斌编写项目二、项目三，赵振编写项目四。

本书在编写过程中得到了浙江亚龙教育装备股份有限公司领导的大力支持，郑巨上、陈钰生、蔡桂飞、赵振鲁等工程技术人员提供了 YL-335B 自动化生产线设备以及升级拓展工作站有关的技术数据和资料，并为书中附图制作、程序调试等做了大量的工作。主审程周以高度负责的态度，认真审阅了书稿，并提出了宝贵的意见，在此一并表示衷心的感谢！

限于编者的经验、水平以及时间，书中难免存在疏漏和不妥之处，敬请广大读者提出宝贵意见。

编　者

2025 年 12 月

目　录

项目一　认识自动化生产线 …… 1
任务 1　了解自动化生产线 …… 1
任务 2　认知 YL-335B 型自动化生产线 …… 3
项目小结 …… 12
思考题 …… 12
项目二　供料单元的安装与调试 …… 13
任务 1　供料单元机械拆装 …… 13
任务 2　供料单元气路连接与调节 …… 17
任务 3　供料单元电气线路设计 …… 22
任务 4　供料单元控制系统软件设计 …… 34
项目小结 …… 40
思考题 …… 40
项目三　加工单元的安装与调试 …… 41
任务 1　加工单元机械拆装 …… 41
任务 2　加工单元电气线路设计 …… 46
任务 3　加工单元控制系统软件设计 …… 51
项目小结 …… 54
思考题 …… 54
项目四　装配单元的安装与调试 …… 55
任务 1　装配单元机械拆装 …… 55
任务 2　装配单元气路连接与调节 …… 62
任务 3　装配单元电气线路设计 …… 65
任务 4　装配单元控制系统软件设计 …… 71
项目小结 …… 75
思考题 …… 76
项目五　分拣单元的安装与调试 …… 79
任务 1　分拣单元机械拆装 …… 80
任务 2　分拣单元电气线路设计 …… 85
任务 3　变频器多段速运行控制 …… 93
任务 4　脉冲当量测试 …… 101
任务 5　基于 FX3U-3A-ADP 的分拣单元运行控制 …… 106
任务 6　分拣单元上位机组态控制 …… 115

项目小结 …… 132
思考题 …… 132
项目六 输送单元的安装与调试 …… 133
任务1 输送单元机械拆装 …… 133
任务2 输送单元电气线路设计 …… 140
任务3 输送单元运行控制 …… 148
项目小结 …… 163
思考题 …… 164
项目七 YL-335B自动化生产线联机运行控制 …… 165
任务1 *N*:*N*网络组建与控制 …… 165
任务2 系统联机运行的人机界面组态和PLC编程 …… 173
项目小结 …… 192
思考题 …… 193

项目一

认识自动化生产线

项目目标

①了解自动化生产线的功能、作用、特点及发展概况。
②了解 YL-335B 型自动化生产线的基本结构。
③熟练操作 YL-335B 型自动化生产线。
④熟练操作气泵。

建议学时

任务1	了解自动化生产线	1学时
任务2	认知 YL-335B 型自动化生产线	1学时

重点

①常见自动化生产线的功能。
②YL-335B 型自动化生产线的基本结构。
③操作气泵向自动化生产线供气。
④操作 YL-335B 型自动化生产线,熟悉各工作站的基本功能。

难点

操作 YL-335B 型自动化生产线。

任务1 了解自动化生产线

一、工作任务

列举生活中常见的自动化生产线,阐述其应用场合与工作流程。

二、关联知识点

(一)自动化生产线的概念

自动化生产线是由自动执行装置(包括各种执行器件、机构,如电动机、电磁铁、电磁阀、气动及液压装置等),经各种检测装置(包括各种检测器件,如传感器、仪表等),检测各装置的工作进程、工作状态,经逻辑、数理运算及判断,按生产工艺要求的程序,自动进行生产作业的流水线。

简单地说,自动化生产线是由工件传送系统和控制系统,将一组自动机床和辅助设备按照工艺顺序连接起来,自动完成产品全部或部分制造过程的生产系统,简称"自动线"。

(二)自动化生产线的发展概况

自动化生产线所涉及的技术领域是很广泛的,它的发展、完善是与各种相关技术的进步及互相融合紧密相连的。各种技术的不断更新推动了它的迅速发展。

可编程逻辑控制器(PLC)是一种数字运算操作的电子系统,是专为工业环境下的应用而设计的控制器。它是在电气控制技术和计算机技术的基础上开发出来的,并逐渐发展成以微处理器为核心,将自动化技术、计算机技术、通信技术融为一体的新型工业控制装置,广泛应用于自动化生产的控制系统中。

机器人技术由于微机的出现,内装的控制器被计算机代替而产生了工业机器人,以工业机械手最为普遍。各具特色的机器人和机械手在自动化生产中的装卸工件、定位夹紧、工件传输、包装等部分得到广泛应用。新一代智能机器人不仅具有运动操作技能,而且还有视觉、听觉、触觉等感觉的辨别能力,具有判断、决策能力,将把自动化生产带入一个新的领域。

液压和气动技术,特别是气动技术,由于使用的是取之不尽的空气作为介质,具有传动反应快、动作迅速、气动元件制作容易、成本低和便于集中供应和长距离输送等优点,引起人们普遍重视。气动技术已经发展成为一个独立的技术领域。在各行业,特别是自动化生产线中得到迅速的发展和广泛的使用。

此外,传感技术随着材料科学的发展和固体效应的不断出现,形成了一个新型的科学技术领域。在应用上出现了带微处理器的"智能传感器",它在自动化生产中监视着各种复杂的自动控制工序,起着极其重要的作用。

进入二十一世纪,自动化功能在计算机技术、网络通信技术和人工智能技术的推动下不断提高,从而能够生产出更加智能的控制设备,使工业生产过程有一定的自适应能力。所有这些支持自动化生产的相关技术的进一步发展,使得自动化生产技术功能更加齐全、完善、先进,从而能完成技术性更复杂的操作和生产或装配工艺更复杂的产品。

三、任务实施

自动化生产线大大提高了生产的效率,图 1-1 所示为一些自动化生产线的例子。自动化生产线要求线体上各种机械加工装置能自动地完成预定的各道工序,使产品成为合格的制品装卸工件、定位夹紧、工件在工序间输送、工件的分拣甚至包装等都能自动地进行。例如在图 1-1(a)所示的笔记本式计算机组装线和图 1-1(b)所示的组合音箱组装线中,为了使产品在不同工位进行组装,产品的输送和定位都是重要的环节。图 1-1(c)所示的口罩机生产线,由口罩本体设备、翻片输送线以及耳带焊接设备组成,口罩本体加工的片材通过传送带传送至翻转机构,经由其翻转至焊带机传送带上,进行口罩耳带焊接。口罩机中涵盖了 PLC、触摸屏、电机、气动等技术。图 1-1(d)所示的电芯智能制造生产线,实现了电芯的取料、加工、清洗、检测、入库功能,通过工业机械人实现各个工作单元间中间件的抓取、传输。

视频

典型智能制造视频(遥控器装配生产线)

（a）笔记本式计算机组装线

（b）组合音箱组装线

（c）口罩机生产线

（d）电芯智能制造生产线

图 1-1　自动化生产线的例子

任务 2　认知 YL-335B 型自动化生产线

一、工作任务

YL-335B 自动化生产线已调试完毕，通过正确操作 YL-335B 自动化生产线，理解 YL-335B 自动化生产线的功能与结构特点。

二、关联知识点

（一）YL-335B 型自动化生产线组成

亚龙 YL-335B 型自动化生产线实训考核装备由安装在铝合金导轨式实训台上的供料单元、加工单元、装配单元、分拣单元和输送单元五个单元组成。其外观如图 1-2 所示。

（二）YL-335B 型自动化生产线的基本功能

YL-335B 型自动化生产线的控制方式采用每一工作单元由一台 PLC 承担其控制任务，各 PLC 之间通过 RS-485 串行通信实现互连的分布式控制方式。典型的工作过程如图 1-3 所示。

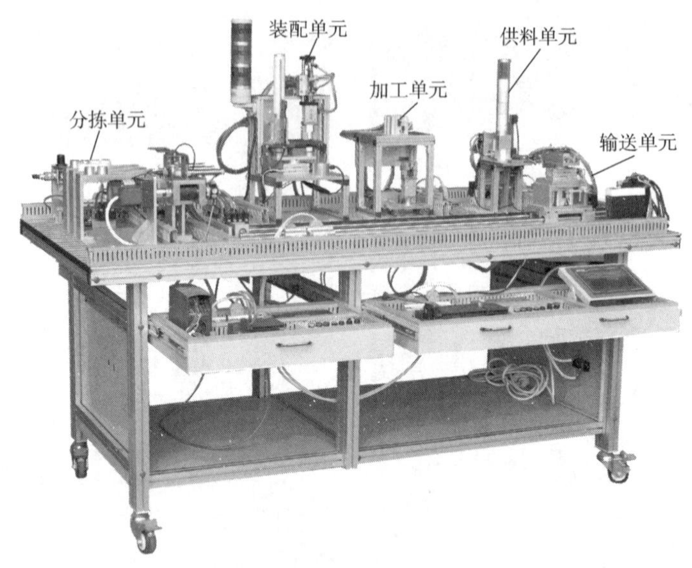

图 1-2　YL-335B 型自动化生产线实训考核装备外观

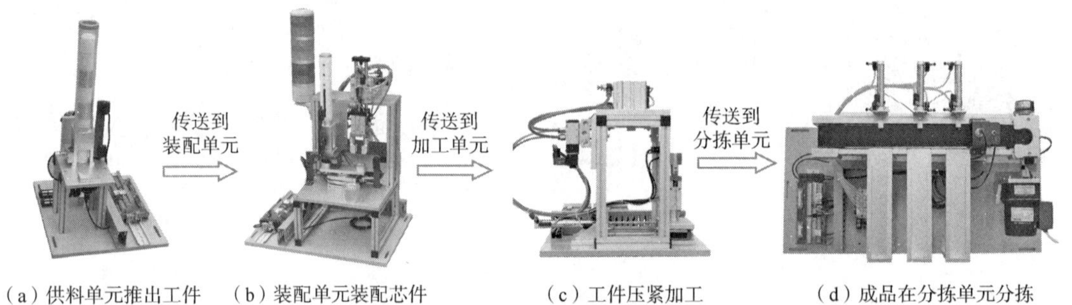

（a）供料单元推出工件　（b）装配单元装配芯件　（c）工件压紧加工　（d）成品在分拣单元分拣

图 1-3　典型的工作过程

①供料单元按照需要将放置在料仓中的工件（原料）推出到出料台上，输送单元的机械手抓取推出的工件，输送到装配单元的装配台上。

②装配单元实现将其料仓内的金属、黑色或白色小圆柱芯件嵌入装配台上的待装配工件中的功能。装配完成后，输送单元的机械手抓取已装配工件，输送到加工单元的加工台上。

③加工单元对工件进行压紧加工。工作过程为：夹紧加工台上的工件，使加工台移动到冲压机构下面完成冲压加工；然后加工台返回原位置，松开工件，等待输送单元的抓取机械手抓取后输送到分拣单元的进料口。

④分拣单元的变频器驱动传送带电动机运转，使成品工件在传送带上传送，在检测区获得工件的属性（颜色、材料等），进入分拣区后，完成不同属性的工件从不同料槽的分流。

⑤在上述工艺流程中，工件在各工作单元的转移，依靠输送单元实现。输送单元通过伺服装置驱动抓取机械手在直线导轨上运动，定位到指定单元的物料台处，并在该物料台上抓取工件，把抓取到的工件输送到指定地点放下，以实现传送工件的功能。

从自动化生产线的控制过程来看,供料、装配和加工单元都属于对气动执行元件的逻辑控制;分拣单元则包括变频器驱动、运用 PLC 内置高速计数器检测工件位移的运动控制,以及通过传感器检测工件属性,实现分拣算法的逻辑控制;输送单元则着重于伺服系统快速、精确定位的运动控制。系统各工作单元的 PLC 之间的信息交换,通过 RS-485 网络实现,而系统运行的主令信号、各单元工作状态的监控,则由连接到系统主站的嵌入式人机界面实现。

视频

YL-335B自动线运行

由此可见,YL-335B 充分体现了自动化生产线的综合性和系统性两大特点,涵盖了自动化专业所要求掌握的各门课程的基本知识点和技能点。

(三)YL-335B 型自动化生产线设备的电气控制

1. YL-335B 的供电电源

YL-335B 要求外部供电电源为三相五线制 AC 380 V/220 V,图 1-4 为供电电源的一次回路原理图。图 1-4 中,总电源开关选用 DZ47 LE-32/C32 型三相四线漏电开关(3P + N 结构形式)。系统各主要负载通过自动开关单独供电:其中,变频器电源通过 DZ47 C16/3P 三相自动开关供电;伺服装置和各工作单元 PLC 均采用 DZ47 C5/2P 单相自动开关供电。此外,系统配置四台 DC 24 V,6 A 开关稳压电源,分别用作供料和加工单元、装配单元、分拣单元,以及输送单元的直流电源。YL-335B 供电电源的所有开关设备都安装在配电箱内,如图 1-5 所示。

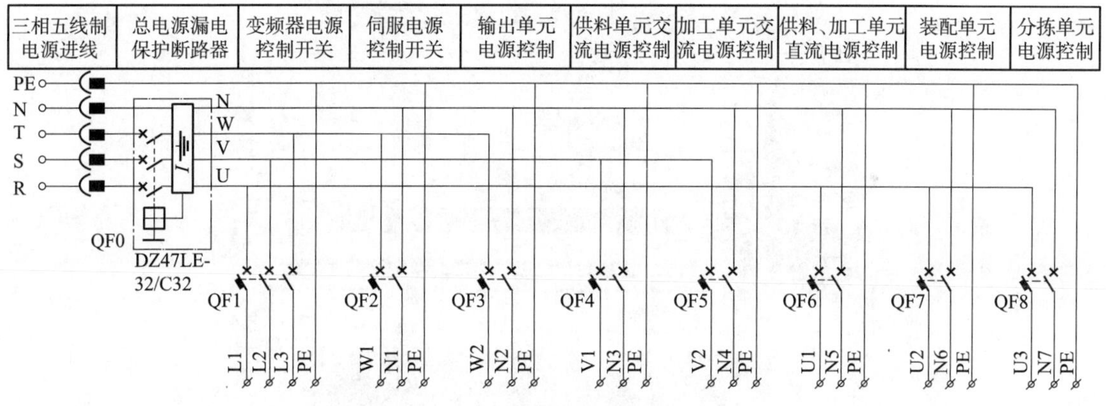

图 1-4　供电电源的一次回路原理图

注:图中 QF1 为 DZ47 C16/3P;QF2 ~ QF8 为 DZ47 C5/2P。

2. YL-335B 电气控制的结构特点

特点 1:从结构上来看,机械装置部分和电气控制部分相对分离。

YL-335B 各工作单元在实训台上的分布俯视图如图 1-6 所示。由图 1-6 可见,从整体来看,YL-335B 设备的机械装置部分和电气控制部分是相对分离的。每一工作单元机械装置整体安装在底板上,而控制工作单元生产过程的 PLC 装置、按钮/指示灯模块则安装在工作台两侧的抽屉板上。

工作单元机械装置与 PLC 装置之间的信息交换的方法是:机械装置上的各电磁阀和传感器的引线均连接到装置侧的接线端口上。PLC 的 I/O 引出线则连接到 PLC 侧的接线端口上。两个接线端口间通过多芯信号电缆互连。

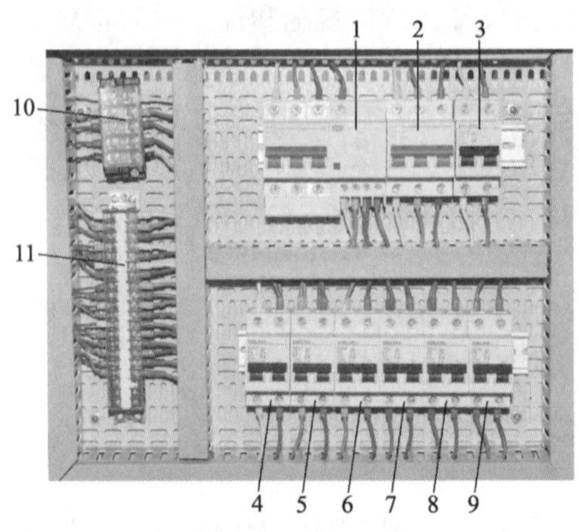

图 1-5　配电箱设备安装图

1—总电源控制断路器；2—变频器电源开关；3—伺服电源开关；4—输送单元电源开关；
5—供料单元交流电源开关；6—加工单元交流电源开关；7—供料、加工单元直流电源开关；
8—装配单元电源开关；9—分拣单元电源开关；10—三相电源进线端子；11—工作单元电源端子

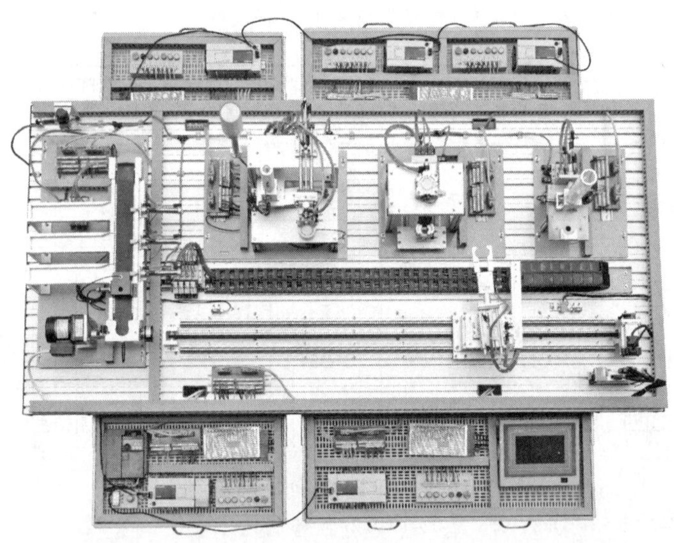

图 1-6　YL-335B 各工作单元在实训台上的分布俯视图

特点 2：每一工作单元都可自成一个独立的系统。

YL-335B 每一工作单元的工作都由一台 PLC 控制，从而可自成一个独立的系统。独立工作时，其运行的主令信号以及运行过程中的状态显示信号，来源于该工作单元按钮/指示灯模块。模块上指示灯和按钮的引出线全部连到接线端子排上。

机械装置部分和电气控制部分相对分离，以及工作单元工作的独立性，加强了系统的灵活性，并使得各工作单元均可单独成系统运行。

3. YL-335B 设备中的可编程控制器

大多数类型的小型 PLC(国际主流品牌或国产品牌)都能满足 YL-335B 自动化生产线的控制要求。根据目前国内小型 PLC 的市场格局,以及各院校 PLC 教学所采用的主流机型,YL-335B 设备的标准配置以西门子 S7-200 系列和三菱 FX 系列 PLC 为主。本书仅介绍采用三菱 FX 系列 PLC 的 YL-335B 设备。

早期采用三菱 FX 系列 PLC 的 YL-335B 设备,选型为 FX2N 和 FX1N 系列。目前这两个系列的产品已经淘汰,被升级产品 FX3U 和 FX3G 系列所取代,YL-335B 设备上的配置也升级为 FX3U 系列。

三菱 FX3U 系列 PLC 是三菱公司开发的第三代小型 PLC,它是目前三菱公司小型 PLC 中 CPU 性能最高、适用于网络控制的小型 PLC 系列产品,在运算速度、I/O 点及存储器容量、高速计数与定位功能、通信功能、模拟量控制功能等方面的性能指标都远优于 FX2N、FX1N 系列。FX3U 系列 PLC 的基本功能兼容了 FX2N 系列的全部功能,其基本指令和应用指令实现了与三菱第二代 FX2N 系列 PLC 相比 4 倍以上的高速化。此外,FX3U 系列 PLC 具有丰富的扩展能力,包括:

①可从基本单元右侧的扩展接口连接 FX2N 输入/输出扩展单元或模块和 FX2N/0N 特殊功能模块;

②可使用功能扩展板,既可节省费用又可简单地对通信端口进行扩展;

③功能扩展板可以和特殊适配器同时使用,从基本单元的左侧实现功能扩展。

图 1-7 列出了 FX3U 系列 PLC 的各种扩展设备。采用 FX3U 作控制器的 YL-335B 设备,使用了通信、模拟量适配器,通信功能扩展板等多种扩展设备。各工作单元的 FX3U 基本单元及其扩展设备的配置见表 1-1,这些设备的使用、编程和调试,将在相应项目中详细介绍(模拟量特殊适配器将在项目五中介绍,通信功能扩展板和通信用特殊适配器将在项目七中介绍)。

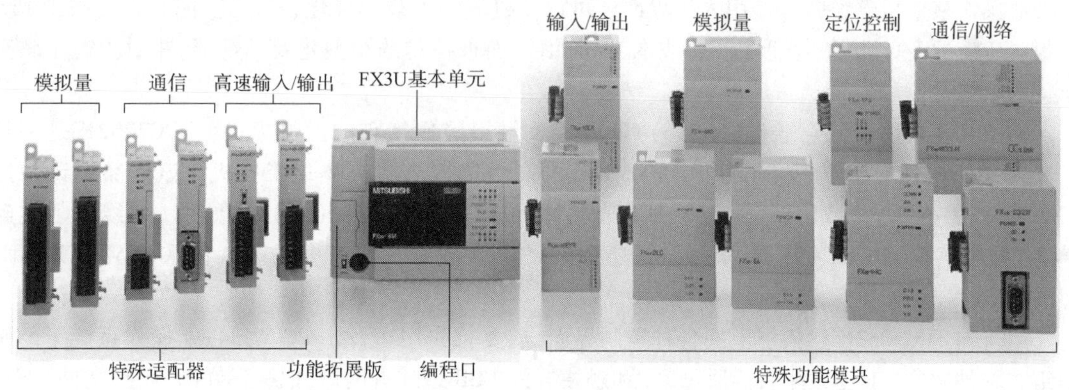

图 1-7　FX3U 系列 PLC 的各种扩展设备

表 1-1　各工作单元的 FX3U 基本单元及其扩展设备的配置

工 作 单 元	FX3U 基本单元	扩 展 设 备	说　　明
供料单元	FX3U-32MR	FX3U-485BD	485BD 通信扩展板用于网络通信
装配单元	FX3U-48MR	FX3U-485BD	同上
加工单元	FX3U-32MR	FX3U-485BD	同上

续表

工作单元	FX3U 基本单元	扩展设备	说明
分拣单元	FX3U-32MR	FX3U-485BD + FX3U-3A-ADP	选用 FX3U-3A-ADP 模拟量适配器实现变频器的模拟量控制
输送单元	FX3U-48MT	FX3U-485BD + FX3U-485-ADP	FX3U-485-ADP 通信适配器可用于连接触摸屏 485 接口

4. YL-335B 设备的网络结构

PLC 的现代应用已从独立单机控制向数台连成的网络发展,也就是把 PLC 和计算机以及其他智能装置通过传输介质连接起来,以实现迅速、准确、及时的数据通信,从而构成功能更强、性能更好的自动控制系统。

YL-335B 各工作单元在联机运行时通过网络互连构成一个分布式的控制系统。对于采用三菱 FX 系列 PLC 的设备,YL-335B 的标准配置采用了基于 RS-485 串行通信的 *N*:*N* 通信方式,提供了一个对基本的 PLC 通信网络的安装连接和组态的实训平台。

有关串行通信的基本概念、通信协议、接口标准,三菱 FX 系列 PLC 的通信模块的特性和应用等相关知识点,以及在 YL-335B 上的串行通信网络组态实训将在项目七中进一步介绍。

5. 触摸屏及嵌入式组态软件

YL-335B 系统运行的主令信号(复位、启动、停止等)一般是通过触摸屏人机界面给出的。同时,人机界面上也显示系统运行的各种状态信息。

人机界面是操作员和机器设备之间双向沟通的桥梁。使用人机界面能够明确指示并告知操作员机器设备目前的状况,使操作变得简单生动,并且可以减少操作上的失误,即使是新手也可以很轻松地操作整个机器设备。使用人机界面还可以使机器的配线标准化、简单化,同时也能减少 PLC 控制器所需的 I/O 点数,降低生产的成本,同时由于面板控制的小型化及高性能,相对提高了整套设备的附加价值。

YL-335B 采用了昆仑通态(MCGS)TPC7062K 触摸屏作为它的人机界面。TPC7062K 是一款以嵌入式低功耗 CPU 为核心(主频 400 MHz)的高性能嵌入式一体化工控机。该产品设计采用了 7 英寸(1 英寸 = 2.54 cm)高亮度 TFT 液晶显示屏(分辨率为 800 × 480 像素),四线电阻式触摸屏(分辨率 4 096 × 4 096 像素),同时还预装了微软嵌入式实时多任务操作系统 WinCE. NET(中文版)。

运行在 TPC7062K 触摸屏上的各种控制界面,需要首先用运行于 PC Windows 操作系统下的画面组态软件制作"工程文件",再通过 PC 和触摸屏的 USB 口或者网口,把组建好的"工程文件"下载到人机界面中运行,与生产设备的控制器(PLC 等)不断交换信息,实现监控功能。人机界面的组态与运行过程的示意图如图 1-8 所示。

昆仑通态公司专门开发的用于 mcgsTPC 的 MCGS 嵌入版组态软件,其组态环境和运行环境是分开的,在组态环境下组态好的工程要下载到嵌入式系统中运行。

MCGS 嵌入版组态软件具有模拟运行功能,用户在模拟环境中就可以查看组态的界面美观性、功能的实现情况以及性能的合理性,从而解决了用户组态调试中,必须将 PC 与触摸屏嵌入式系统相连的问题。因此,MCGS 嵌入式体系结构分为组态环境、模拟运行环境和运行环境三部分。

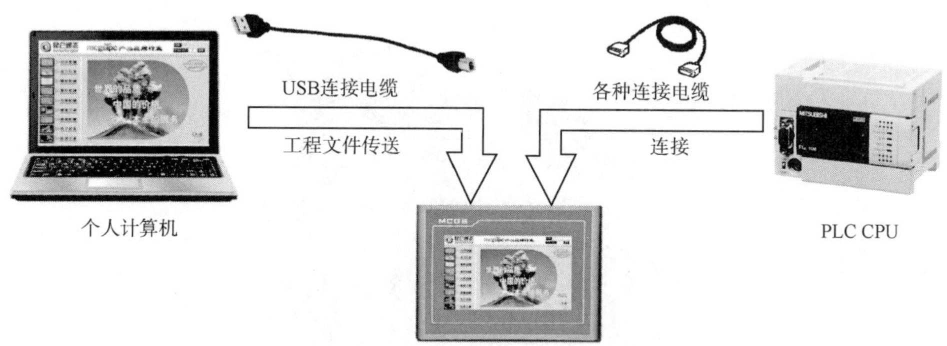

图 1-8　人机界面的组态与运行过程的示意图

MCGS 嵌入版组态软件须首先安装到计算机上才能使用，具体安装步骤请参阅《MCGS 嵌入版组态软件说明书》。安装完成后，Windows 操作系统的桌面上添加了如图 1-9 所示的两个快捷方式图标，分别用于启动 MCGS 嵌入式组态环境和模拟环境。

图 1-9　组态环境和模拟环境图标

MCGS 嵌入式组态软件、TPC7062K 触摸屏的使用、人机界面的组态方法，将在项目五中介绍。

（四）YL-335B 自动化生产线的气源及气源处理装置

YL-335B 设备上实现各种控制的重要手段之一是采用气动技术，即以压缩空气作为动力源，进行能量传递或信号传递的工程技术。气动技术在工业生产中应用十分广泛。YL-335B 设备的各工作单元上安装了许多气动元件，可归纳为气源装置及气源处理器、控制元件、执行元件、辅助元件。这里仅对气源装置及气源处理器的工作原理进行简单介绍，着重于介绍它们的使用方法。气动控制、执行以及辅助元件等将在后面各项目中逐步介绍。

1. 气源装置

气源装置是用来产生具有足够压力和流量的压缩空气并将其净化、处理及存储的一套装置。自动化生产线常常使用气泵作为气源装置。YL-335B 设备配置的是小型气泵，其主要元件如图 1-10 所示。图 1-10 中，空气压缩机实现把电能转变为气压能，所产生的压缩空气用储气罐先储存起来，再通过气源开关控制输出，这样可减少输出气流的压力脉动，使输出气流具有流量连续性和气压稳定性；储气罐内的压力用压力表显示，压力控制则由压力开关实现，即在设定的最高压力停止电动机，在设定的最低压力重新激活电动机；当压力超过允许限度时，则用过载安全保护器将压缩空气排出；输出的压缩空气的净化由主管道过滤器实现，其功能是清除主管道内的灰尘、水分和油分。

图 1-10　小型气泵上的主要元件

1—空气压缩机;2—储气罐;3—储气罐压力表;4—安全阀;5—压力继电器;6—主管道过滤器;
7—压力调节器;8—输出压力表;9—气源开关;10—手动排气阀

2. 气源处理器

从空气压缩机输出的压缩空气中,仍然含有大量的水分、油分和粉尘等污染物。质量不良的压缩空气是气动系统出现故障的最主要因素,它会使气动系统的可靠性和使用寿命大大降低。因此,压缩空气进入气动系统前应进行二次过滤,以便滤除压缩空气中的水分、油分以及杂质,以达到启动系统所需要的净化程度。

为确保系统压力的稳定性,减小因气源气压突变时对阀门或执行器等硬件的损伤,进行空气过滤后,应调节或控制气压的变化,并保持降压后的压力值固定在需要的值上。实现方法是使用减压阀调定。

气压系统的机体运动部件需进行润滑。对不方便加润滑油的部件进行润滑,可以采用油雾器,它是气压系统中一种特殊的注油装置,其作用是把润滑油雾化后,经压缩空气携带进入系统需要润滑油的部位,满足润滑的需要。

工业上的气动系统,常常使用组合起来的气动三联件作为气源处理装置。气动三联件是指空气过滤器、减压阀和油雾器。各元件之间采用模块式组合的方式连接,如图 1-11 所示。这种方式安装简单,密封性好,易于实现标准化、系列化,可缩小外形尺寸、节省空间和配管,便于维修和集中管理。

图 1-11　气动三联件

有些品牌的电磁阀和气缸能够实现无油润滑(靠润滑脂实现润滑功能),便不需要使用油雾器。这时只需要把空气过滤器和减压阀组合在一起,称为气动二联件。YL-335B 的所有气缸都是无油润滑气缸。

3. YL-335B 的气源处理组件

YL-335B 的气源处理组件使用空气过滤器和减压阀组合在一起的气动二联件结构，组件实物及其气动回路原理图分别如图 1-12(a)、(b)所示。

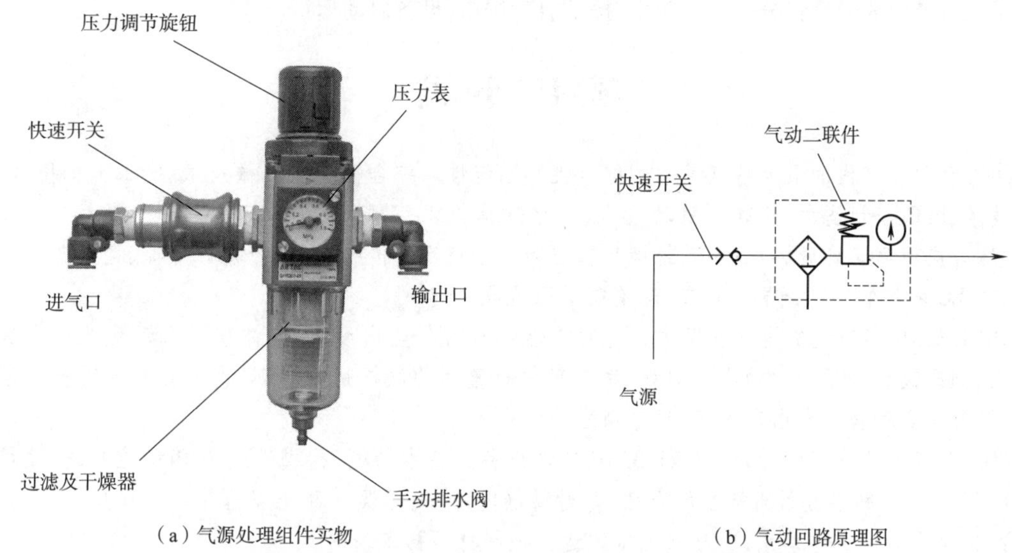

（a）气源处理组件实物　（b）气动回路原理图

图 1-12　YL-335B 的气源处理组件实物及其气动回路原理图

图 1-12 中，气源处理组件的输入气源来自空气压缩机，所提供的压力要求为 0.6 ~ 1.0 MPa。组件的气路入口处安装一个快速气路开关，用于启/闭气源。当把气路开关向左拔出时，气路接通气源；反之，把气路开关向右推入时，气路关闭。组件的输出压力为 0 ~ 0.8 MPa 可调。

输出的压缩空气通过快速三通接头和气管输送到各工作单元。进行压力调节时，在转动压力调节旋钮前请先拉起再旋转，压下旋钮为定位；旋钮向右旋转为调高出口压力；旋钮向左旋转为调低出口压力。调节压力时应逐步均匀地调至所需压力值，不应一步调节到位。

本组件的空气过滤器采用手动排水方式。手动排水时当水位达到滤芯下方水平之前必须排出。因此，在使用时，应注意经常检查过滤器中凝结水的水位，在超过最高标线以前，必须排放，以免被重新吸入。

三、任务实施

①检查 YL-335B 自动化生产线设备台面，无工具仪表、杂物、金属导体等，设备电路、气路均已连接。

②清除设备上所有的工件，包括供料料仓、装配站料仓、各工作站上已有的工件。

③打开设备侧面的配电箱，依次推上 QF0 ~ QF8，将气源供电电源上电，若设备线路非出厂接线方式，以实际电源接线图上电。

④打开气泵电源开关，将气路开关拨至关闭状态，开始蓄气，过程中压力表的示数逐渐增加。

视频

气泵操作

⑤当压力表示数在 0.4 ~ 0.6 MPa 之间时，打开气路开关，接通快速接通开关，将气

体供给自动化生产线各工作单元。

注意:气路开关的开启和关闭状态要注意区分,不同的气泵开关的方向会有不同。

⑥供料单元与装配单元料仓内加入充足的工件与芯体。

⑦在触摸屏界面设置分拣运行频率,按下启动按钮,设备启动运行。

项 目 小 结

①自动化生产线的最大特点是它的综合性和系统性。综合性是指机械技术、电工电子技术、传感器技术、PLC 控制技术、接口和驱动技术、网络通信技术、触摸屏组态编程等多种技术有机地结合,并综合应用到生产设备中;而系统性是指自动化生产线的传感检测、传输与处理、控制与驱动等机构在 PLC 的控制下协调有序地工作,有机地融合在一起。

②YL-335B 实训设备是一条高仿真度的柔性化自动化生产线,它既体现了自动化生产线的主要特点,同时又整合了教学功能。例如,系统可进行整体的联机运行实训,也可独立地进行单站实训;相关知识点和技能点由浅入深,循序渐进。

③本项目作为全书的开篇,对 YL-335B 实训设备的基本功能,构成系统的 PLC 控制器、监控器(触摸屏)和通信网络做了概括性的介绍,并对供电电源、气源及气源处理器等设备通用部分,做了必要的说明。为各工作单元,以及系统总体运行控制打下初步基础。

思 考 题

①通过参观有关企业,观察 YL-335B 设备的结构和运行过程,比较 YL-335B 实训设备与工业实际的自动化生产线的异同点。

②口罩机是典型的自动化生产线,请了解口罩机结构、功能、典型的技术。

项目二 供料单元的安装与调试

项目目标

①掌握直线气缸、单电控电磁阀等基本气动元件的功能、特性,并能构成基本的气动系统,连接和调整气路。

②掌握自动化生产线中磁性开关、光电接近开关、电感式接近开关等传感器结构、特点及电气接口特性,能进行各传感器在自动化生产线中的安装与调试。

③掌握用步进指令编写单序列顺控程序的方法。

④能在规定时间内完成供料单元的安装与调整,进行控制程序设计和调试,并能解决安装与运行过程中出现的常见问题。

建议学时

任务 1	供料单元机械拆装	4 学时
任务 2	供料单元气路连接与调节	2 学时
任务 3	供料单元电气线路设计	8 学时
任务 4	供料单元控制系统软件设计	8 学时

重点

①供料单元机械装配、气路连接与调节、传感器安装与调节。

②供料单元装置侧与 PLC 侧电气接线。

③供料单元的软件编程与调试。

难点

①核心器件,包括气动元件、传感器的工作原理。

②供料单元底座支架结构安装。

③供料单元控制程序编制、调试与优化。

任务 1　供料单元机械拆装

一、工作任务

合理使用内六角扳手、一字头螺丝刀、十字头螺丝刀等工具,将供料单元的机械部分拆开成组件和零件的形式，然后再完成供料单元装置侧机械装配。

二、关联知识点

（一）供料单元机械结构

视频

供料单元运行

供料单元的功能是根据需要将放置在料仓中的工件（原料）自动地推出到出料台上，以便输送单元的机械手将其抓取并输送到其他单元上。

供料单元由安装在工作台面的装置侧部分和安装在抽屉内的PLC侧部分组成。其装置侧部分的结构如图2-1所示。以功能划分，供料单元装置侧的结构主要是工件存储装置和推料机构组件两部分。安装在支撑架上的工件装料管、光电传感器1、光电传感器2和金属传感器构成工件存储装置。推料机构组件由顶料气缸、推料气缸和气缸安装板组成，推料组件也固定在支撑架上，并置于管形料仓背面。

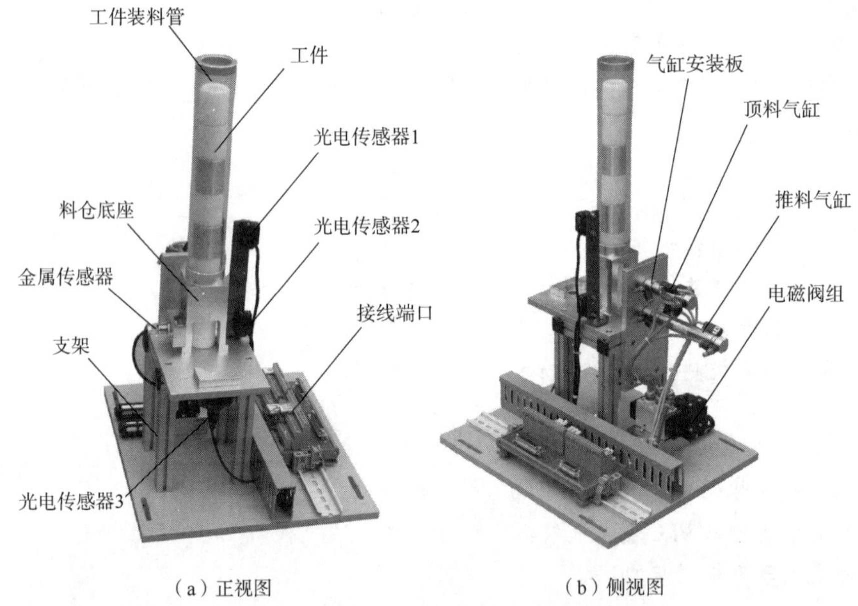

（a）正视图　（b）侧视图

图2-1　供料单元装置侧部分的结构

（二）供料单元工作过程

图2-2为供料操作示意图。供料工作过程如下：工件垂直叠放在料仓中，推料气缸处于料仓的底层并且其活塞杆可从料仓的底部通过。当活塞杆在退回位置时，它与最下层工件处于同一水平位置，而顶料气缸则与次下层工件处于同一水平位置。在需要将工件推出到出料台上时，首先使顶料气缸的活塞杆推出，压住次下层工件；然后使推料气缸活塞杆推出，从而把最下层工件推到出料台上。在推料气缸返回并从料仓底部抽出后，再使顶料气缸返回，松开次下层工件。这样，在重力的作用下，料仓中剩余的工件自动落下，为下一次推出工件做好准备。

在图 2-2 所示的料仓底座和管形料仓第四层工件位置，分别安装图 2-1(a)中的光电传感器 1 与光电传感器 2，该传感器为漫射式光电接近开关。它们的功能是检测料仓中有无储料或储料是否足够。若该部分机构内没有工件，则处于底层和第四层位置的两个漫射式光电接近开关均动作；若仅在底层处有三个工件，则底层处漫射式光电接近开关处于常态而第四层处漫射式光电接近开关动作，表明工件已经快用完了。这样，料仓中有无储料或储料是否足够，就可用这两个漫射式光电接近开关的信号状态反映出来。

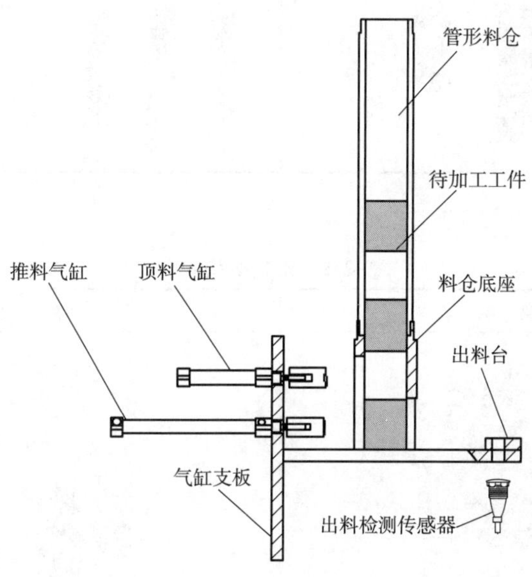

图 2-2　供料操作示意图

推料气缸把工件推出到出料台上。出料台面开有小孔，出料台下面设有一个圆柱形漫射式光电接近开关，工作时向上发出光线，从而透过小孔检测是否有工件存在，以便向系统提供本单元出料台有无工件的信号。在输送单元的控制程序中，就可以利用该信号状态来判断是否需要驱动机械手装置来抓取此工件。

三、任务实施

(一)安装前的准备

①安装前应对设备的零部件做初步检查以及必要的调整。

②工具和零部件应合理摆放，操作时每次使用完的工具应放回原处。

(二)供料单元机械结构安装步骤

①铝合金型材支撑架安装见表 2-1。

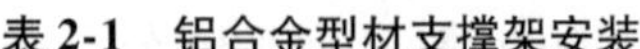

表 2-1　铝合金型材支撑架安装

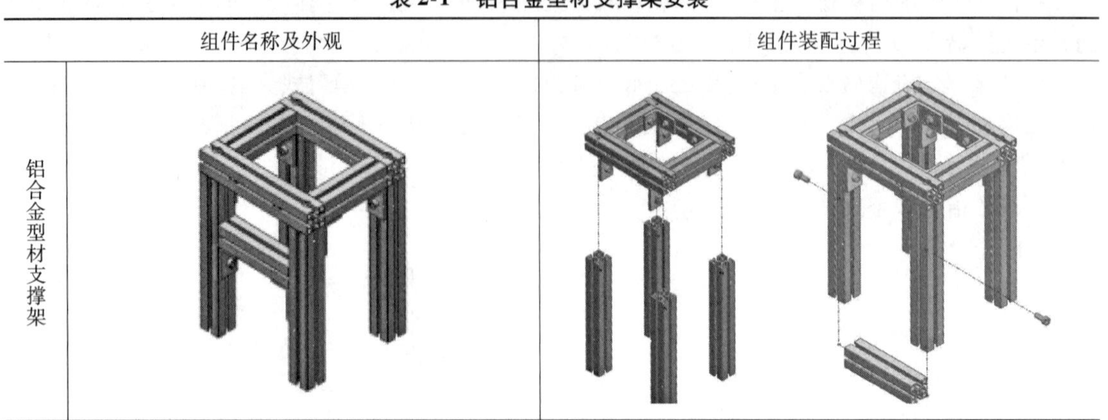

组件名称及外观		组件装配过程
铝合金型材支撑架		

②推料机构安装见表 2-2。

表 2-2　推料机构安装

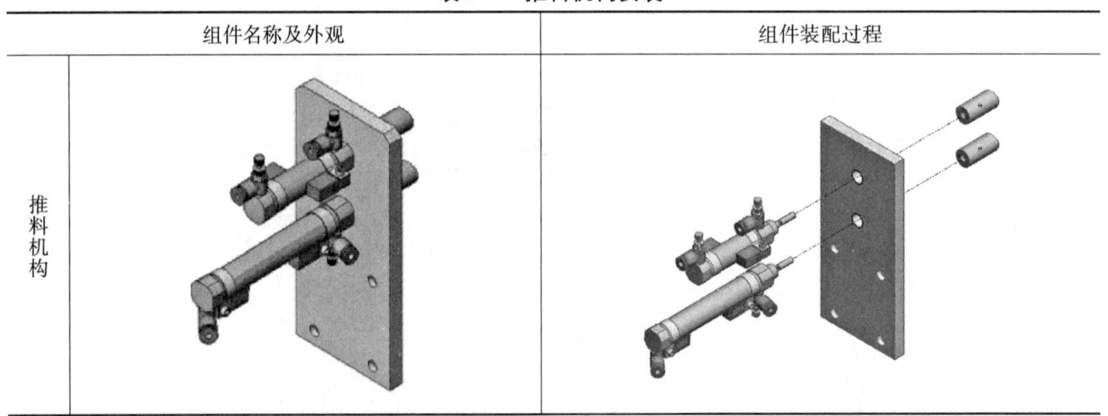

组件名称及外观		组件装配过程
推料机构		

③料仓底座及出料台安装见表 2-3。

表 2-3　料仓底座及出料台安装

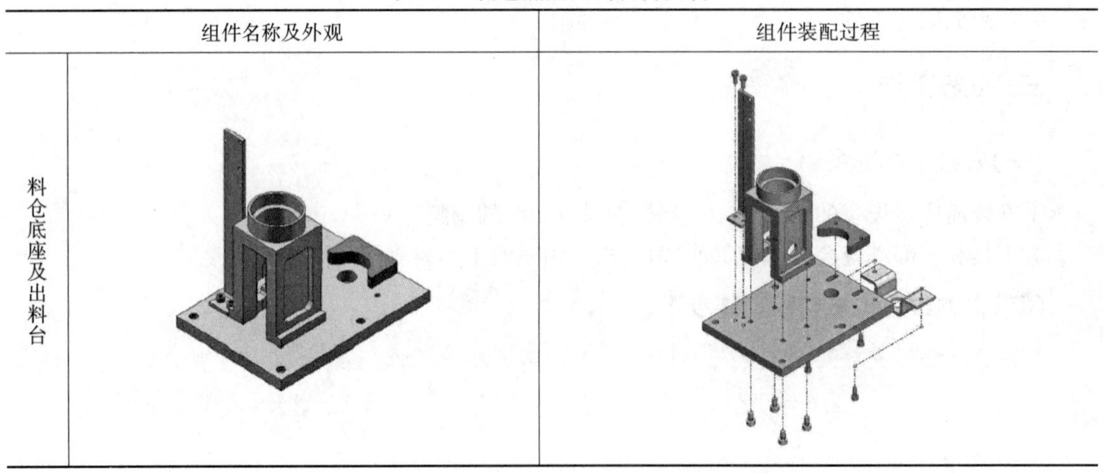

组件名称及外观		组件装配过程
料仓底座及出料台		

④如图 2-3 所示，各组件装配好后，用螺栓把它们连接为总体，再用橡皮锤把装料管敲入料仓底座。

⑤机械部件装配完成后，装上欠缺料检测、金属检测和出料台物料检测等传感器并将电磁阀组、接线端子排固定在底板上。安装时请注意它们的安装位置、方向等。

⑥固定底板，完成供料单元的安装。

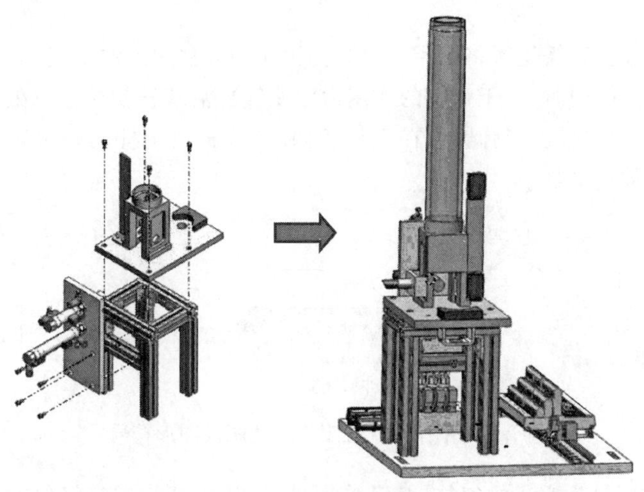

图 2-3　总装图

(三)安装过程中的注意事项

①装配铝合金型材支撑架时，注意调整好各条边的平行及垂直度，锁紧螺栓。

②气缸安装板和铝合金型材支撑架的连接，是靠预先在特定位置的铝合金型材T形槽中放置预留与之相配的螺母，因此在对该部分的铝合金型材进行连接时，一定要在相应的位置放置相应的螺母。如果没有放置螺母或没有放置足够多的螺母，将无法安装或安装不可靠。

③机械机构固定在底板上的时候，需要将底板移动到操作台的边缘，螺栓从底板的反面拧入，将底板和机械机构部分的支撑型材连接起来。

任务2　供料单元气路连接与调节

一、工作任务

根据供料单元工作过程与给定气路原理图，完成供料单元气路连接与调节，确保供料单元气动元件工作平稳顺畅。

二、关联知识点

(一)标准气缸

标准气缸是指气缸的功能和规格是普遍使用的、结构容易制造的、制造厂通常作为通用产品供应市场的气缸。在气缸运动的两个方向上,根据受气压控制的方向个数的不同,可分为单作用气缸和双作用气缸。

视频

单作用气缸运动

单作用气缸在气缸盖一端气口输入压缩空气使活塞杆伸出(或缩回),而另一端靠弹簧力、自重或其他外力等使活塞杆恢复到初始位置。单作用气缸只在动作方向需要压缩空气,故可节约一半压缩空气。主要用在夹紧、退料、阻挡、压入、举起和进给等操作上。

根据复位弹簧位置将作用气缸分为预缩型气缸和预伸型气缸,如图 2-4 所示。当弹簧装在有杆腔内时,由于弹簧的作用力而使气缸活塞杆初始位置处于缩回位置,这种气缸称为预缩型气缸;当弹簧装在无杆腔内时,气缸活塞杆初始位置为伸出位置,这种气缸称为预伸型气缸。

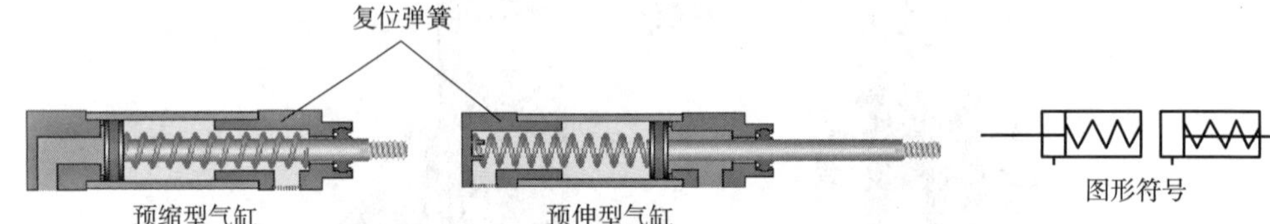

图 2-4　单作用气缸工作示意图及图形符号

双作用气缸是应用最为广泛的气缸,其动作原理是:从无杆腔端的气口输入压缩空气时,若气压作用在活塞左端面上的力克服了运动摩擦力、负载等各种反作用力,则当活塞前进时,有杆腔内的空气经该端的气口排出,使活塞杆伸出(见图 2-5)。同样,当有杆腔端的气口输入压缩空气时,活塞杆缩回至初始位置。通过无杆腔和有杆腔交替进气和排气,活塞杆伸出和缩回,实现气缸的往复直线运动。

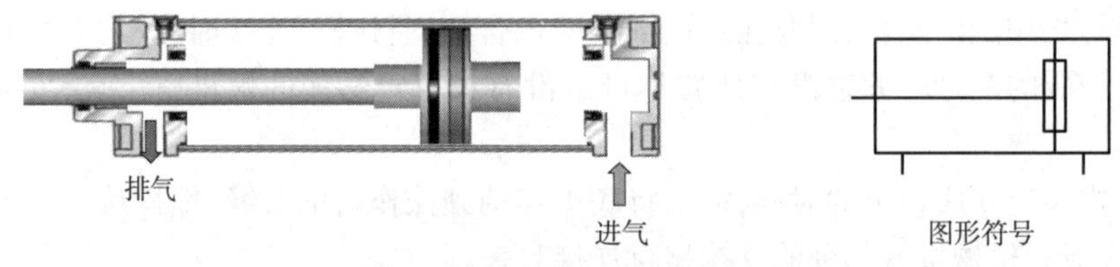

图 2-5　双作用气缸工作示意图及图形符号

视频

双作用气缸运动

双作用气缸具有结构简单,输出力稳定,行程可根据需要选择的优点,但由于是利用压缩空气交替作用于活塞上实现伸缩运动的,回缩时压缩空气的有效作用面积较小,所以产生的力要小于伸出时产生的推力。

为了使气缸的动作平稳可靠,应对气缸的运动速度加以控制,常用的方法是使用单向节流阀来实现。

单向节流阀是由单向阀和节流阀并联而成的流量控制阀,常用于控制气缸的运动速度,所以又称速度控制阀。单向阀的功能是靠单向密封圈来实现的。图 2-6 为一种单向节流阀及其工作示意图。当空气从气缸排气口排出时,单向密封圈在封堵状态,单向阀关闭,这时只能通过调节手轮,使节流阀杆上下移动,改变气流开度,从而达到节流作用;反之,在进气时，单向密封圈被气流冲开，单向阀开启，压缩空气直接进入气缸进气口，节流阀不起作用。因此，这种节流方式称为排气节流方式。

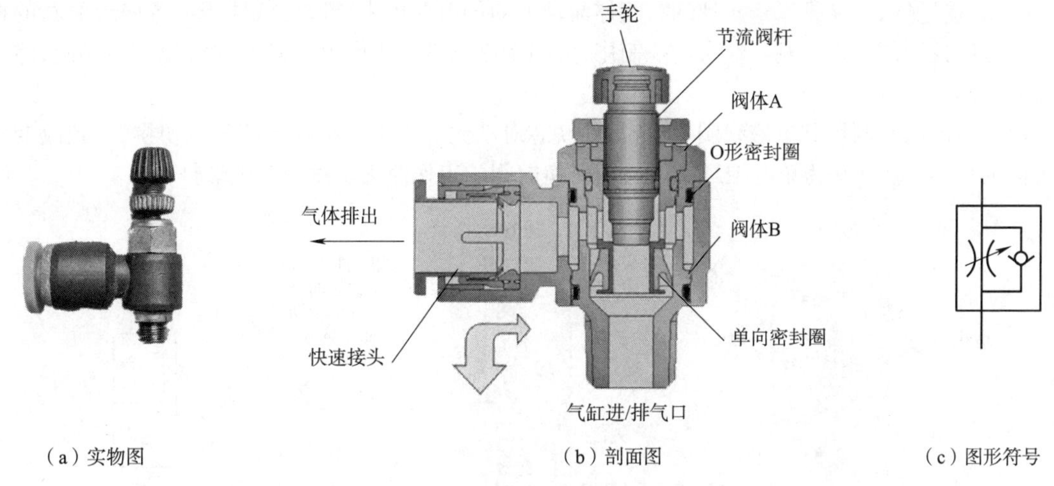

（a）实物图　　（b）剖面图　　（c）图形符号

图 2-6　单向节流阀及其工作示意图

图 2-7 为单向节流阀连接和调整原理示意图。当压缩空气从 A 端进气、B 端排气时，单向节流阀 A 的单向阀开启，向气缸无杆腔快速充气；由于单向节流阀 B 的单向阀关闭，有杆腔的气体只能经节流阀排气，调节单向节流阀 B 的开度，便可改变气缸伸出时的运动速度；反之，调节单向节流阀 A 的开度则可改变气缸缩回时的运动速度。这种控制方式，活塞运行稳定，是最常用的方式。

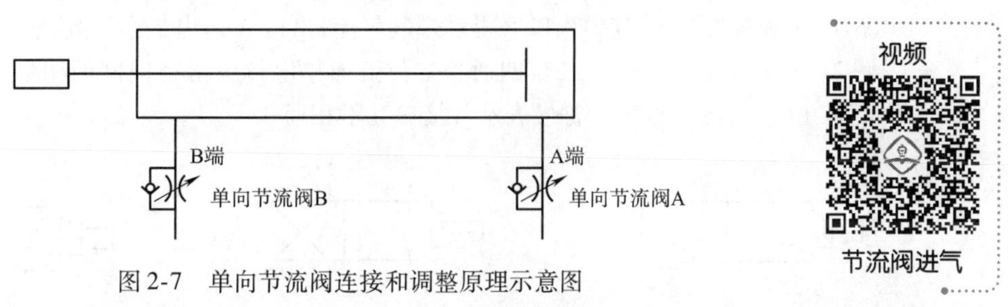

图 2-7　单向节流阀连接和调整原理示意图

单向节流阀上带有气管的快速接头，只要将合适外径的气管往快速接头上一插就可以将管连接好，使用十分方便。图 2-8 所示为安装了带快速接头的限出型气缸节流阀的气缸外观。

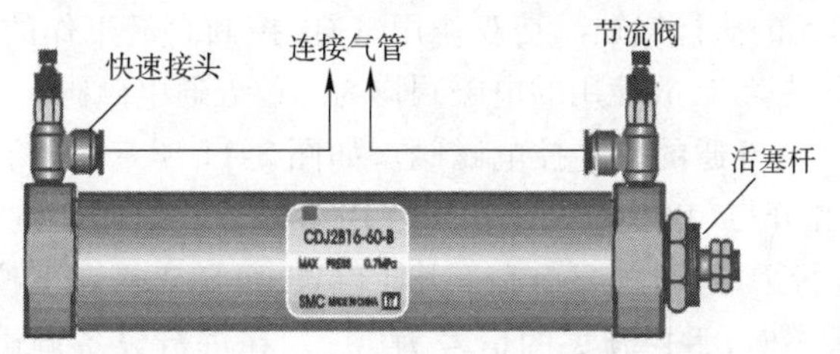

图 2-8　安装了带快速接头的限出型气缸节流阀的气缸外观

(二)单电控电磁换向阀与电磁阀组

如前所述,顶料或推料气缸,其活塞的运动是依靠向气缸一端进气,并从另一端排气,再反过来,从另一端进气,一端排气来实现的。气体流动方向的改变则由能改变气体流动方向或通断的控制阀即方向控制阀加以控制。在自动控制中,方向控制阀常采用电磁控制方式实现方向控制,称为电磁换向阀。

电磁换向阀是利用其电磁线圈通电时,静铁芯对动铁芯产生电磁吸力使阀芯切换,达到改变气流方向的目的。图 2-9 为单电控二位三通电磁换向阀的工作原理示意图及图形符号。

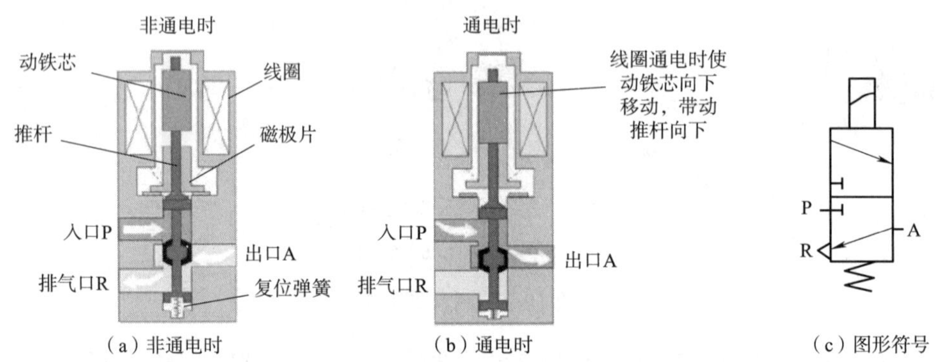

图 2-9　单电控二位三通电磁换向阀的工作原理示意图及图形符号

所谓“位”指的是为了改变气体方向,阀芯相对于阀体所具有的不同的工作位置。“通”的含义则指换向阀与系统相连的通口,有几个通口即为几通。图 2-9 中,只有两个工作位置,电磁阀有入口 P、出口 A 和排气口 R,其中入口 P 提供进气气流,出口 A 输出工作气流,故为二位三通阀。

图 2-10 分别为二位三通、二位四通和二位五通单电控电磁换向阀的图形符号,图形中有几个方格就是几位,方格中的“┬”符号表示各接口互不相通。

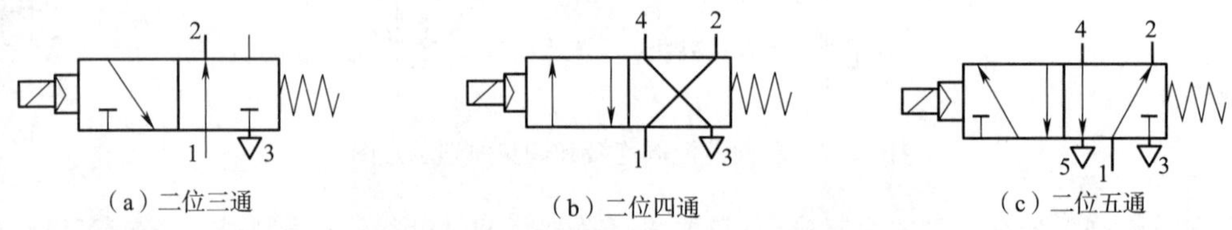

图 2-10　部分单电控电磁换向阀的图形符号

YL-335B 所有工作单元的执行气缸都是双作用气缸,控制它们工作的电磁阀需要有两个工作口和两个排气口以及一个供气口,故使用的电磁阀均为二位五通电磁阀。

供料单元用了两个二位五通的单电控电磁阀。如图 2-11 所示,这两个电磁阀带有手动换向加锁钮,有锁定(LOCK)和开启(PUSH)两个位置。用小螺丝刀把加锁钮旋到 LOCK 位置时,手控开关向下凹进去,不能进行手控操作;只有在 PUSH 位置,可用工具向下按,信号为“1”,等同于该侧的电磁信号为“1”。常态时,手控开关的信号为“0”。在进行设备调试时,可以使用手控开关对阀进行控制,从而实现对相应气路的控制,以改变推料气缸等执行机构的控制,达到调试的目的。

两个电磁阀是集中安装在汇流板上的。汇流板中两个排气口末端均连接了消声器，消声器的作用是减少压缩空气向大气排放时的噪声。这种将多个阀与消声器、汇流板等集中在一起构成的一组控制阀的集成称为阀组，而每个阀的功能是彼此独立的。

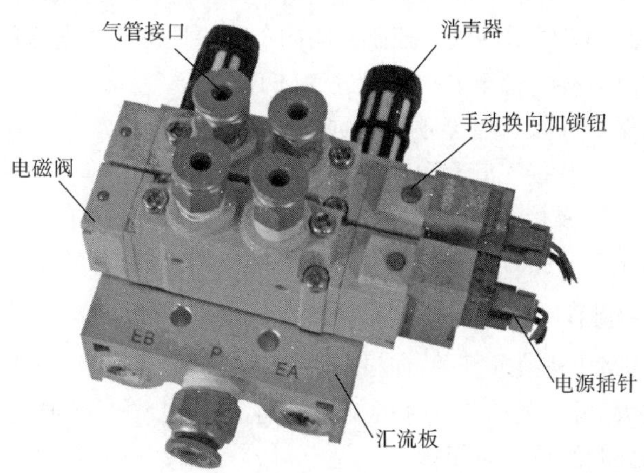

图 2-11　电磁阀组

电磁阀接线时，共有两根线，其中一根为电源端子，另一根为信号端。YL-335B 出厂的电磁阀一根线为红色，接至 +24 V，另一根线为蓝色，接至信号端，具体的信号端编号根据 I/O 分配表。

（三）供料单元气动控制回路

能传输压缩空气的，并使各种气动元件按照一定的规律动作的通道即为气动控制回路。气动控制回路的控制逻辑功能是由 PLC 实现的。供料单元气动控制回路的工作原理如图 2-12 所示。图 2-12 中 1A 和 2A 分别为顶料气缸和推料气缸。1B1 和 1B2 为安装在顶料气缸的两个极限工作位置的磁感应接近开关，2B1 和 2B2 为安装在推料气缸的两个极限工作位置的磁感应接近开关。1Y 和 2Y 分别为控制顶料气缸和推料气缸的电磁阀的电磁控制端。通常，这两个气缸的初始位置均设定在缩回状态。

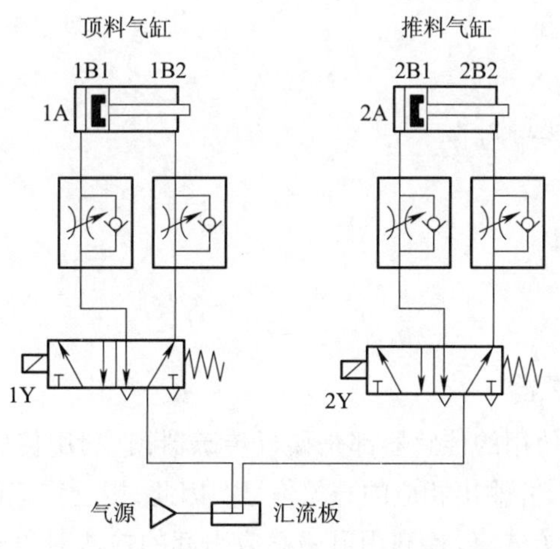

图 2-12　供料单元气动控制回路的工作原理

三、任务实施

（一）供料单元气路连接

从汇流阀开始，按图 2-12 所示的气动控制回路的工作原理图连接电磁阀、气缸。

①气动二联件的输出口接气管至电磁阀组进气口 P。

②顶料电磁阀从工作口 A 接气管至顶料气缸有杆端气路接口。

③顶料电磁阀从工作口 B 接气管至顶料气缸无杆端气路接口。

④推料电磁阀从工作口 A 接气管至推料气缸有杆端气路接口。

⑤推料电磁阀从工作口 B 接气管至推料气缸无杆端气路接口。

（二）供料单元气路调节

①操作气泵，推进气路快速接通开关，向设备供气。

②若供气不足或过大，可将气动二联件的旋钮帽向上拔起，顺时针或逆时针旋转旋钮帽，调节气压至 0.4 ~ 0.6 MPa 之间后，按下旋钮帽。

③观察供料气缸与顶料气缸是否处于缩回初态，若不满足初态，需检查气路，断气后改正气路直至满足初态。

④按下或松开电磁阀上手动换向加锁钮，观察气缸的伸出与缩回速度，通过顺时针或逆时针调节有杆端和无杆端的节流阀开度，以控制气缸的伸出与缩回速度，伸出速度以不推倒工件为准。

任务 3　供料单元电气线路设计

一、工作任务

供料单元的机械结构已完成，在此基础上继续进行供料单元电气线路设计：

①根据供料单元工作过程，自行分配供料单元 I/O 点。

②绘制供料单元电气接线图。

③根据接线图完成：

a. 传感器安装调整、接线与调节。

b. 电磁阀的接线。

c. 指示灯、按钮的接线。

二、关联知识点

（一）供料单元有关传感器

YL-335B 各工作单元所使用的传感器都是接近传感器，它利用传感器对所接近的物体具有的敏感特性来识别物体的接近，并输出相应的开关信号。因此，接近传感器通常又称接近开关。

接近传感器有多种检测方式，包括利用电磁感应引起的检测对象的金属体中产生的涡电流的方式、捕捉检测体的接近引起的电气信号的容量变化的方式、利用磁石和引导开关的方式、利用光电效应和光电转换器件作为检测元件等。YL-335B 所使用的是磁感应式接近开关（又称磁性开关）、电感式接近开关、光电接近开关和光纤型光电传感器等。这里只介绍磁性开关、电感式接近开关和光电接近开关，光纤型光电传感器在项目四中介绍。

1. 磁性开关

磁性开关是一种非接触式的位置检测开关，具有检测时不会磨损和损伤检测对象的优点，常用于检测磁场或磁性物质的存在。

视频

磁性开关工作原理

图 2-13 是带磁性开关的气缸活塞位置检测原理图。在非磁性体的活塞上安装一个永久磁铁的磁环，这样就提供了一个反映气缸活塞位置的磁场，在气缸外侧某一位置安装上磁性开关，当气缸中随活塞移动的磁环靠近开关时，舌簧开关的两根簧片被磁化而相互吸引，触点闭合；当磁环移开开关后，簧片失磁，触点断开。触点闭合或断开时发出电控信号，在 PLC 的自动控制中，就可以利用该信号判断气缸活塞的运动状态或所处的位置。

磁性开关的内部电路如图 2-14 中点画线框内所示。电路中的发光二极管用于显示传感器的信号状态，供调试与运行监视时观察。磁性开关动作时（舌簧开关接通），电流流过发光二极管，输出信号“1”，发光二极管亮；磁性开关不动作时，输出信号“0”，发光二极管不亮。注意，由于发光二极管的单向导电性能，磁性开关使用棕色和蓝色引出线以区分极性，但绝非表示直流电源的正极和负极。对于漏型输入的 PLC，使用时棕色引出线应连接到 PLC 输入端，蓝色引出线应连接到 PLC 输入公共端，切勿将棕色引出线连接到 DC 24 V 电源的正极。

磁性开关的安装位置可以调整，调整方法是松开它的紧定螺栓，让磁性开关顺着气缸滑动，到达指定位置后，再旋紧紧定螺栓。

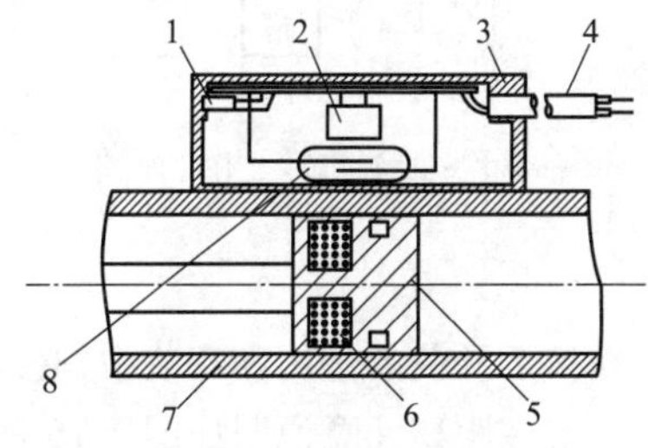

图 2-13 带磁性开关的气缸活塞位置检测原理图

1—动作指示灯；2—保护电路；3—开关外壳；4—导线；5—活塞；6—磁环（永久磁铁）；7—缸筒；8—舌簧开关

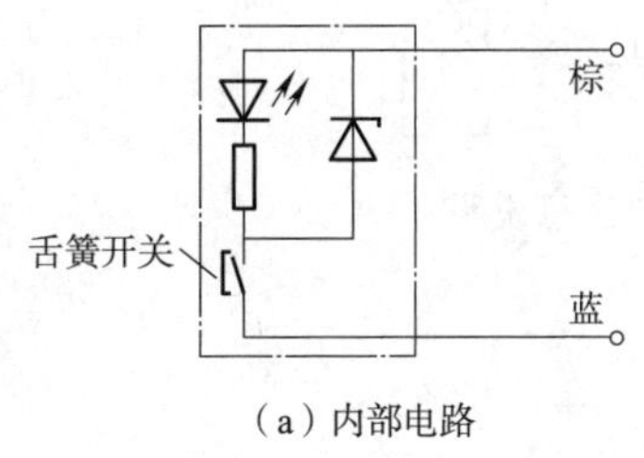

（a）内部电路

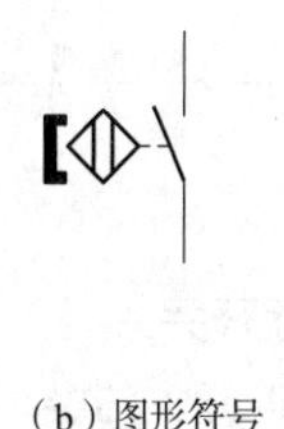

（b）图形符号

图 2-14 磁性开关的内部电路及图形符号

2. 电感式接近开关

电感式接近开关是利用电涡流效应制造的传感器。电涡流效应是指，当金属物体处于一个交变的磁场中，在金属内部会产生交变的电涡流，该涡流又会反作用于产生它的磁场这样一种物理效应。如果这个交变的磁场是由一个电感线圈产生的，则这个电感线圈中的电流就会发生变化，用于平衡涡流产生的磁场。

利用这一原理,以高频振荡器(LC 振荡器)中的电感线圈作为检测元件,当被测金属物体接近电感线圈时产生了涡流效应,引起振荡器振幅或频率的变化,由传感器的信号调理电路(包括检波、放大、整形、输出等电路)将该变化转换成开关量输出,从而达到检测的目的。电感式接近开关工作原理框图如图 2-15(a)所示。常见的电感式接近开关的外形有圆柱形、螺纹形、长方体形和 U 形等几种。供料单元中,为了检测待加工工件是否为金属材料,在供料管底座侧面安装了一个圆柱形电感式接近开关,如图 2-15(b)所示。输送单元的原点开关则采用长方体形电感式接近开关,如图 2-15(c)所示。

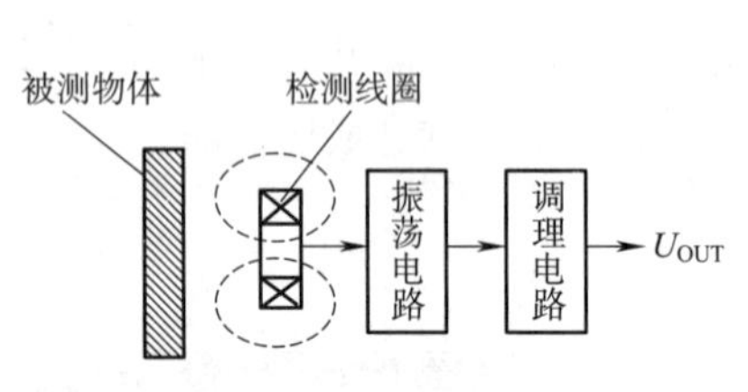

(a)电感式接近开关工作原理框图

(b)供料单元的金属检测器

(c)输送单元的原点开关图

图 2-15 电感式传感器

在接近开关的选用和安装中,必须认真考虑检测距离、设定距离,保证生产线上的传感器可靠动作。安装距离注意说明如图 2-16 所示。

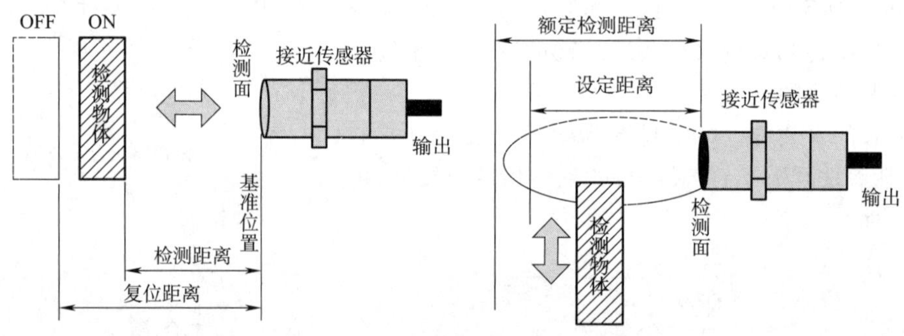

图 2-16 安装距离注意说明

3. 光电接近开关

(1)光电接近开关的类型

“光电传感器”是利用光的各种性质,检测物体的有无和表面状态的变化等的传感器。其中,输出形式为开关量的传感器称为光电接近开关。

光电接近开关主要由投光器和受光器构成。如果投光器发射的光线因检测物体不同而被遮掩或反射时,到达受光器的量将会发生变化。受光器的敏感元件将检测出这种变化,并转换为电气信号,进行输出。大多使用可见光(主要为红色,也用绿色、蓝色)和红外光。

按照受光器接收光的方式的不同,光电接近开关可分为对射式、反射式和漫射式三种,如图 2-17 所示。

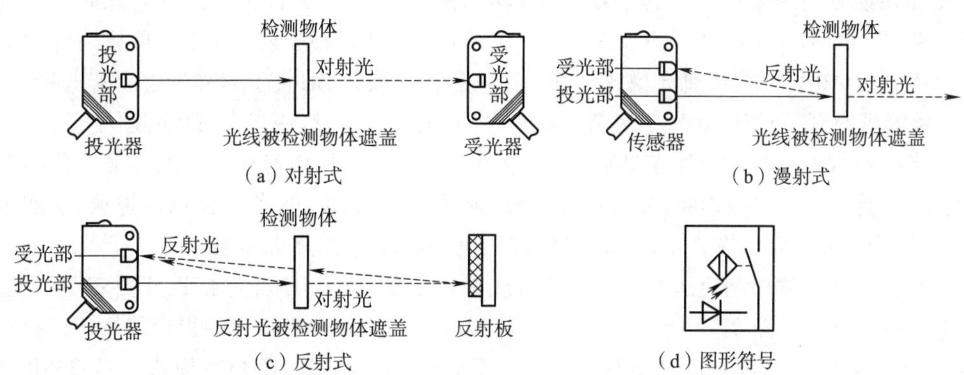

图 2-17　光电接近开关的类型

(2)漫射式光电接近开关

漫射式光电接近开关是利用光照射到被测物体上后反射回来的光线而工作的,由于物体反射的光线为漫射光,故称为漫射式光电接近开关。它的投光器与受光器处于同一侧位置,且为一体化结构。在工作时,投光器始终发射检测光,若接近开关前方一定距离内没有物体,则没有光被反射到受光器,接近开关处于常态而不动作;反之,若接近开关的前方一定距离内出现物体,只要反射回来的光强度足够,则受光器接收到足够的漫射光就会使接近开关动作而改变输出的状态。图 2-17(b)为漫射式光电接近开关的工作原理示意图。

(3)供料单元中的漫射式光电接近开关

①用来检测工件不足或工件有无的光电接近开关选用欧姆龙公司的 E3Z-LS63 型光电接近开关。该光电接近开关是一种小型、可调节检测距离、放大器内置的反射式光电传感器,具有细小光束(光点直径约 2 mm)、可检测同等距离的黑色和白色工件、检测距离可精确设定等特点。该光电接近开关的外形、顶端面上的调节旋钮和显示灯如图 2-18 所示。各器件功能说明如下:

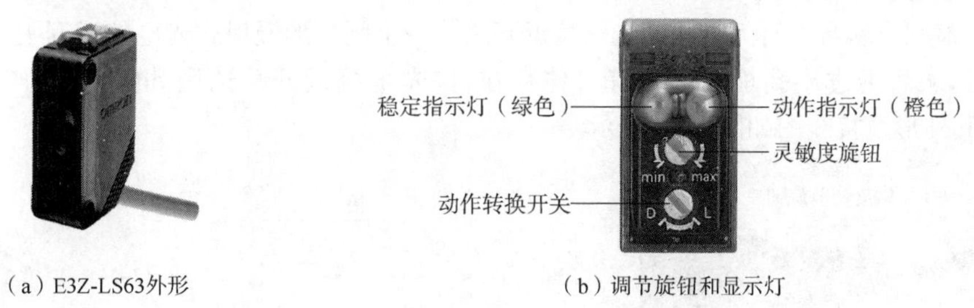

图 2-18　E3Z-LS63 型光电接近开关的外形、顶端面上的调节旋钮和显示灯

a. 距离设定型光电接近开关主要以三角测距为检测原理,具有 BGS 和 FGS 两种检测模式(BGS 模式可选择在检测物体远离背景时;FGS 模式则可选择在检测物体与背景接触或检测物体是光泽物体等情况下)。供料单元的欠、缺料检测使用 BGS 模式,这种模式下传感器至设定距离间的物料可被检测到,设定距离以外的背景物料不能被检测到,从而实现检测透明塑料管内工件的目的。

b. 动作切换开关用来切换光电开关的动作输出模式:当受光元件接收到反射光时输出为 ON,则称为 L 模式(LIGHT ON)或受光模式;另一种动作输出模式是在反射光未能接收到时输出为 ON,则称为 D 模式(DARK ON) 或遮光模式。选择哪一种检测模式,取决于编程考虑。若选择 L 模式,则物料被检测到时开关动作;而发生欠料或缺料时,开关不动作,这一点在编程时须注意。

c. 状态指示灯中还有一个稳定显示灯(绿色发光二极管),用于对设置后的环境变化(温度、电压、灰尘等)的裕度进行自我诊断,如果裕度足够,显示灯会亮;反之,若该显示灯熄灭,说明现场环境不合适,应从环境方面排除故障,例如温度过高、电压过低、光线不足等。

d. BGS 和 FGS 两种检测模式的选择是通过改变接线实现的。本光电接近开关有四根引出线,其内部电路原理框图如图 2-19 所示。各引出线以颜色标记,其中粉红色的引出线用于选择检测模式,若开路或连接到 0 V,则选择 BGS 模式;若连接到电源正极,则选择 FGS 模式。YL-335B 上的所有 E3Z-LS63 光电接近开关粉红色的引出线均开路,即选择 BGS 模式。

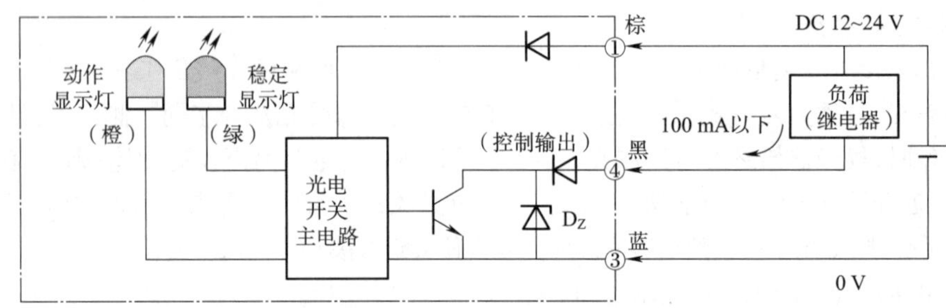

图 2-19　E3Z-LS63 光电接近开关内部电路原理框图

E3Z-LS63 型光电接近开关由于实现了可视光的小光点(光点直径约 2 mm),可以用肉眼确认检测点的位置,检测距离调试方便,并且在设定距离以内,被检测物的颜色(黑白)对动作灵敏度影响不太大,因此该传感器也用于 YL-335B 的一些其他检测,例如装配单元料仓的欠、缺料检测,回转台上料盘芯件的有无检测,加工单元加工台物料检测等。

②用来检测出料台上有无物料的光电接近开关是一个圆柱形漫射式光电接近开关。工作时向上发出光线,从而透过小孔检测是否有工件存在,该光电接近开关选用 SICK 公司产品 MHT15-N2317 型,其外形及接线图如图 2-20 所示。

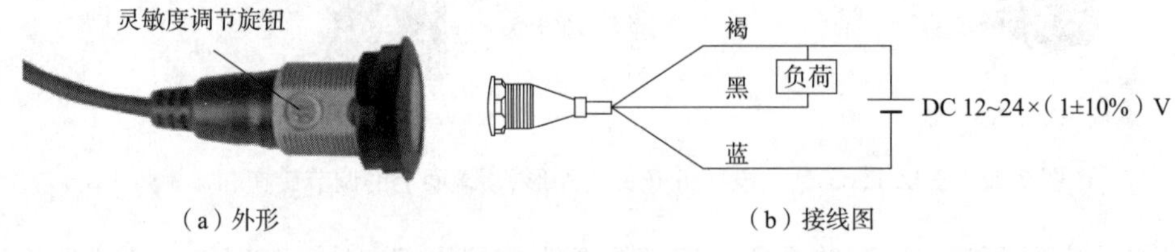

(a) 外形　　(b) 接线图

图 2-20　圆柱形漫射式光电接近开关外形及接线图

4. 接近开关的图形符号

部分接近开关的图形符号如图 2-21 所示。图 2-21(a) ~ 图 2-21(c)三种情况均使用 NPN 型晶体管集电极开路输出。如果是使用 PNP 型晶体管,正负极性应反过来。

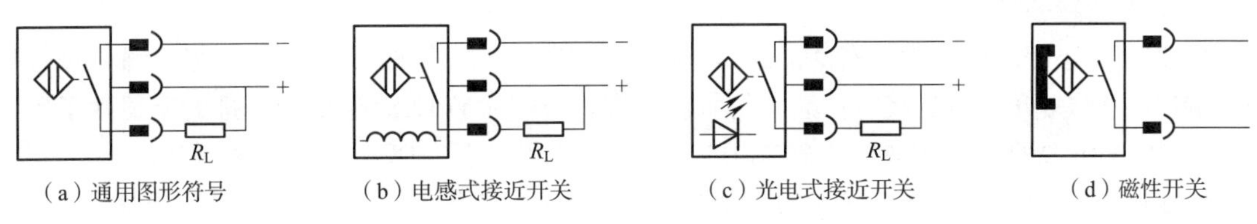

（a）通用图形符号　（b）电感式接近开关　（c）光电式接近开关　（d）磁性开关

图 2-21　部分接近开关的图形符号

（二）指示灯按钮盒

YL-335B 每一个工作单元中均有指示灯与按钮盒，如图 2-22 所示。

HL1、HL2、HL3 分别为黄色、绿色、红色指示灯。每个指示灯有两个端子，接线时其中一个端子接至 +24 V 电源端，另一个端子接至 PLC 输出端。

SB1、SB2 两个点动按钮，每个按钮也有两个端子，其中一个端子接 0 V，另一个端子接至 PLC 输入端。急停开关 QS 是一个常闭开关，接线方式与按钮相同。

切换开关 SA 有三个端子，选用右 1 和右 3 端子或者右 1 和右 2 端子，区别在于切换开关位于左位和右位时候，开关接通状态不同。YL-335B 自动化生产线中默认接的是右 1 和右 2 端子，当切换开关在左位时，开关断开；当切换开关在右位时，开关接通。

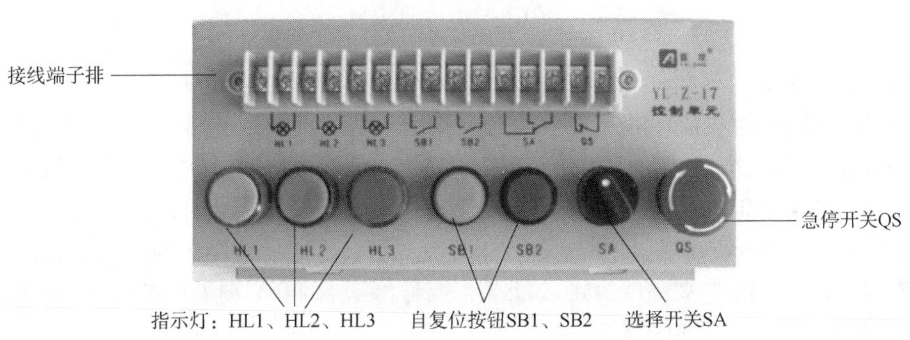

图 2-22　按钮/指示灯模块外观

（三）装置侧与 PLC 侧端子排

图 2-23 和图 2-24 分别是装置侧的端子排和 PLC 侧的端子排。

图 2-23　装置侧的端子排

图 2-24　PLC 侧的端子排

1. 装置侧端子排

采用三层端子结构,分为左右两部分,分别为装置侧输入端子排和装置侧输出端子排。装置侧输入端口的上层端子用以连接各传感器的直流电源正极端 + VCC,而输出端子排的上层端子用以连接 DC 24 V 电源的 +24 V 端。两个端口的底层端子均用以连接 DC 24 V 电源的0 V 端,中间层端子用以连接各信号线,信号编号从左向右编号从 2 开始,依次增加。为了防止在实训过程中,误将传感器信号线接到 +24 V 端而损坏传感器,如图 2-25 所示,传感器端口各上层端子均在接线端口内部用 510 Ω 限流电阻连接到 +24 V 电源端。也就是说,传感器端口各上层端子提供给传感器的电源是有内阻的非稳压电源,这一点在进行电气接线时必须注意。

图 2-25　端子排内部

2. PLC 侧端子排

采用两层结构,分为左右两部分,分别为 PLC 侧输入端子排和输出端子排。最上层为信号层,信号层从右向左编号递增,编号从 2 开始。下面一层为电源和接地层,其中左半部分端子为 +24 V 端子,右半部分端子为0 V 端子。输入端子排的所有 +24 V 端子是相通的,所有的0 V 端子也是相通的,但是输入端子排和输出端子排的 +24 V 是不连通的,0 V 也是如此。输入端子排的 0 V 端子和输出端子排的0 V 端子需要导线短接,如此输入与输出端子排0 V 端子均连接到了开关电源的接地端, +24 V 端子情况亦是如此。

装置侧的接线端口和 PLC 侧的接线端口之间通过两根专用电缆连接。其中,25 针接头电缆连接 PLC 的输入信号,15 针接头电缆连接 PLC 的输出信号。

(四)专业技术规范

1. 电气接线的工艺应符合如下专业规范的规定

①电线连接时必须用合适的冷压端子;端子制作时切勿损伤电线绝缘部分。

②连接线须有符合规定的标号;每一端子连接的导线不超过两根;电线金属材料不外露,冷压端子金属部分不外露。

③电缆在线槽里最少有 10 cm 裕量(若仅是一根短接线,则在同一线槽内不要求)。

④电缆绝缘部分应在线槽里,接线完毕后盖好线槽盖,无翘起和未完全盖住现象。

⑤接线完毕后,应用扎带绑扎,力求整齐美观。

2. 连接气路时应遵循如下的气路连接专业规范要求

①连接时注意气管走向,应按序排布,线槽内不走气管。

②气管要在快速接头中插紧,不能有漏气现象。

③气路连接完毕后，应用扎带绑扎，两个绑扎带之间的距离不超过 50 mm。

④电缆和气管应分开绑扎，但当它们都来自同一个移动模块上时，允许绑扎在一起。

⑤避免气管缠绕，绑扎变形现象。

三、任务实施

（一）供料单元 I/O 分配

1. 供料单元装置侧的 I/O 分配

供料单元装置侧的 I/O 分配见表 2-4。

表 2-4　供料单元装置侧的 I/O 分配

输入端口中间层			输出端口中间层		
端子号	设备符号	信号线	端子号	设备符号	信号线
2	1B1	顶料到位	2	1Y	顶料电磁阀
3	1B2	顶料复位	3	2Y	推料电磁阀
4	2B1	推料到位			
5	2B2	推料复位			
6	BG1	出料台物料检测			
7	BG2	物料不足检测			
8	BG3	物料有无检测			
9	BG4	金属材料检测			
10～17 号端子没有连接			4～14 号端子没有连接		

2. 供料单元 PLC 侧的 I/O 分配

供料单元 PLC 侧的 I/O 分配见表 2-5。根据供料单元装置侧的 I/O 信号分配（见表 2-4）和工作任务的要求，供料单元 PLC 选用 FX3U-32MR 主单元，共 16 点输入和 16 点继电器输出。

表 2-5　供料单元 PLC 侧的 I/O 分配

输入信号				输出信号			
序号	PLC 输入点	信号名称	信号来源	序号	PLC 输出点	信号名称	信号来源
1	X000	顶料气缸伸出到位	装置侧	1	Y000	顶料电磁阀（1Y）	装置侧
2	X001	顶料气缸缩回到位		2	Y001	推料电磁阀（2Y）	
3	X002	推料气缸伸出到位		3	Y002		
4	X003	推料气缸缩回到位		4	Y003		
5	X004	出料台检测（BG1）		5	Y004		
6	X005	供料不足检测（BG2）		6	Y005		
7	X006	缺料检测（BG3）		7	Y006		
8	X007	金属工件检测（BG4）		8	Y007		

续表

输入信号				输出信号			
序号	PLC 输入点	信号名称	信号来源	序号	PLC 输出点	信号名称	信号来源
9	X010			9	Y010	正常工作指示(HL1)	按钮/指示灯模块
10	X011			10	Y011	设备运行指示(HL2)	
11	X012	启动按钮(SB1)	按钮/指示灯模块	11	Y012	设备故障指示(HL3)	
12	X013	停止按钮(SB2)					
13	X014	急停按钮(QS)					
14	X015	工作方式选择(SA)					

(二)绘制供料单元接线图

按照所规划的I/O分配以及所选用的传感器类型,绘制供料单元PLC的I/O接线图,如图2-26所示。

FX3U基本单元输入电路与早期的FX2N等系列PLC有所不同。图2-27给出了一个具有n个输入点的FX3U基本单元输入电路的接线原理图,由该图可见:

①为了提高抗干扰能力,PLC的开关量输入电路都采用光耦合器隔离输入的方式,串联于输入电路中的光耦合器将开关的接通与断开状态传送到逻辑处理电路中,为PLC的微计算机系统提供外部输入信息。

②PLC内部内置一个DC 24 V开关式稳压电源,又称传感器电源。FX3U系列PLC将电源引出"+24 V"和"0 V"端子,从而可以向外部输入元件(传感器)提供DC 24 V的工作电源。但PLC输入电路与传感器电源是相互独立的,输入回路供电电源,可取自内置的传感器电源,也可由外部稳压电源提供。

③输入电路与传感器电源的相互独立使得供电电源的极性配置可以根据信号源性质而改变。例如,YL-335B设备所使用的所有传感器均为NPN型晶体管集电极开路输出(即漏型信号源),这时输入回路的电源端子("SS"端子),应接DC 24 V电源的正极,而各传感器公共端(COM)应连接到电源负极(0 V);反之,若信号源来自PNP型晶体管集电极开路输出(即源型信号源),则用相反极性连接,因此与信号源的匹配相当灵活。

④实际上,传感器电源的输出端子,并不是必须连接的,输入回路电源和传感器工作电源可以都由外部稳压电源提供。这可以使整体电路的电源单一,避免多种电源存在可能引起的接线错误,对于初学者来说有一定好处,YL-335B设备就是采用这种供电方式。但在实际工程中,"肮脏"的外部电源可能会带来输入干扰,因而用得较少。

(三)供料单元装置侧电气接线

①装置侧电气接线包括完成各传感器、电磁阀、电源端子等引线到装置侧接线端口之间的接线。

②磁性开关接线时,蓝色端子接至输入端子排最下层0 V端子,棕色端子按照表2-4接至相应的端子排的第二层,即信号层相应的编号端子。

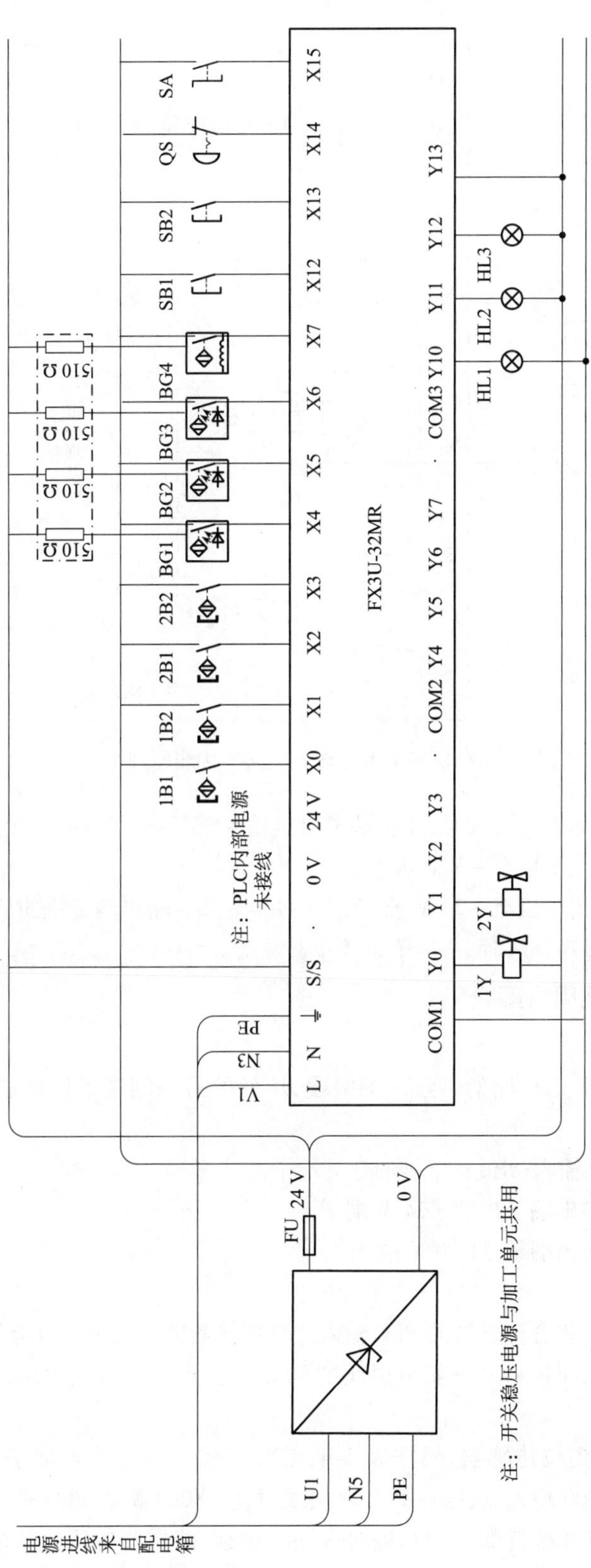

图2-26　供料单元PLC的I/O接线图

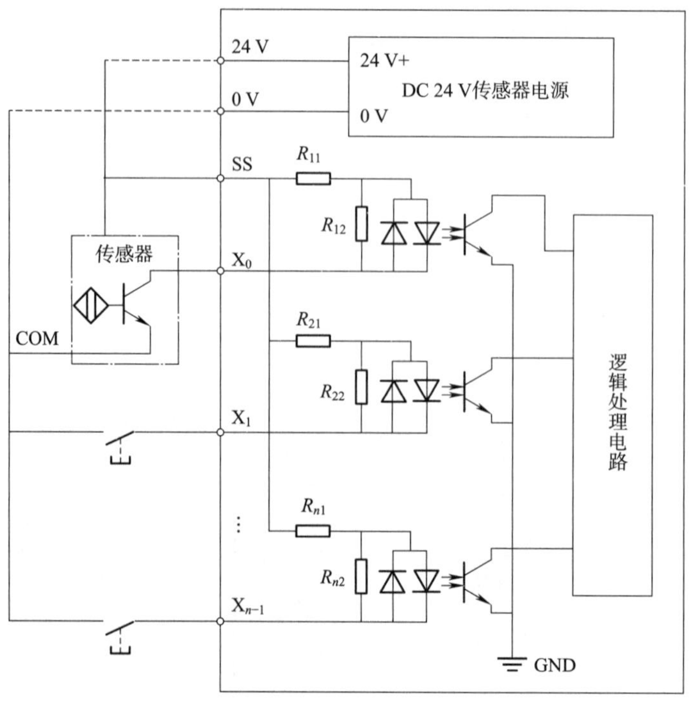

图 2-27　FX3U 基本单元输入电路的接线原理图

③光电传感器、电感传感器等接线时,蓝色端子接至输入端子排 0 V 端子,黑色端子按照表 2-4 接入相应的编号端子,棕色端子接至 + Vcc 端子。

④电磁阀接线时,红色端子接至 +24 V,蓝色端子接至表 2-4 输出端子排的信号层端子。

注意:每个传感器、电磁阀接线时,从端子排最下层接起。

(四)供料单元 PLC 侧电气接线

1. 电源接线

①开关电源的 V + 接至 PLC 侧的熔丝一侧端子,熔丝的另一侧端子接至输入(出)端子排的 +24 V 端子。

②开关电源的 V - 接至输入(出)端子排的 0 V 端子。

③用导线连接输入与输出端子排的 +24 V 端子。

④用导线连接输入与输出端子排的 0 V 端子。

2. 端子排信号层接线

①结合表 2-4 与表 2-5,将各传感器的 PLC 输入点分别接到输入端子排对应的信号端子。

②结合表 2-4 与表 2-5,将顶料和推料电磁阀的 PLC 输出点分别接到输出端子排对应的信号端子。

说明:如顶料气缸伸出到位传感器,根据表 2-4,信号端接入的是输入端子排 2 号端子,根据表 2-5,接入的是 PLC 的 X000 输入点,则在 PLC 侧接线时,将 X000 接入 PLC 侧输入端子排的 2 号端子,如此通过直连电缆,实现装置侧与 PLC 侧对应端子连接,装置侧的顶料伸出到位传感器连接的信号为 X000。

注意：装置侧接线端口中，输入信号端子的上层端子 +VCC 只能作为传感器的正电源端，切勿用于电磁阀等执行元件的负载。

3. 点动按钮、切换开关 SA、急停开关 QS 接线

SB1、SB2 为点动按钮，急停开关 QS 为常闭触点，切换开关 SA 共计端子，接线时选择右 1、2 端子，一端接 0 V，另一端按照表 2-5 连接到 PLC 的输入点。

4. 指示灯接线

指示灯有两个端子，一端接 +24 V，另一端按照表 2-5 连接到 PLC 的输出点。

说明：接线时，为确保线路规整，通常定义好同一侧端子为 0 V 或者 +24 V，另一侧端子为输入点或者输出点。如可选择按钮、SA、QS 左侧端子为 0 V，另一侧端子按照表 2-5 接到 PLC 输入端；选择指示灯的左侧端子为 +24 V，另一侧端子按照表 2-5 接到 PLC 输出端。

（五）电气线路检查

确认电路连接无误后，根据供电电源原理图，给设备通电。

用万用表校核供料单元 PLC 的输入/输出端子和 PLC 侧接线端口的连接关系；用万用表逐点测试按钮/指示灯模块中各按钮、开关等与 PLC 输入端子的连接关系，各指示灯与 PLC 输出端子的连接关系，完成后做好记录。

（六）传感器调节

1. 磁性开关调节

①在料仓内放入两个工件。

②按下顶料气缸手动换向加锁钮，气缸伸出，顶在工件外侧，若此时顶料气缸到位，磁性开关无信号，则调节安装与顶料气缸上的到位磁性开关位置，直至检测到信号后固定。

③松开顶料气缸手动换向加锁钮，气缸缩回，此时观测顶料气缸缩回到位磁性开关是否有信号，如无信号，则调节方法同②。

④推料气缸伸出与缩回到位传感器调节方法同上述步骤①~③。

2. 电感式接近开关调节

在料仓内放入一金属工件，观测电感式接近开关是否有信号，若无信号，调整电感式接近开关紧固旋钮位置，确保工件推出不受阻且能检测到信号为止。

3. 光电接近开关调节

（1）出料台检测光电接近开关

①在出料台上放一白色工件。

②用螺丝刀顺时针或逆时针旋转灵敏度调节旋钮，直至光电接近开关有信号。

③在出料台上放一黑色工件，观察光电接近开关是否有信号。

④通过调整灵敏度调节旋钮，直至黑白工件都能检测到信号且物料台上无工件时，光电接近开关无信号。

（2）缺料与料不足光电接近开关

设定距离通过旋动距离设定旋钮实现，设定方法如下（以 L 模式为例）：

①将缺料与料不足光电接近开关调至 L 模式。

②料仓内无料,观察缺料与料不足光电接近开关,此时应无信号。

③在料仓中放进四个工件,逆时针方向将距离设定旋钮充分旋到最小检测距离(约 20 mm),然后按顺时针方向逐步旋转距离设定旋钮,直到橙色发光二极管的动作显示灯稳定点亮。

注意:距离设定旋钮只能旋转五圈,超过就会空转,调整距离时须逐步轻微旋转;否则,若充分旋转,距离调节器会空转。

本项目所述的机械装配、气路连接和电气配线等基本要求,适于以后各项目,后面将不再说明。

任务4　供料单元控制系统软件设计

一、工作任务

本项目只考虑供料单元作为独立设备运行时的情况,单元工作的主令信号和工作状态显示信号来自 PLC 旁边的按钮/指示灯模块。并且,按钮/指示灯模块上的工作方式选择开关 SA 应置于"单站方式"位置。具体控制要求如下:

①设备加电和气源接通后,若工作单元的两个气缸均处于缩回位置,且料仓内有足够的待加工工件,则"正常工作"指示灯 HL1 长亮,表示设备准备好;否则,该指示灯以 1 Hz 的频率闪烁。

②若设备准备好,按下启动按钮,工作单元启动,"设备运行"指示灯 HL2 长亮。启动后,若出料台上没有工件,则应把工件推到出料台上。出料台上的工件被人工取出后,若没有停止信号,则进行下一次推出工件操作。

③若在运行中按下停止按钮,则在完成本工作周期任务后,各工作单元停止工作,指示灯 HL2 熄灭。

④若在运行中料仓内工件不足,则工作单元继续工作,但"正常工作"指示灯 HL1 以 1 Hz 的频率闪烁,"设备运行"指示灯 HL2 保持长亮。若料仓内没有工件,则指示灯 HL1 和指示灯 HL2 均以 2 Hz 的频率闪烁。工作单元在完成本工作周期任务后停止。除非向料仓补充足够的工件,工作单元不能再启动。

要求完成如下任务:

①规划 PLC 的 I/O 分配及接线端子分配。

②进行系统安装接线,并校核接线的正确性。

③按控制要求编制 PLC 程序。

④进行调试与运行。

二、关联知识点

(一)PLC 软元件测试

控制电路接线完成后,应对接线加以校核,为下一步的程序调试做好准备。校核 PLC 控制电路接线的方法有好几种,工程上常用的校核方法是使用万用表等有关仪表以及借助 PLC 编程软件的状态表监控功能。具体步骤如下:

①为了使气缸能自如动作，应清空供料单元料仓内的工件。接通供料单元电源，确保 PLC 在 STOP 状态。

②在个人计算机上运行三菱 GX Developer 软件，创建一个新工程，然后检查编程软件和 PLC 之间的通信是否正常。只有当编程软件和 PLC 之间的通信正常才能进入状态监控操作。

③打开状态监控界面，根据 PLC 上有接线的 I/O 端子，进行位软元件登录，然后激活软元件状态监视。操作步骤见表 2-6。

表 2-6　用 GX Developer 软件进行软元件的状态测试

<table>
<tr><th>测试步骤及说明</th><th>测 试 界 面</th></tr>
<tr><td>步骤 1：打开状态监控界面及位软元件登录。
①单击工具栏上的按钮，打开“软元件登录”界面。
②进行软元件登录操作，逐个输入所希望测试输入点或输出点，直至全部完成</td><td>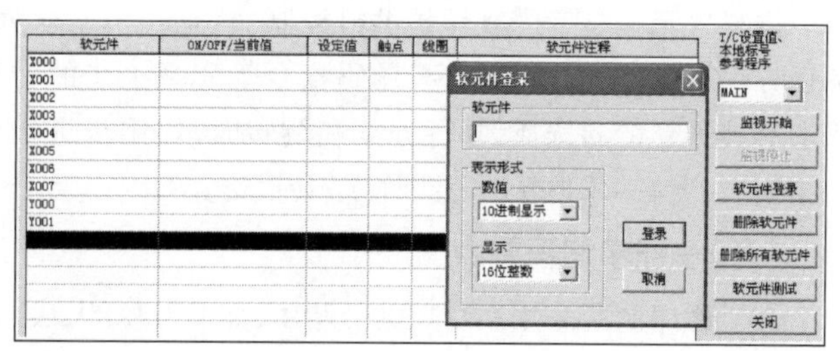
</td></tr>
<tr><td>步骤 2：激活软元件状态监视。
单击软元件登录监视界面的“监视开始”按钮，框内各元件的状态将在“ON/OFF/当前值”栏中显示。
操作某一传感器，软元件登录框上相对应的软元件状态也发生变化，从而判断传感器接线是否正确</td><td>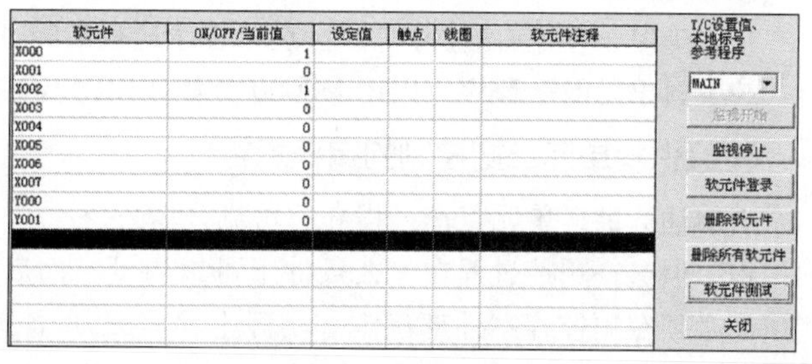
</td></tr>
<tr><td>步骤 3：用强制输出测试输出点（以 Y0 为例）。
①接通气源。
②单击“软元件测试”按钮，弹出“软元件测试”对话框。在对话框上部“软元件”文本框中输入 Y0。
③单击“强制 ON”按钮，使位软元件 Y0 被强制为 ON。观察装置侧上的顶料气缸是否动作。如果动作则说明接线正确。
④在“软元件测试”对话框中单击“强制 OFF”按钮，使 Y0 复位</td><td>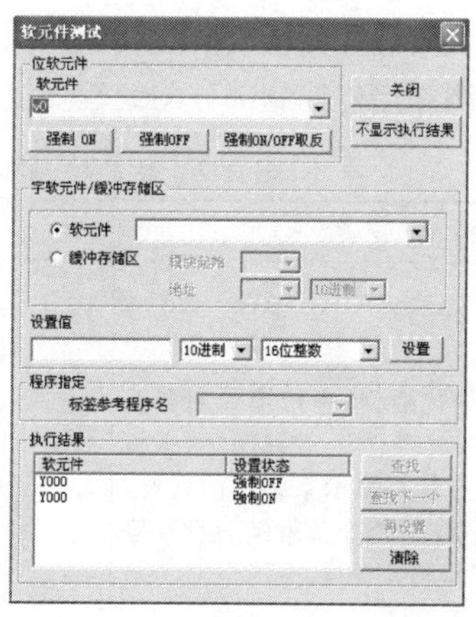
</td></tr>
</table>

续表

测试步骤及说明	测试界面
步骤4:退出软元件状态监控。 ①取消所有强制输出。 ②单击“监视停止”按钮。 ③单击“删除所有软元件”按钮。然后关闭软元件登录监视界面	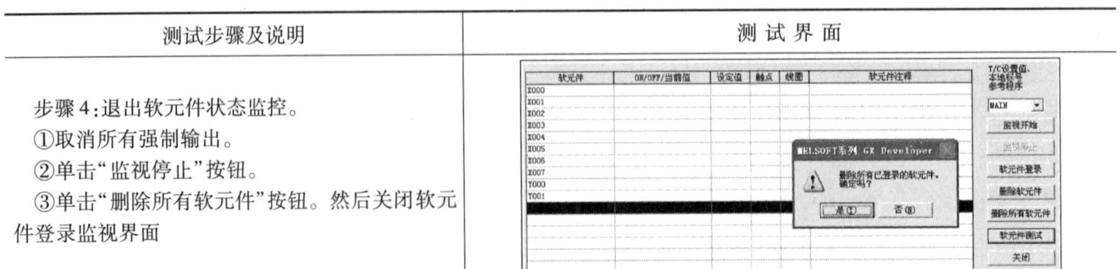

(二)步进顺序控制的编程方法

供料单元主要工作过程是供料控制,它是一个单序列的步进顺序控制过程。步进顺序控制的编程方法,可以采用移位指令、译码指令等实现工步的转移,也可以用步进指令实现。当步进控制要求有较为复杂的选择、并行分支和跳转时,使用步进指令较为便利。使用步进指令编程时,在状态结束后,要有 RET 指令,否则程序会报错。

(三)子程序编程要点

①子程序调用采用 CALL 执行调用,如 CALL P0,表示调用 P0 子程序。

②既然有子程序,就有主程序和子程序之分,主程序结尾处需要以 FEND 指令结尾。

③子程序是在主程序之外编程的,子程序应以 SRET 结尾。

④为确保子程序有效调用执行,在子程序运行期间,调用条件需要保持接通。

⑤供料单元的子程序可以用 M8000 直接调用,指示灯只作为显示之用,不影响流程的运行。

(四)供料单元单站控制的编程思路

由前述的供料单元工作过程介绍可见,供料过程是一个顺序控制的过程,是供料单元的主要控制过程。但这一顺控过程在什么条件下可以启动?而启动以后,在什么情况下顺控过程停止?这些条件必须在顺控程序外部确定。实际上,YL-335B 各单元的 PLC 主程序(MAIN)除了顺控程序外,通常还包括加电初始化、故障检测、工作状态显示、系统启动条件检查、启动和停止操作等环节。为便于分析,将这些环节简称为主程序的状态检测和启停控制部分。

本书各项目的编程分析,都将按状态检测、启停控制以及顺序控制两部分进行。

①状态检测和启停控制部分的编程要点说明见表 2-7。

表 2-7　状态检测和启停控制部分的编程要点说明

编程步骤	梯形图
①PLC 加电初始化后,每一扫描周期都检查设备有无缺料或欠料故障,并调用“状态显示”子程序,通过指示灯显示系统当前状态。所显示的状态包括:是否准备就绪、运行/停止状态、工件不足预报警、缺料报警等	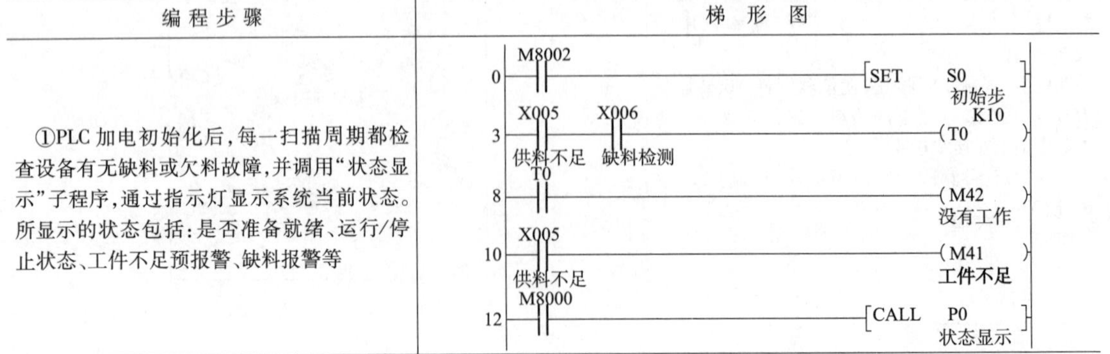

续表

编 程 步 骤	梯 形 图
②如果系统尚未启动，则检查系统当前状态是否满足启动条件： a. 工作模式选择开关应置于单站模式（或非联机模式）。 b. 两个气缸均在缩回位置，料仓有足够的工件，这时系统处于初始状态。 c. 若系统运行前处于初始状态，则准备就绪。这时按下启动按钮 SB2，则系统启动，运行状态标志被置位	16　M10 运行状态　X015 SA　[SET M30 联机模式] 　　X015 SA　[RST M30 联机模式] 23　X001 顶料复位　X003 推料复位　M41 工件不足　(M0 初始状态) 27　M10 运行状态　M0 初始状态　[SET M20 准备就绪] 　　M0 初始状态　[RST M20 准备就绪] 34　M30 联机模式　M20 准备就绪　X013 SB2　[SET M20 运行状态]
③如果系统已经启动（运行状态标志为ON），则程序应在每一扫描周期检查有无停止按钮按下，或是否出现缺料故障，若出现上述事件，将发出停止指令。 停止指令发出后，当顺控过程返回初始步时，复位运行状态标志，同时复位停止指令，系统将停止运行	38　X012 SB1　M10 运行状态　[SET M11 停止指令] 　　M42 没有工件 42　M10 运行状态　M11 停止指令　S0 初始步　[RST M10 运行状态] 　　[RST M11]

②考虑到 YL-335B 的工作过程，本书统一使用步进指令作为编程示例。供料过程步进控制的流程示意图如图 2-28 所示。

供料单元的步进控制比较简单，初始步在加电初始化时就被置位，但系统未进入运行状态前则处于等待状态。当运行状态标志 ON 后，如果出料台上没有工件，经延时确认后，转移到推料步，将工件推出到出料台。动作完成后，转移到驱动机构复位步，使推料气缸和顶料气缸先后返回初始位置，这样就完成了一个工作周期，步进程序返回初始步，如果运行状态标志仍然为 ON，开始下一周期的供料工作。

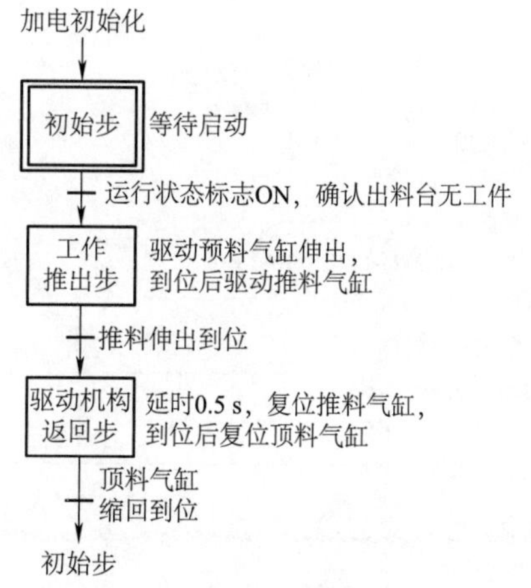

图 2-28　供料过程步进控制的流程示意图

需要注意的是推料步：进行推料操作前，必须用顶料气缸压紧次上层工件，完成后才驱动推料气缸。顶料完成信号由检测顶料到位的磁性开关提供，但当料仓中只剩下一个工件时，就会出现顶料气缸无料可顶,顶料到位信号一晃即逝的情况,这时只能获得下降沿信号。图2-29为供料控制推料步动作梯形图。

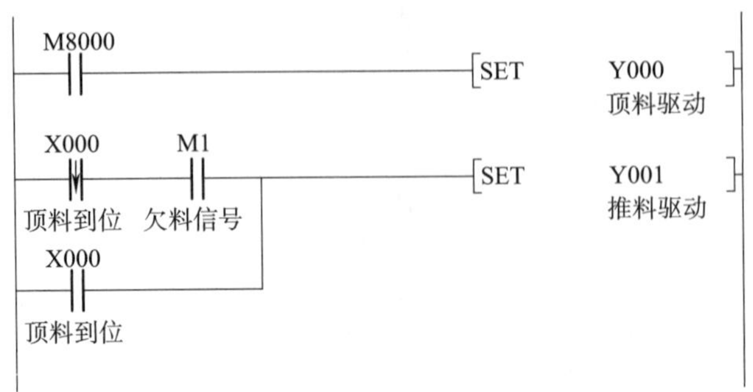

图2-29　供料控制推料步动作梯形图

三、任务实施

(一)新建工程

打开GX Developer软件,新建工程,因供料单元控制器为FX3U-32MR,PLC系列、类型、存储路径设置如图2-30所示。

(二)软元件注释与显示

①为保证程序的可读性,可对程序中的软元件进行注释显示。在左侧的工程数据列表中选中软元件注释,软元件名输入X0,单击"显示"按钮,则进入输入点软元件注释,按照供料单元I/O分配表,输入注释信息,如图2-31所示。

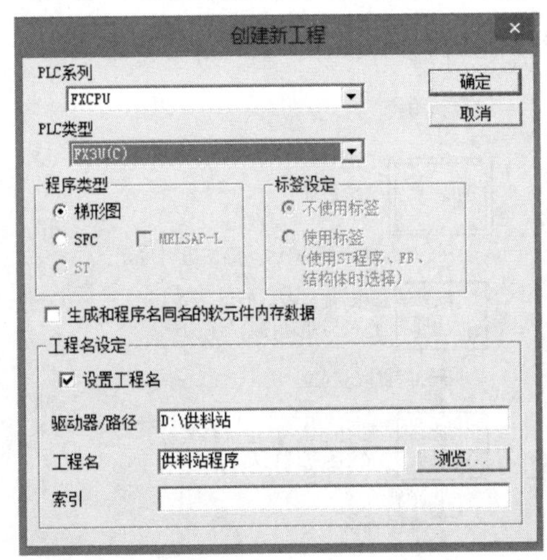

图2-30　新建工程

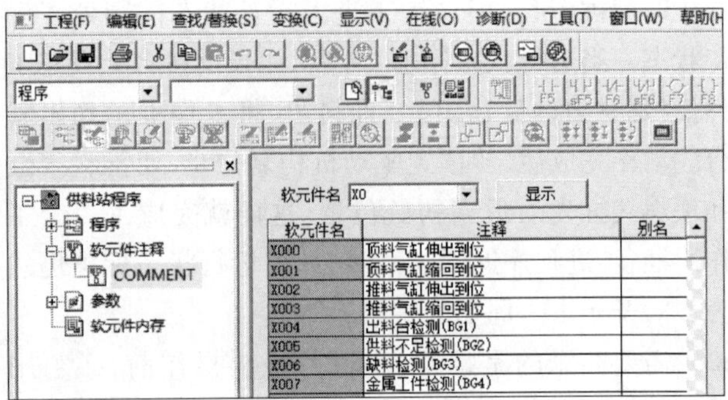

图2-31　注释界面

②软元件名输入 Y0,单击“显示”按钮,则进入输出点软元件注释界面,方法与输入点注释相同。

③进入编程界面。选择“显示”→“注释显示”命令。

(三)供料单元编程调试

根据工作任务要求,编制 PLC 程序。

①供料单元主控功能编程:编制程序时,先不考虑指示灯功能,按照下述步骤③~步骤⑥进行编程调试。

②扩充指示灯显示子程序:在上述程序中加入指示灯显示子程序,再按照步骤⑤、⑥进一步编程调试。

③用编程电缆连接计算机串口与 PLC 编程口。

④传输设置:

a. 选择“在线”→“传输设置”命令,进入“传输设置”界面,单击“串行”按钮,设置串口与传送速度,如图 2-32 所示。

b. 编程端口可通过右击“计算机”,选择“设备管理器”→“通用串行总线控制器”命令,打开“通用串行总线控制器”,即可查看编程口的端口,如图 2-33 所示。

c. 单击“通信测试”按钮,若连接正常,则通信成功。

⑤下载程序:选择“在线”→“PLC 输入”命令,将程序下载到 PLC 中。也可用快捷方式下载。

⑥运行调试程序,可单击监视模式对程序运行监控,检查动作是否满足任务要求。为保证工作单元运行平稳,可根据实际情况加入定时器。

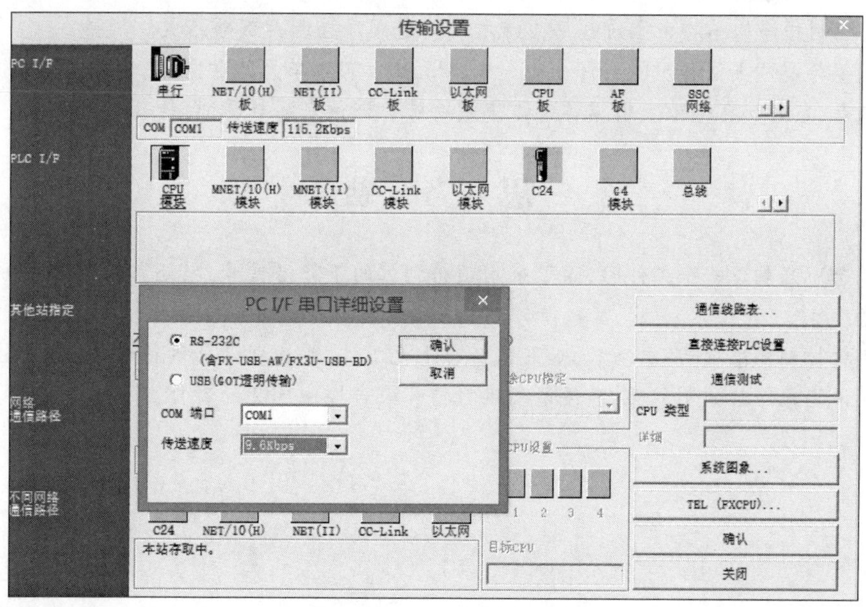

图 2-32　传输设置界面

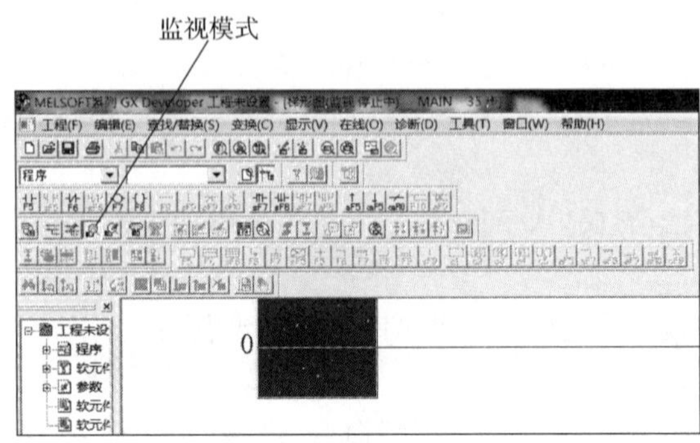

图 2-33　串口查看

项 目 小 结

YL-335B 自动化生产线供料单元安装与调试的一般方法和步骤：

①供料单元安装与调试的工作过程按如下的顺序进行：机械部件安装→气路连接及调整→电路接线→传感器调试、电路校核→编制 PLC 程序及调试。

②机械部件的安装方法是把供料单元分解成几个组件，首先进行组件装配，然后再进行总装。

③PLC 控制程序的结构由系统程序主流程和步进顺序控制两部分组成。

上述安装与调试方法和步骤实际上也是 YL-335B 各工作单元的共同点，当然，不同的工作单元均有其特殊点，在共同点基础上根据各工作单元特殊点进行安装与调试，是基本的思路。

思 考 题

①当料仓中只剩下一个工件时，除了采用顶料到位的下降沿信号外，还可以用哪些方法？试给出另一方案。

②若供料控制要求改为：启动后，如果出料台上无工件，并收到请求供料信号，则应把工件推到出料台上。请据此修改控制程序，假设请求供料信号来自按钮 SB2 的动作。

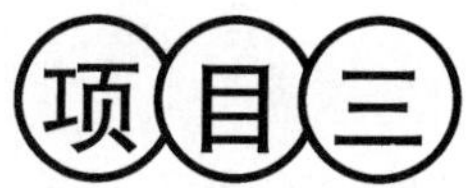

项目三 加工单元的安装与调试

项目目标

①掌握薄型气缸、气动手指的功能和特点，进一步巩固气路连接和调整。

②掌握用条件跳转指令和主控指令处理顺序控制过程中紧急停止的方法。

③能在规定时间内完成加工单元的安装和调整，进行控制程序设计和调试，并能解决安装与运行过程中出现的常见问题。

建议学时

任务 1	加工单元机械拆装	4 学时
任务 2	加工单元电气线路设计	6 学时
任务 3	加工单元控制系统软件设计	6 学时

重点

①加工单元机械装配、气路连接与调节、传感器安装与调节。

②加工单元装置侧与 PLC 侧电气系统接线。

③加工单元的软件编程与调试。

难点

①直线导轨、薄型气缸、气动手指的工作原理。

②加工单元底座支架与滑台组件结构安装。

③加工单元控制程序编制、调试与优化。

任务 1　加工单元机械拆装

一、工作任务

合理使用内六角扳手、一字头螺丝刀、十字头螺丝刀等工具，将加工单元的机械部分拆开成组件和零件的形式，然后再完成加工单元装置侧机械装配。

二、关联知识点

(一)加工单元工作过程

加工单元的功能是实现在进料位置将待加工工件夹紧在加工台上,移送到加工位置正下方,完成对工件的冲压加工,然后把加工好的工件重新送到进料位置取出的过程。

(二)加工单元机械结构

视频

加工单元

加工单元的结构如图3-1所示,主要组成包括:滑动加工台组件、冲压机构、电磁阀组、接线端口、底板等。

1. 滑动加工台组件

(1)滑动加工台组件构成

如图3-1所示滑动加工台组件,主要由气动手指、工件夹紧器和加工台支座组成的加工台、连接到加工台支座的伸缩气缸、直线导轨及滑块、磁性开关、漫射式光电传感器组成。

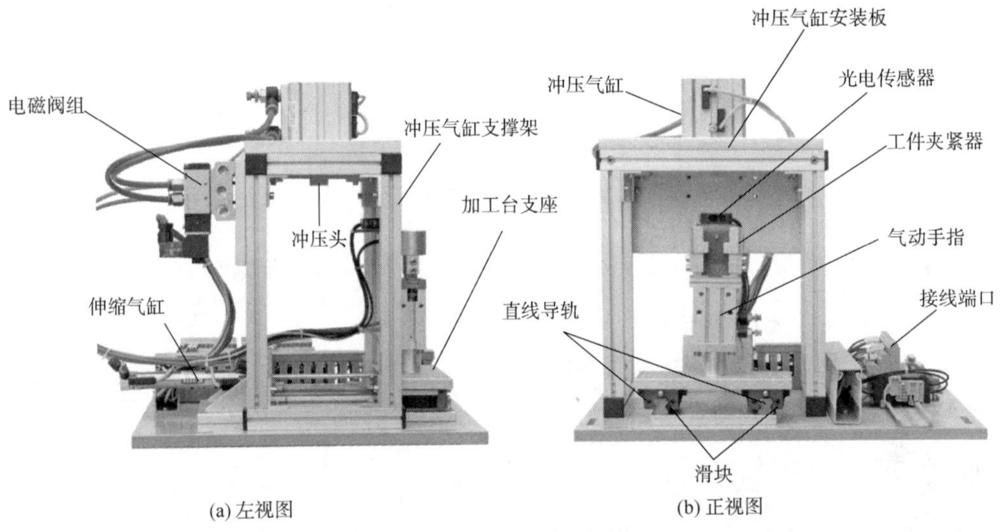

图3-1 加工单元的结构

(2)滑动加工台组件的工作原理

如图3-2所示,滑动加工台组件的初始状态为伸缩气缸伸出,加工台气动手指张开的状态。当输送物料机构把工件送到加工台上,漫射式光电传感器检测到工件后,滑动加工台组件在PLC程序控制下执行如下工序:气动手指夹紧工件→伸缩气缸缩回,驱动加工台到加工位置→完成冲压加工后,伸缩气缸重新伸出,加工台返回初始位置→到位后气动手指松开,并向系统发出加工完成信号。

(3)滑动加工台组件的直线导轨

直线导轨是一种滚动导引,它由钢珠在滑块与导轨之间做无限滚动循环,使得负载平台能沿着导轨以高精度做线性运动,其摩擦因数可降至传统滑动导引的1/50,使之能达到很高的定位精度。

在直线传动领域中,直线导轨副一直是关键性的产品,目前已成为各种机床、数控加工中心、精密电子机械中不可缺少的重要功能部件。

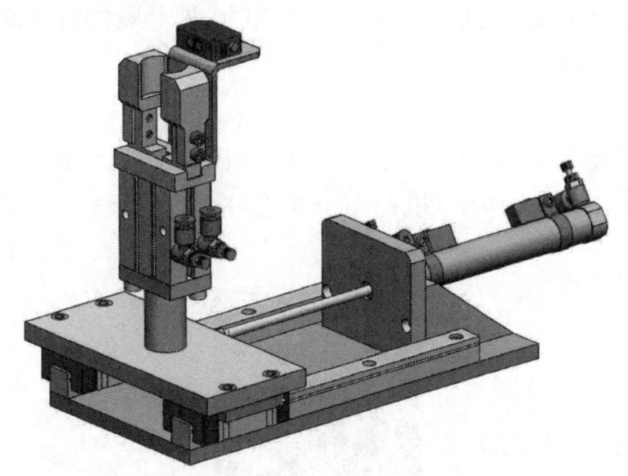

图 3-2　滑动加工台组件

直线导轨副通常按照滚珠在导轨和滑块之间的接触牙型进行分类,主要有两列式和四列式两种。YL-335B 上均选用普通级精度的两列式直线导轨副,其接触角在运动中能保持不变,刚性也比较稳定。图 3-3(a)为直线导轨副截面图,图 3-3(b)是装配好的直线导轨副。

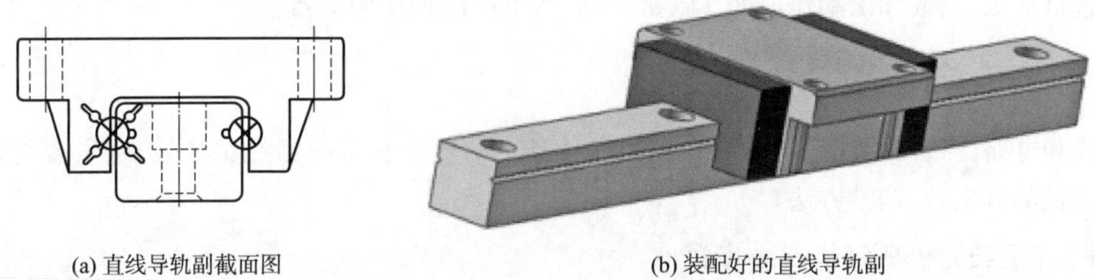

(a) 直线导轨副截面图　　(b) 装配好的直线导轨副

图 3-3　两列式直线导轨副

安装直线导轨副时应注意:

①要小心轻拿轻放,避免磕碰以影响导轨副的直线精度。

②不要将滑块拆离导轨或超过行程又推回去。

加工台滑动机构由两个直线导轨副和导轨安装构成,安装滑动机构时要注意调整两直线导轨的平行。详细的安装方法将在后面"加工单元的安装技能训练"中讨论。

(4)滑动加工台组件的传感器

滑动加工台上安装一个漫射式光电传感器。若加工台上没有工件,则漫射式光电传感器处于常态;若加工台上有工件,则漫射式光电传感器动作。该光电传感器的输出信号送到加工单元 PLC 的输入端,用以判别加工台上是否有工件需要进行加工;当加工过程结束时,加工台伸出到初始位置。同时,PLC 通过通信网络,把加工完成信号回馈给系统,以协调控制。

加工台上的漫射式光电传感器仍选用 E3Z-LS63 型光电接近开关(该光电接近开关的原理、结构及调试方法在前面已经介绍过)。

伸缩气缸在伸出状态时的加工台位置是初始位置,只有在这个位置才能把待加工工件放到加工台上,因此又称进料位置;伸缩气缸在缩回状态时,加工台位置位于加工冲压头正下方,以便进行冲压加工,这一位置又称加工位置。通过调整伸缩气缸上两个磁性开关的位置可检测到加工台这两个位置,向 PLC 输入加工台位置信号。

2. 加工(冲压)机构

加工(冲压)机构由固定在冲压机构支撑架上的冲压气缸安装板、冲压气缸及冲压头等构成(见图 3-1)。如图 3-4 所示,加工(冲压)机构用于对工件进行冲压加工,冲压气缸为薄型气缸,冲压头实现芯体的冲压。

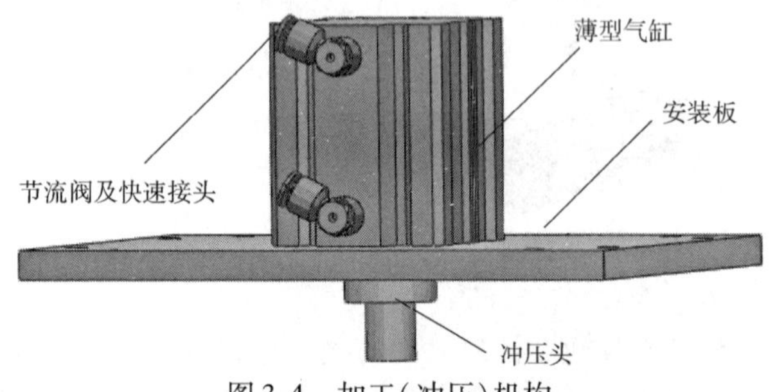

图 3-4　加工(冲压)机构

冲压机构的工作原理:当工件到达加工位置(即伸缩气缸活塞杆缩回到位)时,冲压气缸伸出,对工件进行加工,完成加工动作后冲压气缸缩回,为下一次冲压做准备。

三、任务实施

气路和电路连接需要注意的事项在项目二任务 1 的任务实施中已经叙述过,这里着重讨论加工单元机械部分安装、调整方法。

(一)加工单元机械结构安装步骤

1. 加工机构组件装配(见表 3-1)

表 3-1　加工机构组件装配

步骤 1　支撑架装配	步骤 2　冲压气缸与冲压头装配	步骤 3　加工机构组装

2. 滑动加工台组件装配（见表 3-2）

表 3-2　滑动加工台组件装配

步骤 1　伸缩台组装	步骤 2　夹紧机构装配
步骤 3　将夹紧机构安装于伸缩台上	步骤 4　直线导轨组装

完成伸缩台、夹紧机构、直线导轨等安装后，将加工机构安装到直线导轨上。

3. 加工单元模块组装

在完成以上各组件的装配后，如图 3-5 所示，首先将滑动加工台固定到底板上，再将冲压机构支撑架安装在底板上，最后将冲压机构固定在支撑架上，完成该单元的机械装配，最后将端子排与安装导轨固定于底板上。

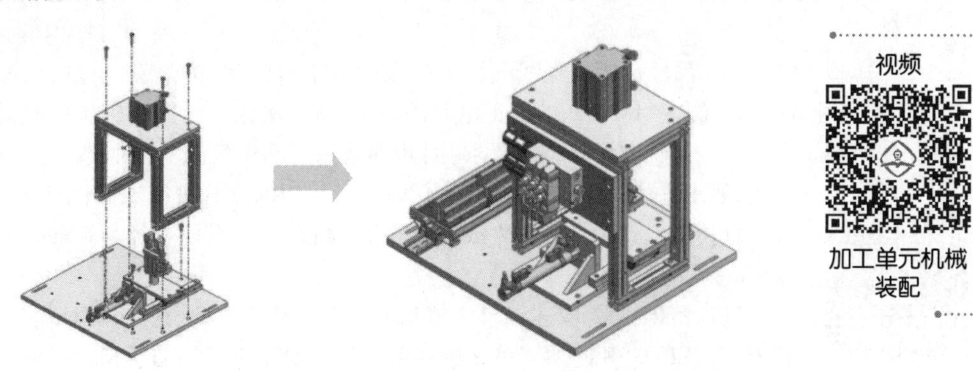

视频

加工单元机械装配

图 3-5　整个加工单元的组装图

(二)加工单元机械结构安装注意事项

①调整两直线导轨的平行时,首先将加工台支座固定在两个直线导轨滑块上,然后一边沿着导轨来回移动加工台支座,一边拧紧固定导轨的螺栓。

②如果加工组件部分的冲压头和加工台上工件的中心没有对正,可以通过调整伸缩气缸活塞杆端部旋入加工台支座连接螺孔的深度来进行对正。

任务2　加工单元电气线路设计

一、工作任务

加工单元的机械结构安装已完成,在此基础上继续进行加工单元电气线路设计:

①根据加工单元工作过程,自行分配加工单元I/O点;

②绘制加工单元电气接线图;

③根据接线图完成:

a. 传感器安装、调整、接线;

b. 电磁阀的接线;

c. 指示灯、按钮的接线。

④根据气路图完成加工单元气路的连接与调节。

二、关联知识点

加工单元的传感器、电磁阀、端子排、按钮、指示灯等结构与原理同供料单元,不做过多赘述。相对于供料单元,加工单元气动部件有所不同。

(一)加工单元的气动元件

加工单元所使用气动执行元件有标准直线气缸、薄型气缸和气动手指。下面介绍前面尚未提及的薄型气缸和气动手指。

1. 薄型气缸

薄型气缸的实物图及剖面图如图3-6所示。它是一种行程短的气缸,缸筒与无杆侧端盖铆接成一体,杆盖用弹簧挡圈固定,缸体为方形。可以有各种安装方式,用于固定夹具和搬运中固定工件。

薄型气缸的轴向尺寸比标准直线气缸有较大的减小,具有结构紧凑、质量小、占用空间小等优点,是一种省空间气缸。YL-335B的加工单元的冲压气缸、输送单元抓取机械手的提升气缸都有行程短和气缸轴向尺寸小的要求,因此都选用了薄型气缸。但所选的薄型气缸径向尺寸较大,要求进气气流有较大的压力,因此所使用的气管直径比其他略大。YL-335B中一般气缸使用气管的直径为4 mm,但薄型气缸使用气管的直径为6 mm。

视频

气爪工作

2. 气动手指(气爪)

气爪用于抓取、夹紧工件。气爪通常有滑动导轨型、支点开闭型和回转驱动型等工作方式。YL-335B的加工单元所使用的是滑动导轨型气动手指,如图3-7(a)所示。其工作原理可从其中剖面图[图3-7(b)、(c)]看出。

(a) 薄型气缸实物图

(b) 剖面图

图 3-6　薄型气缸的实物图及剖面图

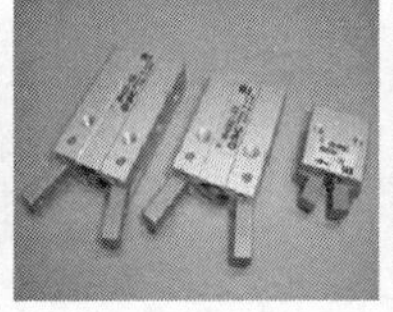

(a) 滑动导轨型气动手指

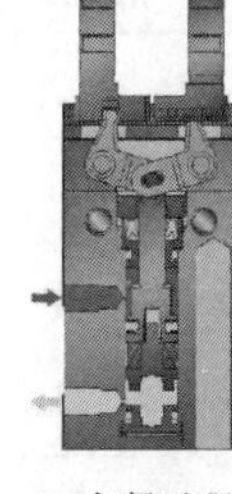

(b) 夹紧过程

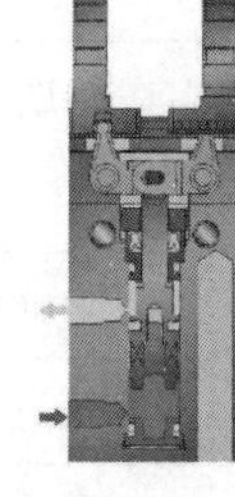

(c) 松开过程

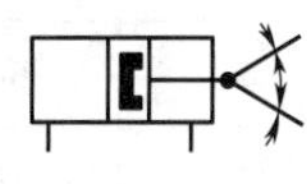

(d) 气动手爪符号

图 3-7　气动手指实物和工作原理

(二)加工单元气动控制回路

加工单元的气动控制元件均采用二位五通单电控电磁阀,各电磁阀均带有手动换向和加锁钮。它们集中安装成阀组固定在冲压支撑架后面。

加工单元气动控制回路工作原理图如图 3-8 所示。1B1 和 1B2 为安装在冲压气缸的两个极限

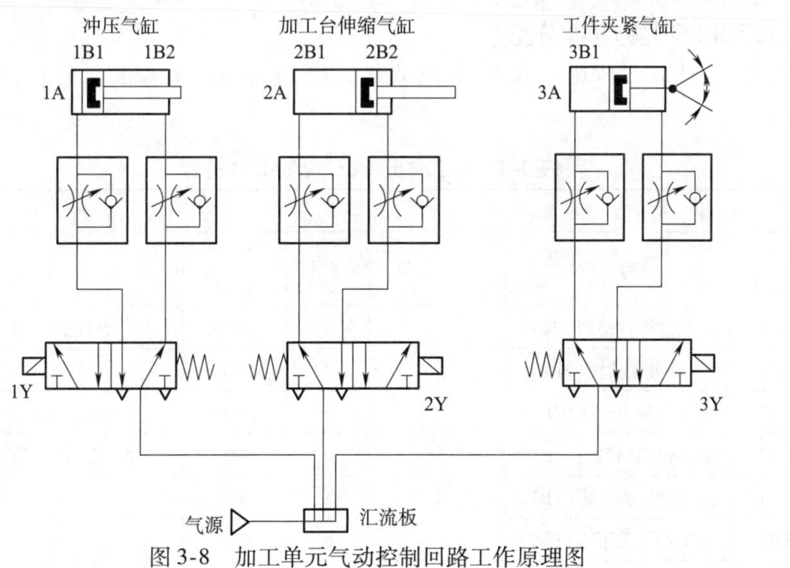

图 3-8　加工单元气动控制回路工作原理图

视频

加工单元气路工作原理

工作位置的磁感应接近开关,2B1 和 2B2 为安装在加工台伸缩气缸的两个极限工作位置的磁感应接近开关,3B1 为安装在工件夹紧气缸(即气动手指)工作位置的磁感应接近开关。1Y、2Y 和 3Y 分别为控制冲压气缸、加工台伸缩气缸和工件夹紧气缸的电磁阀的电磁控制端。

三、任务实施

(一)加工单元 I/O 分配

1. 加工单元装置侧的 I/O 分配

加工单元装置侧的 I/O 分配见表 3-3。

表 3-3　加工单元装置侧的 I/O 分配

输入端口中间层			输出端口中间层		
端子号	设备符号	信　号　线	端子号	设备符号	信　号　线
2	BG1	加工台物料检测	2	3Y	夹紧电磁阀
3	3B2	工件夹紧检测	3		
4	2B2	加工台伸出到位	4	2Y	伸缩电磁阀
5	2B1	加工台缩回到位	5	1Y	冲压电磁阀
6	1B1	加工冲压头上限			
7	1B2	加工冲压头下限			
8～17 号端子没有连接			6～14 号端子没有连接		

2. 加工单元 PLC 侧的 I/O 分配

加工单元选用 FX3U-32MR 主单元,共 16 点输入和 16 点继电器输出。加工单元 PLC 侧的 I/O 分配见表 3-4。

表 3-4　加工单元 PLC 侧的 I/O 分配

输　入　信　号				输　出　信　号			
序号	PLC 输入点	信号名称	信号来源	序号	PLC 输出点	信 号 名 称	信号来源
1	X000	加工台物料检测(BG1)	装置侧	1	Y000	夹紧电磁阀(3Y)	装置侧
2	X001	工件夹紧检测(3B1)		2	Y001		
3	X002	加工台伸出到位(2B2)		3	Y002	伸缩电磁阀(2Y)	
4	X003	加工台缩回到位(2B1)		4	Y003	冲压电磁阀(1Y)	
5	X004	加工冲压头上限(1B1)		5	Y004		
6	X005	加工冲压头下限(1B2)		6	Y005		

续表

输入信号				输出信号			
序号	PLC 输入点	信号名称	信号来源	序号	PLC 输出点	信号名称	信号来源
7	X006			7	Y006		
8	X007			8	Y007		
9	X010			9	Y010	正常工作指示(HL1)	按钮/指示灯模块
10	X011			10	Y011	设备运行指示(HL2)	
11	X012	启动按钮(SB1)	按钮/指示灯模块	11	Y012		
12	X013	停止按钮(SB2)					
13	X014	急停按钮(QS)					
14	X015	单站/联机(SA)					

(二)绘制加工单元接线图

加工单元 PLC 的 I/O 接线图如图 3-9 所示。

(三)加工单元的电气接线

按照图 3-9,完成加工单元装置侧与 PLC 侧接线,接线方法与供料单元相同。确认电路连接无误后,根据供电电源原理图,给设备通电。

(四)加工单元气路连接与调节

1. 加工单元气路连接

按照图 3-8 完成加工单元气路连接:

冲压电磁阀的工作口 A 连接至冲压气缸有杆端的气路接口,冲压电磁阀的工作口 B 连接至冲压气缸无杆端的气路接口。

伸缩电磁阀的工作口 A 连接至伸缩气缸无杆端的气路接口,伸缩电磁阀的工作口 B 连接至冲压气缸有杆端的气路接口。

夹紧电磁阀的工作口 A 连接至夹紧气缸无爪端的气路接口,夹紧电磁阀的工作口 B 连接至夹紧气缸有爪端的气路接口。

2. 加工单元气路调节

加工单元气路调节方法与供料单元气路调节相似,调节节流阀开度,完成加工单元冲压气缸、伸缩气缸、夹紧气缸工作速度调节,确保工作平稳。

(五)加工单元传感器的调节

完成磁性开关、光电传感器调节。加工台的 E3Z-LS63 型光电接近开关的设定距离,宜用黑色工件作测试物进行调试。

电源进线来自配电箱

U1

N5

PE

FU

24 V

0 V

V2

N4

PE

510 Ω

BG1 3B1 2B2 2B1 1B1 1B2 SB1 SB2 QS SA

注：PLC内部电源未接线

L N ⏚ S/S · 0V 24 V X0 X1 X2 X3 X4 X5 X6 X7 X12 X13 X14 X15

FX3U-32MR

COM1 Y0 Y1 Y2 Y3 · COM2 Y4 Y5 Y6 Y7 · COM3 Y10 Y11 Y12 Y13

3Y 2Y 1Y HL1 HL2 HL3

注：开关稳压电源与加工单元共用

图3-9　加工单元PLC的I/O接线图

任务3　加工单元控制系统软件设计

一、工作任务

只考虑加工单元作为独立设备运行时的情况。本单元的按钮/指示灯模块上的工作方式选择开关应置于“单站方式”位置。具体的控制要求为：

①初始状态：设备加电和气源接通后，滑动加工台伸缩气缸处于伸出位置（加工台在进料位置），加工台气动手爪为松开的状态，冲压气缸处于缩回位置，急停按钮没有按下。

若设备在上述初始状态，则“正常工作”指示灯 HL1 长亮，表示设备准备好；否则，指示灯 HL1 以 1 Hz 的频率闪烁。

②若设备准备好，按下启动按钮，设备启动，“设备运行”指示灯 HL2 长亮。当待加工工件送到加工台上并被检出后，设备执行加工工序，即将工件夹紧，送往加工位置冲压，完成冲压动作后加工台返回进料位置。已加工工件被取出后，如果没有停止信号输入，当再有待加工工件送到加工台上时，加工单元又开始下一周期工作。

③在工作过程中，若按下停止按钮，加工单元在完成本周期的动作后停止工作。指示灯 HL2 熄灭。

④在工作过程中，若按下急停按钮，加工单元所有机构应立即停止运行，指示灯 HL2 以 1 Hz 的频率闪烁。急停解除后，从急停前的断点开始继续运行，HL2 恢复长亮。

要求完成如下任务：

a. 规划 PLC 的 I/O 分配及接线端子分配。

b. 进行系统安装接线和气路连接。

c. 编制 PLC 程序。

d. 进行程序调试与运行。

二、关联知识点

加工单元工作流程与供料单元类似，即 PLC 加电后应首先进入初始状态检查阶段，确认系统已经准备就绪后，才允许接收启动信号投入运行。启动/停止控制程序以及状态显示子程序的编制，请读者自行完成。

（一）加工过程步进控制的编程思路

加工过程也是一个单序列的步进过程，其工作流程图如图 3-10 所示。根据工作流程图编制步进程序，须注意如下两点：

1. 初始步

初始步在加电初始化时就被置位，系统未进入运行状态前则处于等待状态，当运行状态标志 ON 后，尚须检查“加工完成标志”是否在复位状态，若处于复位状态，才能转移到加工台检测步。

其原因是，上一加工周期完成后，如果已进行加工的工件尚未取出就转移到加工台检测步，将出现重复加工的现象。为此，工作流程图中引入了“加工完成标志”。在上一加工周期完成返回初始步前，置位此标志。只有将已加工工件从加工台取出，才能使其复位；而只有在“运行状态标志

ON”和“加工完成标志 OFF”两个条件都满足时，步进程序才能从初始步转移到加工台检测步，从而避免了重复加工现象。

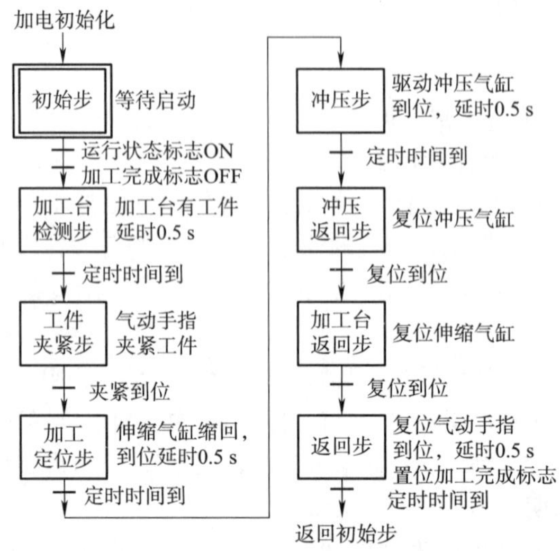

图 3-10　加工过程的工作流程图

2. 冲压步

冲压加工不到位，芯件不能完全嵌入杯形工件中，这种加工次品被送往分拣单元分拣时，就会出现被传感器卡住的故障。产生次品的原因：一是检测冲压下限的磁性开关位置未调整好，二是冲压到位信号动作后，没有加上适当的延时。后者可在程序中加定时器进行延时解决。

（二）急停功能的编程思路

加工单元工作任务中增加了急停功能。为了使急停发生后，系统停止工作而保持状态，以便急停复位后能从急停前的断点开始继续运行，可以用两种方法：一是用条件跳转（CJ）指令实现；二是用主控指令实现。

①用条件跳转指令实现急停处理的程序示意图如图 3-11 所示。图 3-11 中，当急停按钮按下时，X014 OFF，跳转指令执行条件满足，程序跳转到指令所指定的指针标号 P0 开始执行。安排在跳转指令后面的步进顺序控制程序段被跳转而不再执行。

由于执行跳转指令后，被跳转部分的程序将不被扫描，这意味着，跳转前的输出状态（执行结果）将被保留，步进顺序控制程序段的状态将被保持，直到急停按钮复位后才继续工作。但需注意的是，如果急停恰好发生在 S22 步，正值冲压头压下。程序跳转后，压下状态将会保持下来，因此需要在 FEND 指令与 END 指令之间加上复位冲压头电磁阀的程序段。

急停按钮未按下时，X014 ON，程序按顺序执行，直到主程序结束指令 FEND 为止。

②用主控指令实现急停处理的程序示意图如图 3-12 所示，步进顺序控制部分放在主控指令中执行，即放在 MC（主控）和 MCR（主控复位）指令之间。图 3-12 中，当急停按钮未按下时，X014 ON（急停按钮使用常闭触点），主控块内的步进顺序控制程序被执行；反之，当急停按钮按下时，X014 OFF，主控块内的程序停止执行，但正在活动状态的工步，其 S 元件则保持置位状态。顺序控制内部的元件现状保持的有：累计定时器、计数器、用置位和复位指令驱动的元件；变成断开的元件有：非

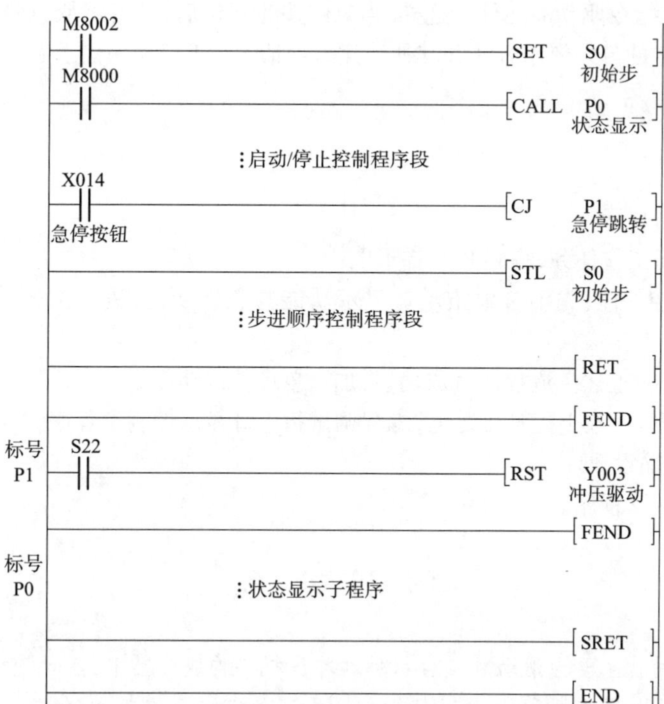

图 3-11　用条件跳转指令实现急停处理的程序示意图

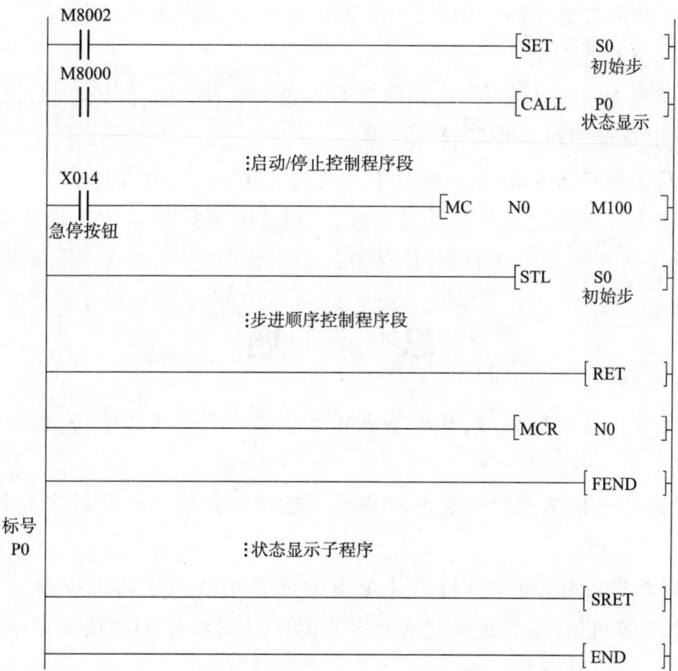

图 3-12　用主控指令实现急停处理的程序示意图

累计定时器、用 OUT 指令驱动的元件。这样,当急停按钮复位后,设备将从急停前的断点开始继续运行。MC、MCR 指令的具体使用方法和其他注意事项请参考 FX3U 编程手册。

三、任务实施

①新建工程。

②软元件注释与显示。

③根据加工单元工作任务,编制 PLC 梯形图。

a. 加工单元主控功能:先不考虑指示灯显示功能与急停功能,进行加工单元工作过程编程、调试。

b. 增加急停控制:上述主流程调试成功后,加入急停控制功能。

c. 增加指示灯显示:在上述基础之上,编程调试指示灯显示控制子程序。

④连接电缆,传输设置。

⑤下载、运行、调试程序。

项 目 小 结

①加工单元的结构主要由滑动加工台组件和冲压机构构成。其中,前者是核心部分。

滑动加工台实现的是夹紧和传送工件的功能:加工台在进料位置时装入并夹紧工件,然后在伸缩气缸驱动下沿直线导轨滑动到加工位置;在冲压机构完成对工件冲压加工后,重新返回进料位置,以便将已加工工件取出。

为了使加工台顺畅地沿直线导轨滑动,安装滑动加工台组件必须注意:

a. 应仔细调整两直线导轨的平行度;

b. 仔细调整伸缩气缸支座安装位置,确保气缸活塞杆连接加工台支座时,活塞杆与直线导轨平行且无扭曲变形,伸出与缩回时动作顺畅无卡滞。

②本项目的 PLC 编程任务中加入了运行中紧急停止的要求,着重分析了使用条件跳转指令实现这一要求的思路。读者应通过编程和调试实践,掌握条件跳转指令的功能和指令格式,理解指令被执行后,由于被跳转部分程序不被扫描,跳转前的输出状态(执行结果)将被保留这一特点。

思 考 题

①按本项目所述方法装配完成后,直线导轨的运动依旧不是特别顺畅,应该对物料夹紧及运动送料部分做何调整?

②安装完成后,运行时间不长便造成物料夹紧及送料部分的直线气缸密封损坏,试想由哪些原因造成?

③YL-335B 在联机运行时,加工台的工件是由输送单元机械手放上去的。加工过程步进程序的启动,须在机械手缩回到位,发出进料完成信号以后。请用按钮 SB2 模拟输送单元发来的进料完成信号,编写加工单元的单站运行程序。

项目四

装配单元的安装与调试

项目目标

①掌握摆动气缸、导杆气缸的功能、特性，以及安装和调整的方法。

②掌握自动化生产线中光纤传感器的结构、特点及电气接口特性，能在自动化生产线中正确进行安装和调试。

③掌握并行分支步进顺序控制程序的编制方法和技巧。

④初步掌握较复杂的机电一体化设备安装与调试的方法，能在规定时间内完成装配单元的安装和调整，进行程序设计和调试，并能解决安装与运行过程中出现的常见问题。

建议学时

任务1	装配单元机械拆装	8学时
任务2	装配单元气路连接与调节	2学时
任务3	装配单元电气线路设计	6学时
任务4	装配单元控制系统软件设计	8学时

重点

①装配单元机械装配、气路连接与调节、传感器安装与调节。

②装配单元装置侧与PLC侧电气系统接线。

③装配单元软件编程与调试。

难点

①落料机构精准装配，确保物料能准确落料到料盘中。

②装配单元摆台编程控制。

任务1　装配单元机械拆装

一、工作任务

合理使用内六角扳手、一字头螺丝刀、十字头螺丝刀等工具，将装配单元的机械部分拆开成组件和零件的形式，然后再完成装配单元装置侧机械装配。

二、关联知识点

(一)装配单元工作过程

装配单元的功能是完成将该单元料仓内的黑色、白色或金属小圆柱芯件嵌入装配台上待装配工件中的装配过程。

(二)装配单元机械结构

装配单元的机械结构如图 4-1 所示。

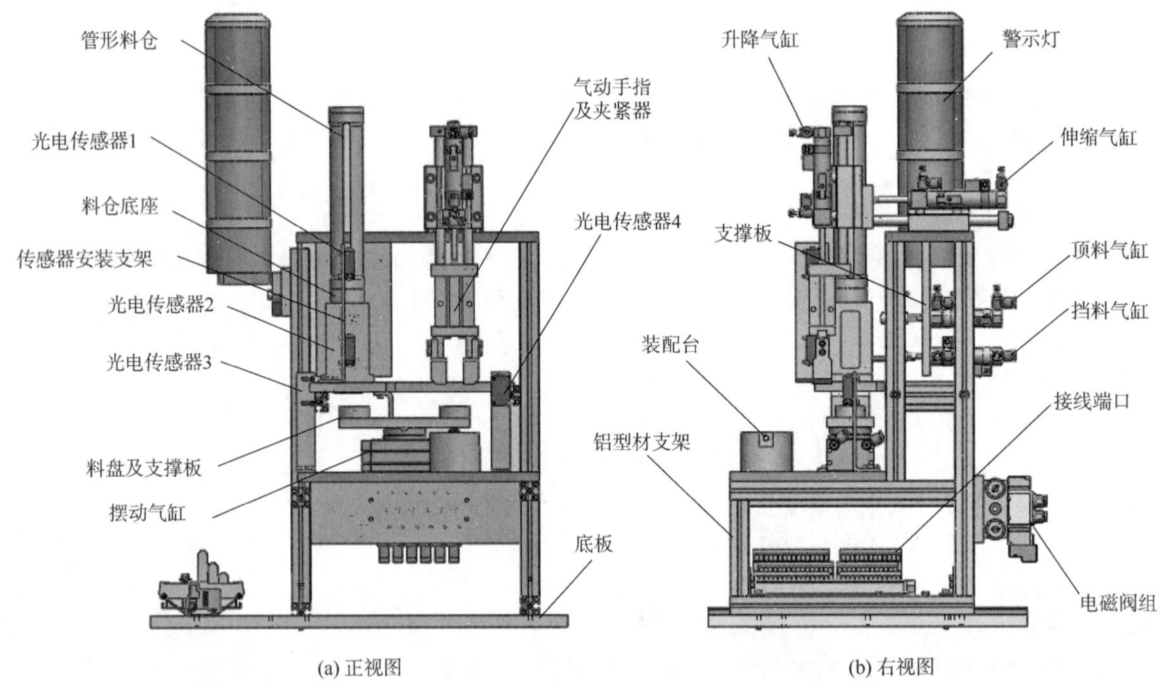

图 4-1 装配单元的机械结构

由图 4-1 可见,组成装配单元的部件甚多。其中机械部分主要包括:

①管形料仓及料仓底座;

②下料机构,由顶料气缸和挡料气缸及支撑板组成;

③回转物料台,由料盘及支撑板、摆动气缸组成;

④装配机械手,由伸缩气缸、升降气缸、气动手指及夹紧器等组成;

⑤铝型材支架及底板,传感器安装支架等其他附件。

其他部件尚有电磁阀组、采集状态信号的传感器、警示灯,以及用于电器连接的端子排等。

1. 管形料仓

管形料仓用来存储装配用的金属、黑色和白色小圆柱芯件。它由塑料圆管和中空底座构成。塑料圆管顶端放置加强金属环,以防止破损。工件竖直放入料仓的空心圆管内,由于二者之间有一定的间隙,使其能在重力作用下自由下落。

为了能在料仓供料不足和缺料时报警，在塑料圆管底部和底座处分别安装了两个漫射式光电传感器（E3Z-LS63 型），并在料仓塑料圆柱上纵向铣槽，使得光电传感器的红外光斑能可靠照射到被检测的物料上，如图 4-2 所示。

2. 下料机构

图 4-2 为下料机构工作原理示意图。在图 4-2 中，料仓底座的背面安装了两个直线气缸。上面的气缸称为顶料气缸，下面的气缸称为挡料气缸。

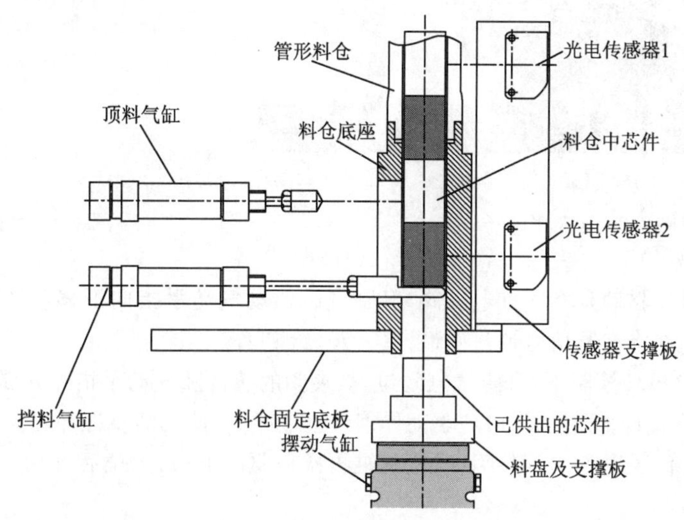

图 4-2　下料机构工作原理示意图

系统气源接通后，顶料气缸的初始位置在缩回状态，挡料气缸的初始位置在伸出状态。这样，当从料仓上面放下工件时，工件将被挡料气缸活塞杆终端的挡块阻挡而不能落下。

需要进行下料操作时，首先使顶料气缸伸出，把次下层的工件夹紧，然后挡料气缸缩回，工件掉入回转物料台的料盘中；之后，挡料气缸复位伸出，顶料气缸缩回，次下层工件跌落到挡料气缸终端挡块上，为再一次供料做准备。

3. 回转物料台

该机构由摆动气缸、料盘支撑板及固定在其上的两个料盘组成。摆动气缸能驱动料盘支撑板旋转 180°，使两个料盘能在料仓正下方和装配机械手正下方两个位置来回摆动，从而实现把从供料机构落到料盘的工件转移到装配机械手正下方的功能，如图 4-3 所示。图 4-3 中的光电传感器 3 和光电传感器 4 分别用来检测左面和右面料盘是否有芯件。两个光电传感器均选用 E3Z-LS63 型。

4. 装配机械手

装配机械手是整个装配单元的核心。当装配机械手正下方的回转物料台料盘上有小圆柱芯件，且装配台侧面的光电传感器检测到装配台上有待装配工件的情况下，机械手从初始状态开始执行装配操作过程。

装配机械手装置是一个三维运动的机构，它由水平方向移动和竖直方向移动的两个导向气缸和气动手指组成，如图 4-4 所示。其中，伸缩气缸构成机械手的手臂，气动手指和夹紧器构成机械手的手爪。

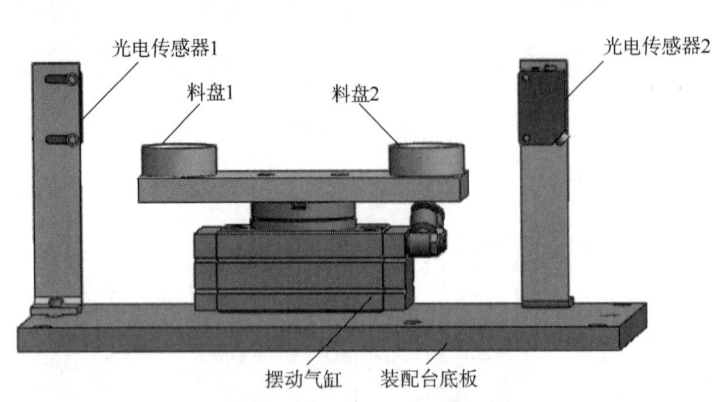

图 4-3　回转物料台的结构

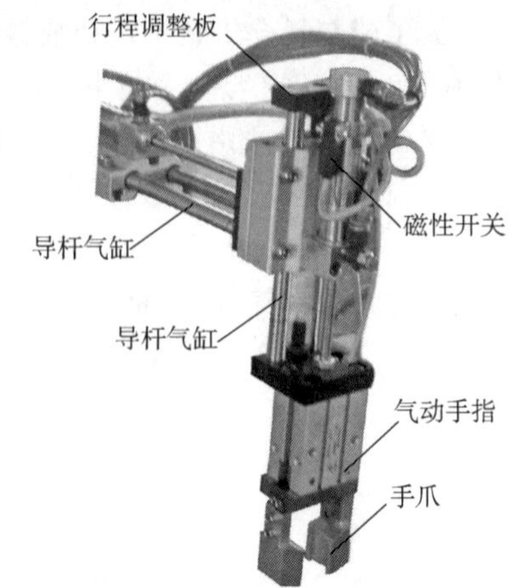

图 4-4　装配机械手组件

装配操作的步骤如下：

①手爪下降：PLC 驱动升降气缸电磁阀，升降气缸驱动气动手指向下移动，到位后气动手指驱动夹紧器夹紧芯件，并将夹紧信号通过磁性开关传送给 PLC。

②手爪上升：在 PLC 控制下，升降气缸复位，被夹紧的芯件随气动手指一并提起。

③手臂伸出：手爪上升到位后，PLC 驱动伸缩气缸电磁阀，使其活塞杆伸出。

④手爪再次下降：手臂伸出到位后，升降气缸再次被驱动下移，到位后气动手指松开，将芯件放进装配台上的工件内。

⑤经短暂延时，升降气缸和伸缩气缸先后缩回，机械手恢复初始状态。

在整个机械手动作过程中，除气动手指松开到位无传感器检测外，其余动作的到位信号检测均采用与气缸配套的磁性开关，将采集到的信号输入 PLC，由 PLC 输出信号驱动电磁阀换向，使由气缸及气动手指组成的机械手按程序自动运行。

5. 装配台

输送单元运送来的待装配工件直接放置在装配台中，由装配台定位孔与工件之间较小的间隙配合实现定位，从而完成准确的装配动作和精确定位。装配台和回转物料台组件共用支撑板，如图 4-5（a）所示。

为了确定装配台内是否放置了待装配工件，使用了光纤传感器进行检测。装配台的侧面开了一个 M6 的螺孔，光纤传感器的光纤头就固定在螺孔内，如图 4-5（b）所示。

6. 警示灯

输送单元上安装有红、橙、绿三色警示灯，它是作为整个系统警示用的。警示灯有五根引出线，其中黄绿交叉线为“地线”；红色线为红色灯控制线；黄色线为橙色灯控制线；绿色线为绿色灯控制线；黑色线为信号灯公共控制线，如图 4-6 所示。

三、任务实施

在 YL-335B 设备中，装配单元是机械零部件、气动元件最多的工作单元，其设备安装和调整也比较复杂，例如摆动气缸的初始位置和摆动角度，如果不能满足工作要求，安装后将不能正常工作而导致返工。因此，这里再次强调良好的工作习惯和规范的操作。

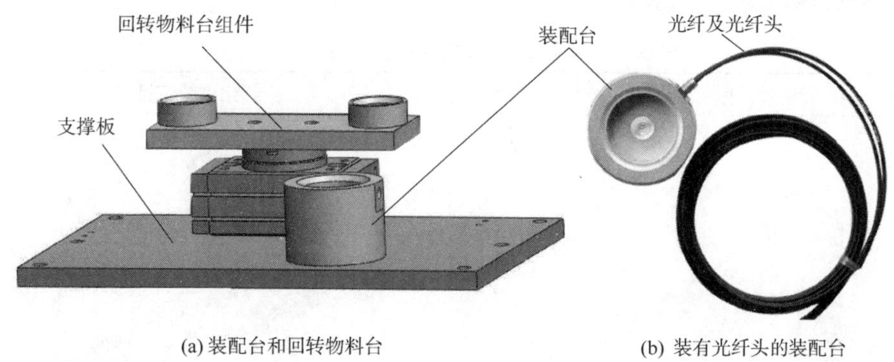

(a) 装配台和回转物料台　　(b) 装有光纤头的装配台

图 4-5　装配台及支撑板

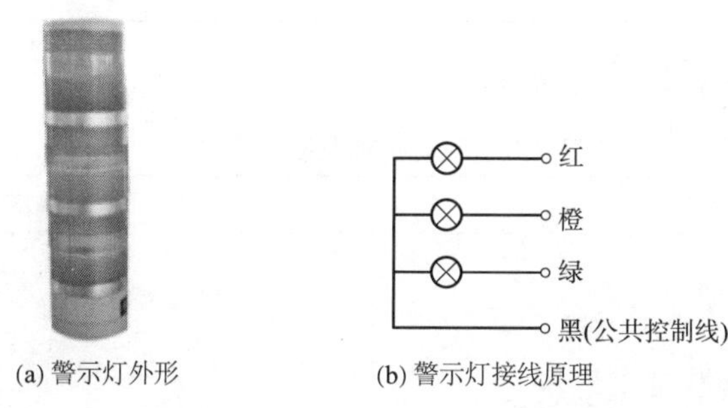

(a) 警示灯外形　　(b) 警示灯接线原理

图 4-6　警示灯及其接线

（一）装配单元机械结构安装步骤

1. 芯体供料机构组件装配（见表 4-1）

表 4-1　芯体供料机构组件装配

组件名称及外观		组件装配过程
芯体供料机构组件	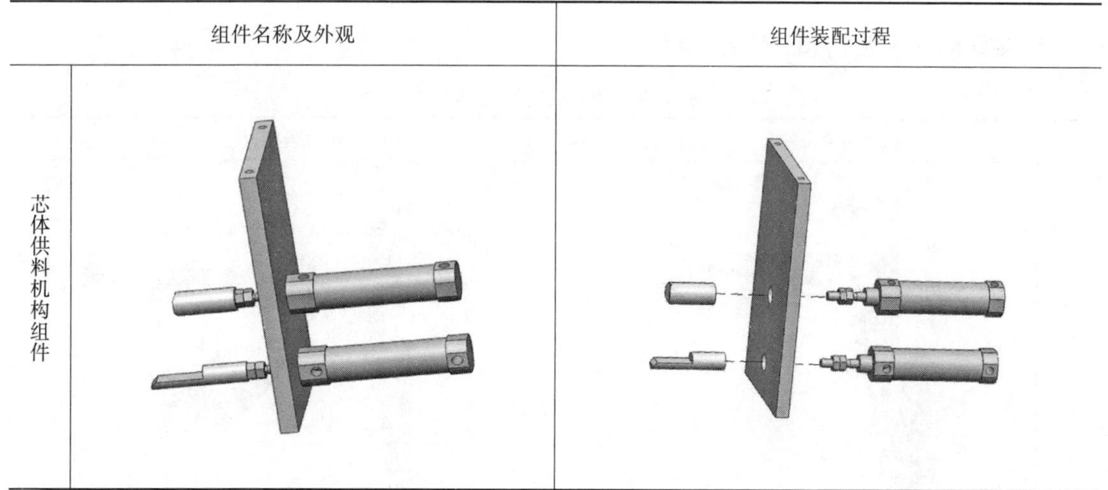	

2. 芯体供料料仓装配（见表 4-2）

表 4-2　芯体供料料仓装配

组件名称及外观		组件装配过程
芯体供料料仓	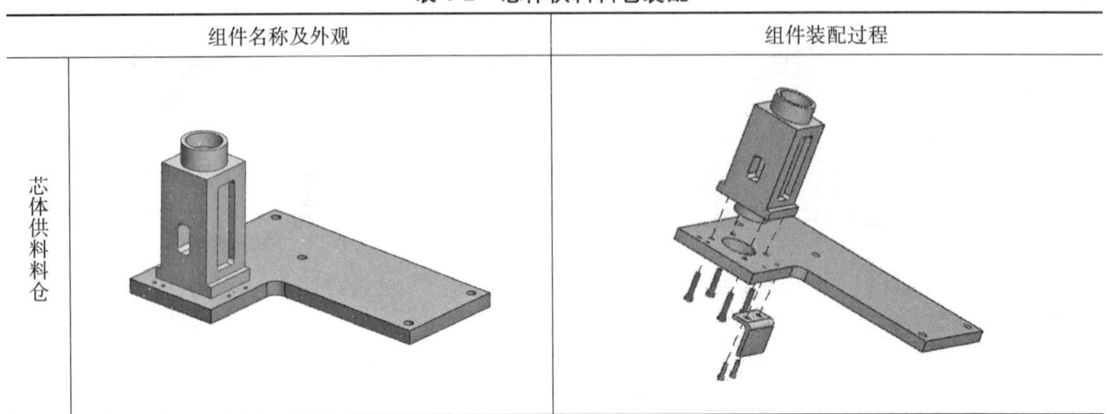	

3. 回转机构及装配台装配（见表 4-3）

表 4-3　回转机构及装配台装配

组件名称及外观		组件装配过程
回转机构及装配台	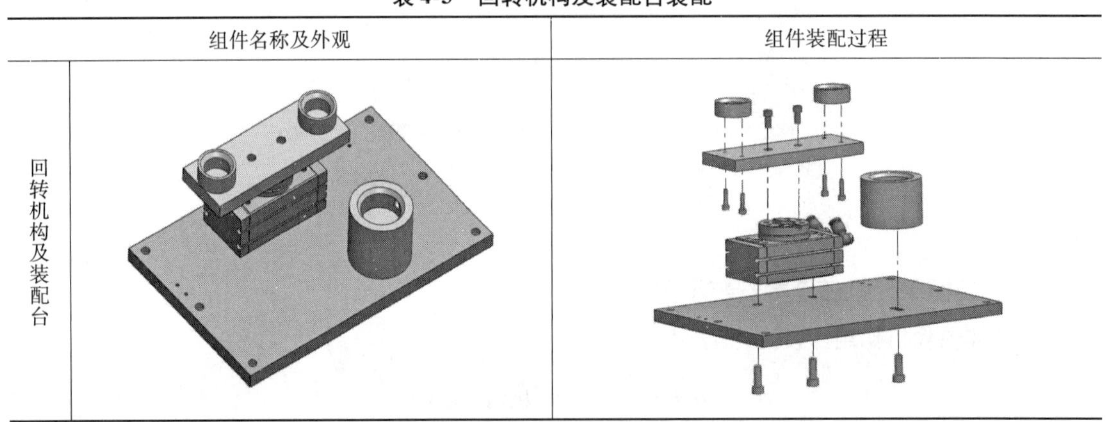	

4. 装配机械手组件装配（见表 4-4）

表 4-4　装配机械手组件装配

组件名称及外观		组件装配过程
装配机械手组件	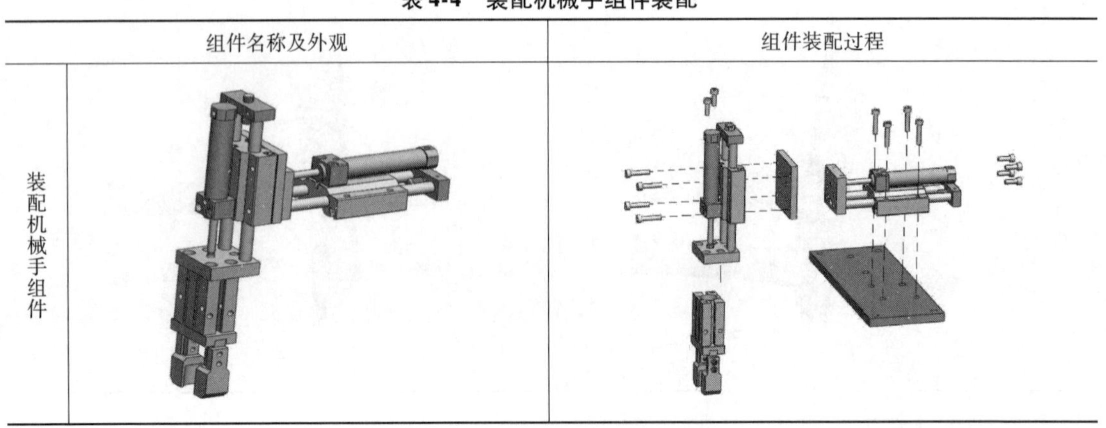	

5. 工作单元支撑组件装配(见表4-5)

表4-5　工作单元支撑组件装配

组件名称及外观		组件装配过程
工作单元支撑组件	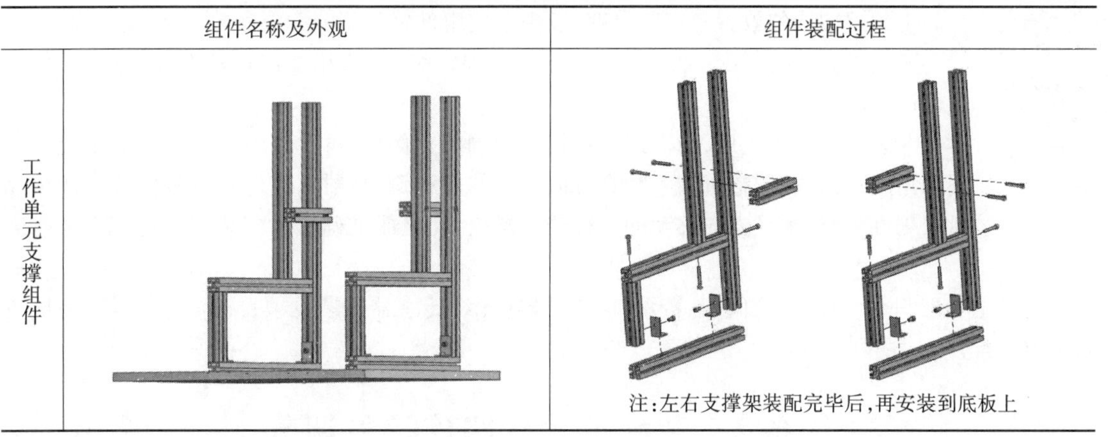	注:左右支撑架装配完毕后,再安装到底板上

6. 装配单元总装(见表4-6)

表4-6　装配单元总装

步骤1　回转机构及装配台组件安装到支撑架上	步骤2　安装供料料仓组件
步骤3　安装供料操作组件和装配机械手支撑板	步骤4　安装装配机械手组件

完成上述安装步骤后,安装传感器、电磁阀组及接线端口。

视频

装配单元机械装配

（二）装配单元安装注意事项

安装过程中，需注意如下事项：

①预留螺栓的放置一定要足够，以免造成组件之间不能完成安装。

②建议先进行装配，但不要一次拧紧各固定螺栓，待相互位置基本确定后，再依次进行调整固定。

③装配工作完成后，尚需进一步校验和调整。例如，再次校验摆动气缸初始位置和摆动角度；校验和调整机械手竖直方向移动的行程调节螺栓，使之在下限位位置能可靠抓取工件；调整水平方向移动的行程调节螺栓，使之能准确移动到装配台正上方进行装配工作。

④插上管形料仓，安装电磁阀组、警示灯、传感器（光纤传感器安装见项目四任务3）等，完成机械部分装配。

任务2　装配单元气路连接与调节

一、工作任务

根据装配单元工作流程，按照给定的装配单元气路原理图，正确连接装配单元气路，并调节气路，确保装配单元气路运行平稳、顺畅。

二、关联知识点

装配单元所使用的气动元件包括标准直线气缸、气动手指、摆动气缸和导向气缸，前两种气动元件在前面的项目中已介绍，下面只介绍摆动气缸和导向气缸。

（一）装配单元气动元件

1. 摆动气缸

摆动气缸是利用压缩空气驱动输出轴在一定角度范围内做往复回转运动的气动执行元件。用于物体的转位、翻转、分类、夹紧，阀门的开闭以及机器人的手臂动作等。摆动气缸有齿轮齿条式和叶片式两种类型，YL-335B 上所使用的都是齿轮齿条式。

齿轮齿条式摆动气缸的实物图如图 4-7(a)所示，工作原理示意图如图 4-7(b)所示。气压力推动活塞，带动齿条做直线运动，齿条推动齿轮做回转运动，由齿轮轴输出力矩并带动外负载摆动。摆动平台是在转轴上安装的一个平台，平台可在一定角度范围内摆动。图形符号如图 4-7(c)所示。

视频

摆动气缸

装配单元的摆动气缸，其摆动回转角度能在 0°～180°范围内任意可调。当需要调节回转角度或调整摆动位置精度时，通过松开调节螺杆上的反扣螺母以及旋入和旋出调节螺杆实现。调整摆动角度示意图如图 4-8 所示。

回转到位的信号是通过调整摆动气缸滑轨内的两个磁性开关的位置实现的。图 4-9 是磁性开关位置调整示意图。磁性开关安装在气缸体的滑轨内，松开磁性开关的紧定螺钉，磁性开关就可以沿着滑轨左右移动。确定开关位置后，旋紧紧定螺钉，即可完成位置的调整。

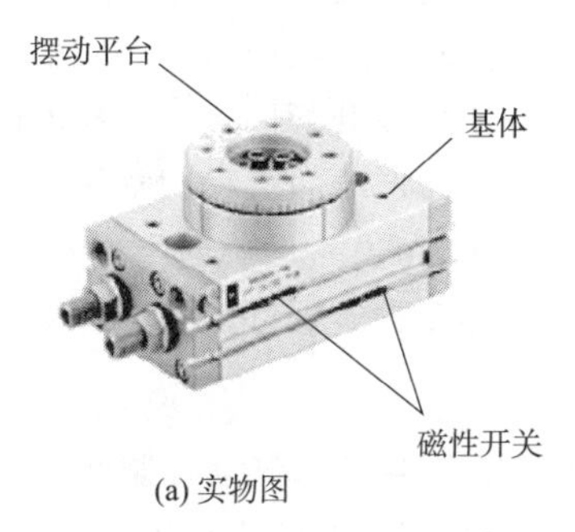

(a) 实物图

活塞带动齿条向左运动，
使齿轮逆时针转动

排气

进气

(b) 工作原理示意图

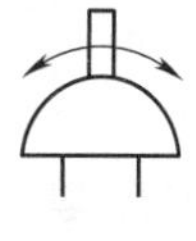

(c) 图形符号

图 4-7　摆动气缸

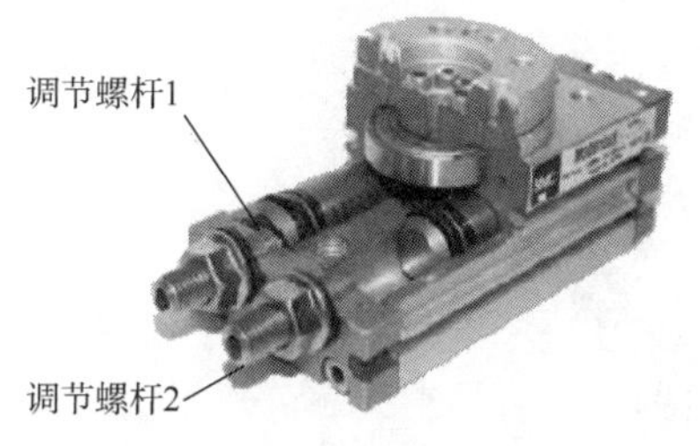

图 4-8　调整摆动角度示意图

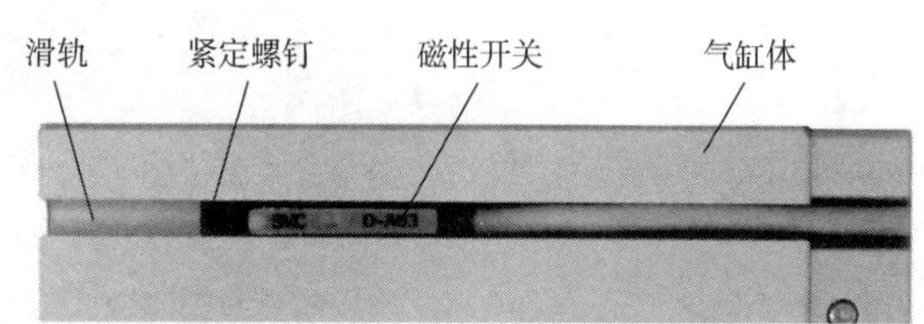

图 4-9　磁性开关位置调整示意图

2. 导向气缸

导向气缸是指具有导向功能的气缸，一般用于要求抗扭转力矩及承载能力强、工作平稳的场合。其导向结构有两种类型，一种是一体化的结构，将与活塞杆平行的两根导杆与气缸组成一体，外形如图 4-10(a)所示，又称带导杆气缸。它具有结构紧凑、导向精度高的特点。YL-335B 的输送单元用这种一体化的带导杆气缸作为其抓取机械手装置的手臂伸缩气缸。

另一种导向结构为标准气缸和导向装置的集合体，如图 4-10(b)所示。YL-335B 的装配单元用于驱动装配机械手水平方向移动和竖直方向移动的气缸，就采用了这种标准气缸和导向装置的集合体的导向气缸，其结构说明如下：

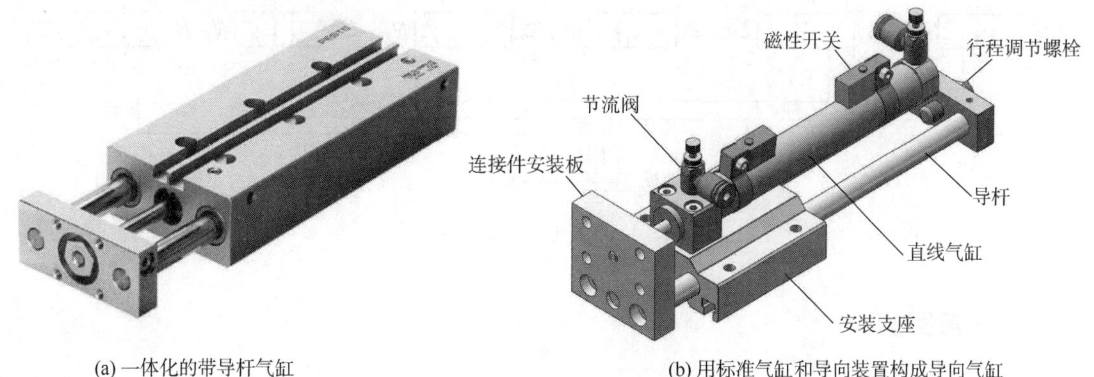

(a) 一体化的带导杆气缸　　(b) 用标准气缸和导向装置构成导向气缸

图 4-10　导向气缸

安装支座用于导杆导向件的安装和导向气缸整体的固定。连接件安装板用于固定其他需要连接到该导向气缸上的物件,并将两导杆和直线气缸活塞杆的相对位置固定,当直线气缸的一端接通压缩空气后,活塞被驱动做直线运动,活塞杆也一起移动,被连接件安装板固定到一起的两导杆也随活塞杆伸出或缩回,从而实现导向气缸的整体功能。安装在导杆末端的行程调整板用于调整该导杆气缸的伸出行程。具体调整方法是松开行程调整板上的锁定螺母,然后旋动行程调节螺栓,让行程调整板在导杆上移动,当达到理想的伸出距离以后,再完全锁紧锁定螺母,完成行程的调节。

(二)装配单元气动控制回路

装配单元的阀组由六个二位五通单电控电磁换向阀组成(见图4-11),气动控制回路如图4-12所示。在进行气路连接时,请注意各气缸的初始位置。其中,挡料气缸在伸出位置,手爪提升气缸在提起位置。

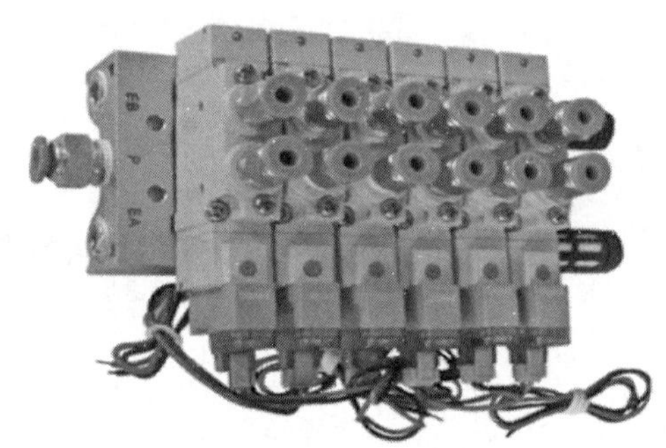

图4-11 装配单元电磁阀组

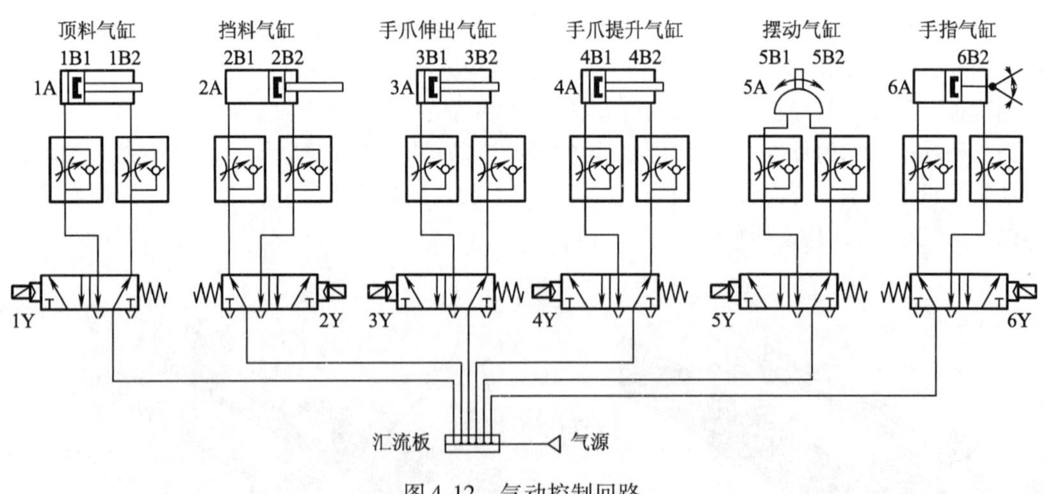

图4-12 气动控制回路

三、任务实施

(一)装配单元气路连接

前面图4-12已给出装配单元的气动控制回路。装配单元的气动系统是YL-335B设备中使用气动元件最多的工作单元，因此用于气路连接的气管数量也大。气路连接前应尽可能先对各段气管的长度做好规划，然后按照前面所要求的规范连接气路。

根据图4-12完成装配单元气路连接，气路连接时请注意挡料气缸2A的初始位置上活塞杆在伸出位置，使得料仓内的芯件被挡住，不致跌落。

（二）装配单元气路调节

装配单元的摆动气缸也是较前两站新增的气动元件。摆动气缸回转角度在0°～180°范围，调节步骤如下：

①按下/松开摆动气缸手动换向加锁钮，观察摆动气缸左摆到位和右摆到位的位置是否处于水平状态，如果不在，则需要调整至水平状态。

②松开调节螺杆上的反扣螺母，通过旋入和旋出调节螺杆，从而改变回转凸台的回转角度。调节螺杆1和调节螺杆2分别用于左旋和右旋角度的调整。

③当调整好摆动角度后，应将反扣螺母与基体反扣锁紧，防止调节螺杆松动，造成回转精度降低。

任务3　装配单元电气线路设计

一、工作任务

装配单元的机械装配已完成，请根据装配单元的硬件构成与工作过程，完成装配单元电气线路设计，具体包括：

①规划装配单元的I/O分配表。

②设计装配单元的电气接线图。

③根据电气接线图，完成：

a. 装配单元装置侧与PLC侧传感器安装、接线、调节。

b. 装配单元装置侧与PLC侧电磁阀、警示灯接线。

c. 完成PLC侧按钮、指示灯接线。

二、关联知识点

（一）光纤传感器工作原理

光纤传感器也是光电传感器的一种，它由光纤检测头和放大器两部分组成，如图4-13所示。

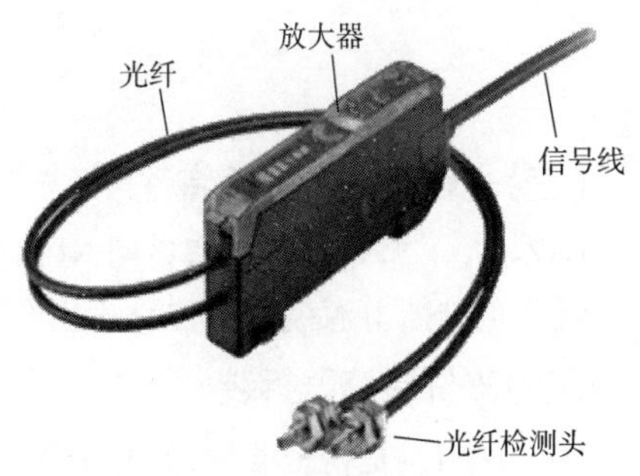

图4-13　光纤传感器组件

其工作原理示意图如图4-14所示。投光器和受光器均在放大器内，投光器发出的光线通过一条光纤内部从端面（光纤头）以约60°的角度扩散，照射到检测物体上；同样，反射回来的光线通过另一条光纤的内部回送到受光器。

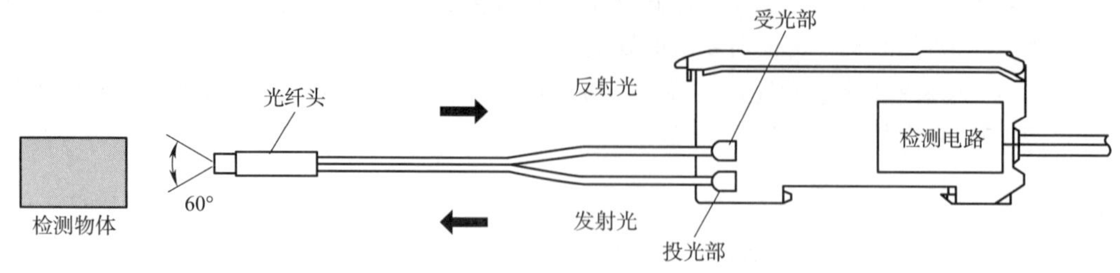

图 4-14　光纤传感器工作原理示意图

光纤传感器由于检测部(光纤)中完全没有电气部分,所以抗干扰等适应环境性良好,并且具有光纤头可安装在很小空间的地方,传输距离远,使用寿命长等优点。YL-335B 装置上使用的是 E3Z-NA11 型光纤传感器。

(二)光纤传感器灵敏度调节

光纤式光电接近开关的放大器的灵敏度调节范围较大。当光纤传感器灵敏度调得较小时,反射性较差的黑色工件,光电探测器无法接收到反射信号;而反射性较好的白色工件,光电探测器就可以接收到反射信号。反之,若调高光纤传感器灵敏度,则即使对反射性较差的黑色工件,光电探测器也可以接收到反射信号。

图 4-15 所示为光纤传感器放大器单元的俯视图,调节其中部的八旋转灵敏度高速旋钮就能进行放大器灵敏度调节(顺时针旋转,灵敏度增大)。调节时,会看到"入光量显示灯"发光的变化。当光电探测器检测到工件时,"动作显示灯"会亮,提示检测到工件。

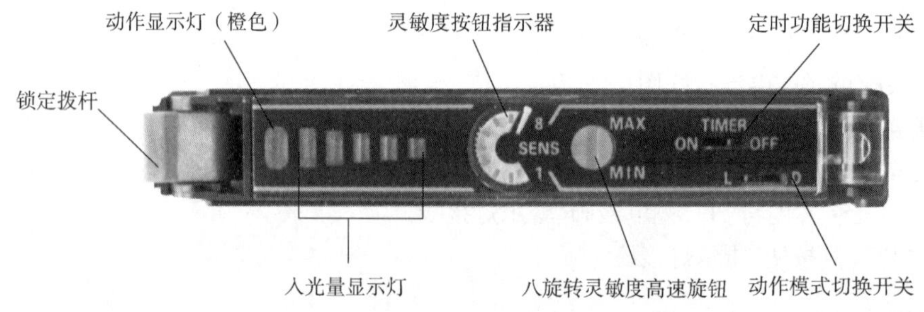

图 4-15　光纤传感器放大器单元的俯视图

(三)光纤传感器电气特性

E3Z-NA11 型光纤传感器采用 NPN 型晶体管输出,其电路框图如图 4-16 所示,接线时请注意根据导线颜色判断电源极性和信号输出线,切勿把信号输出线直接连接到电源 +24 V 端。

(四)光纤传感器拆装

光纤传感器是精密器件,前两个工作单元中无光纤传感器,其接线方式并无不同之处,重点来说明一下光纤传感器的安装步骤。

1. 放大器单元的安装和拆卸

图 4-17 所示为 E3Z-NA11 放大器的安装过程。

拆卸时,以相反的过程进行。

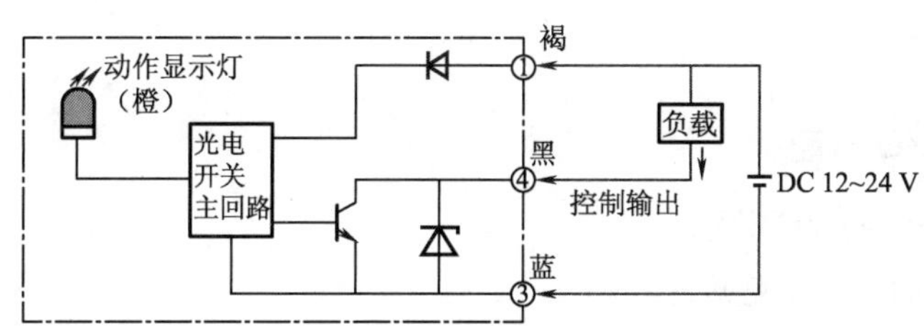

图 4-16　E3X-NA11 型光纤传感器电路框图

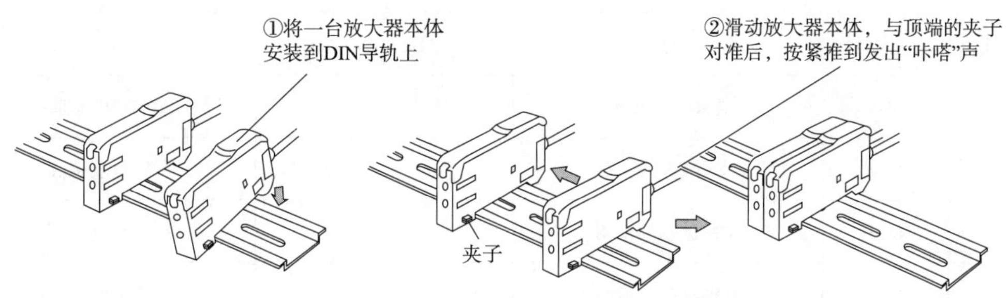

图 4-17　E3Z-NA11 放大器的安装过程

注意：在连接了光纤的状态下，请不要从 DIN 导轨上拆卸。

2. 光纤的装卸

进行连接或拆下的时候，注意一定要切断电源。然后按下面方法进行装卸，有关安装部位如图 4-18 所示。

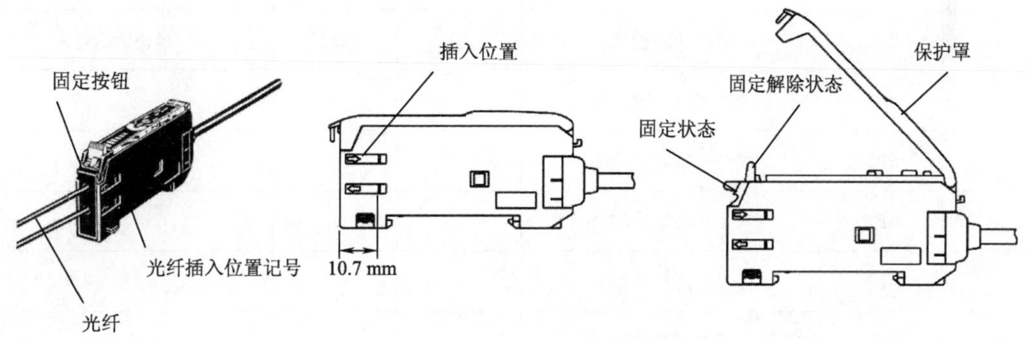

图 4-18　光纤的装卸示意图

①安装光纤：抬高保护罩，提起固定按钮，将光纤顺着放大器单元侧面的插入位置记号进行插入，然后放下固定按钮。

②拆卸光纤：抬起保护罩，提升固定按钮时可以将光纤取下来。

三、任务实施

(一)装配单元 I/O 分配

1. 装配单元装置侧的 I/O 分配

装配单元装置侧的 I/O 分配见表 4-7。

表 4-7　装配单元装置侧的 I/O 分配

输入端口中间层			输出端口中间层		
端子号	设备符号	信　号　线	端子号	设备符号	信　号　线
2	BG1	芯件不足检测	2	1Y	挡料电磁阀
3	BG2	芯件有无检测	3	2Y	顶料电磁阀
4	BG3	左料盘芯件检测	4	3Y	回转电磁阀
5	BG4	右料盘芯件检测	5	4Y	手爪夹紧电磁阀
6	BG5	装配台工件检测	6	5Y	手爪下降电磁阀
7	1B1	顶料到位检测	7	6Y	手臂伸出电磁阀
8	1B2	顶料复位检测	8	AL1	红色警示灯
9	2B1	挡料状态检测	9	AL2	橙色警示灯
10	2B2	落料状态检测	10	AL3	绿色警示灯
11	5B1	摆动气缸左限检测			
12	5B2	摆动气缸右限检测			
13	6B2	手爪夹紧检测			
14	4B2	手爪下降到位检测			
15	4B1	手爪上升到位检测			
16	3B1	手臂缩回到位检测			
17	3B2	手臂伸出到位检测			

2. 装配单元 PLC 侧的 I/O 分配

装配单元的 I/O 点较多,选用三菱 FX3U-48MR 主单元,共 24 点输入,24 点继电器输出。装配单元 PLC 侧的 I/O 分配见表 4-8。

表 4-8　装配单元 PLC 的 I/O 分配

输入信号				输出信号			
序号	PLC 输入点	信号名称	信号来源	序号	PLC 输出点	信号名称	信号来源
1	X000	芯件不足检测(BG1)	装置侧	1	Y000	挡料电磁阀(1Y)	装置侧
2	X001	芯件有无检测(BG2)		2	Y001	顶料电磁阀(2Y)	
3	X002	左料盘芯件检测(BG3)		3	Y002	回转电磁阀(3Y)	
4	X003	右料盘芯件检测(BG4)		4	Y003	手爪夹紧电磁阀(4Y)	
5	X004	装配台工件检测(BG5)		5	Y004	手爪下降电磁阀(5Y)	
6	X005	顶料到位检测(1B1)		6	Y005	手臂伸出电磁阀(6Y)	
7	X006	顶料复位检测(1B2)		7	Y006		
8	X007	挡料状态检测(2B1)		8	Y007		
9	X010	落料状态检测(2B2)		9	Y010	红色警示灯(AL1)	
10	X011	摆动气缸左限检测(5B1)		10	Y011	橙色警示灯(AL2)	
11	X012	摆动气缸右限检测(5B2)		11	Y012	绿色警示灯(AL3)	
12	X013	手爪夹紧检测(6B2)		12	Y013		
13	X014	手爪下降到位检测(4B2)		13	Y014		
14	X015	手爪上升到位检测(4B1)		14	Y015	HL1	按钮/指示灯模块
15	X016	手臂缩回到位检测(3B1)		15	Y016	HL2	
16	X017	手臂伸出到位检测(3B2)		16	Y017	HL3	
17	X020						
18	X021						
19	X022						
20	X023						
21	X024	启动按钮(SB1)	按钮/指示灯模块				
22	X025	停止按钮(SB2)					
23	X026	单机/联机(SA)					
24	X027	急停按钮(QS)					

(二)装配单元电气接线图绘制

装配单元电气接线图如图 4-19 所示。

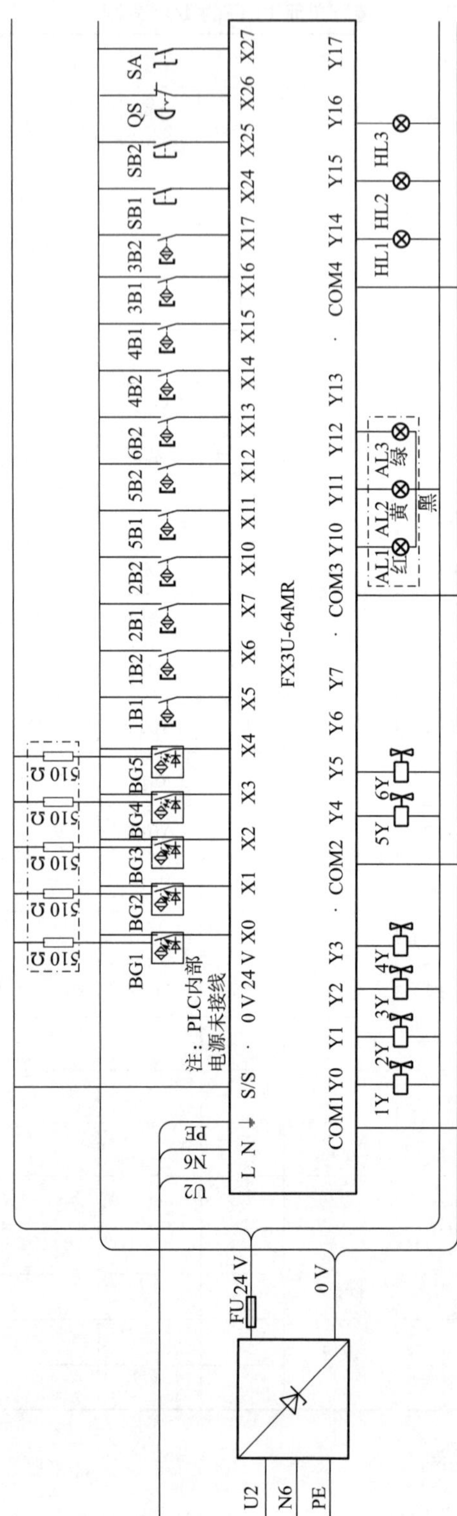

图4-19　装配单元PLC控制电路图

(三)装置侧与 PLC 侧电气接线

①装配单元传感器、电磁阀、按钮、指示灯接线方法与供料单元相同,详见项目二。

②警示灯是装配单元特有的部分。警示灯为红、橙、绿三色指示灯,共计四根线。其中,黑色为公共端,接至 +24 V,红色、橙色、绿色三根线分别接至分配的表 4-2 相应的端子排信号端口。

③线路检查无误后加电。

(四)装配单元传感器调节

装配单元的光电传感器、磁性开关的调节方法与前面工作单元相同,重点说明光纤传感器的调节方法。光纤传感器有 L 模式和 D 模式,以 L 模式为例:

视频

光纤传感器调节

①将光纤放大器调到 L 模式。

②光纤头下方放入一黑色工件,顺时针或逆时针调节光纤放大器灵敏度旋钮,使动作指示灯熄灭,确认无信号输出。

③光纤头下方放入一白色工件,顺时针或逆时针调节光纤放大器灵敏度旋钮,使动作指示灯点亮,确认有信号输出。通常动作指示灯点亮后再旋转两格,确保检测的稳定性。

④再次放入黑色工件,确认检测黑色工件时无信号。

任务 4　装配单元控制系统软件设计

一、工作任务

①装配单元各气缸的初始位置为:挡料气缸处于伸出状态,顶料气缸处于缩回状态;装配机械手的升降气缸处于提升(缩回)状态,伸缩气缸处于缩回状态,气爪处于松开状态。

设备加电和气源接通后,若各气缸满足初始位置要求,且料仓上已经有足够的小圆柱芯件或工件装配台上没有待装配工件,则“正常工作”指示灯 HL1 长亮,表示设备准备好;否则,该指示灯以 1 Hz 的频率闪烁。

②若设备准备好,按下启动按钮,装配单元启动,“设备运行”指示灯 HL2 长亮。如果回转台上的左料盘内没有小圆柱芯件,则执行下料操作;如果回转台上的左料盘内有芯件,而右料盘内没有芯件,则执行回转台回转操作。

③如果回转台上的右料盘内有小圆柱芯件且装配台上有待装配工件,执行装配机械手抓取小圆柱芯件,放入待装配工件中的操作。

④完成装配任务后,装配机械手应返回初始位置,等待下一次装配。

⑤若在运行过程中按下停止按钮,则供料机构应立即停止供料,在装配条件满足的情况下,装配单元在完成本次装配后停止工作。

⑥若在运行过程中料仓内芯件不足,则工作单元继续工作,但指示灯 HL2 以 1 Hz 的频率闪烁,指示灯 HL1 保持长亮;若料仓内没有芯件,则指示灯 HL1 和 HL2 均以 1 Hz 的频率闪烁。工作单元在完成本周期任务后停止。除非向料仓补充足够的芯件,工作单元不能再启动。

二、关联知识点

(一)装配单元工作流程的解析

装配单元的工作过程包括两个相互独立的子过程:一个是供料过程;另一个是装配过程。供料过程实现将小圆柱芯件从料仓下料到回转台的料盘中,然后回转台回转,使芯件转移到装配机械手手爪下方;装配过程则是抓取装配机械手手爪下方的芯件,送往装配台,完成芯件嵌入待装配工件的过程。

两个子过程都是步进顺序程序。它们的初始步,均应在 PLC 加电时置位(M8002 ON)。两个子过程的相互独立性体现在:每一子过程在其初始步,当其启动条件满足后,即转移到下一步,开始本序列的步进过程;某一子过程结束后,不需要等待另一子过程的结束,即可返回其初始步;如果启动条件仍然满足,又开始下一个工作周期。

但应该指出的是,两个子过程构成了装配单元的整体工作过程,如果系统运行中发出了停止指令,则必须在两个子过程都返回其初始步后,才能使系统停止工作。因此,停止操作的编程,不仅在程序的启停控制部分,而且在每一子过程的初始步,必须包含停止指令的信息,使得率先返回初始步的子过程不能满足步转移条件而停在初始步等待。

(二)状态检测与启停控制编程要点

装配单元程序的状态检测和启停控制部分与供料单元十分类似(详见项目二):

①PLC 加电(M8002 ON)时,置位两个子过程的初始步。

②每一扫描周期都检测有无芯件不足或缺料等故障情况出现。此外,为了避免重复装配故障,若装配完毕标志为 ON,须在装配台上工件被取出时复位此标志。

③每一扫描周期都调用状态显示子程序显示系统状态。

④系统启动前检查运行模式是否在单站模式,是否处于初始状态。

⑤若系统启动前已准备就绪,即可进行启动操作。

⑥系统启动后,将在每一扫描周期监视停止按钮是否按下或是否出现缺料故障的事件,若事件发生,则发出停止指令,这与供料单元是相同的。

但停止指令发出后,需等待供料子过程和装配子过程的顺序控制程序都返回其初始步以后,才能复位运行状态标志和停止指令。注意,这一点与供料单元有所不同。其程序梯形图如图 4-20 所示。

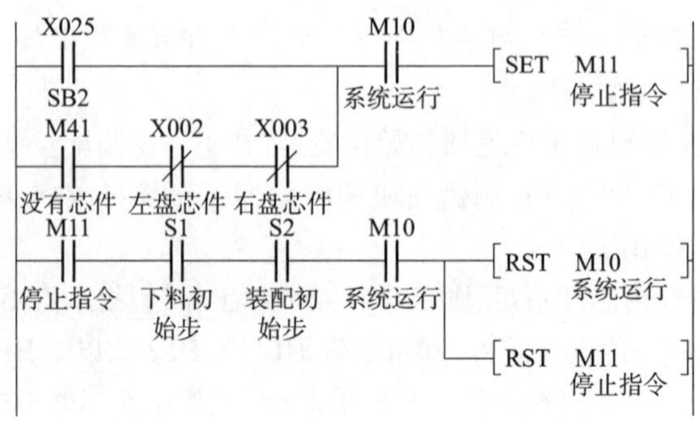

图 4-20 系统停止操作的程序梯形图

缺料故障事件不仅是缺料检测传感器动作，而且还要求左右两料盘都没有芯件，才能认为系统无料可装配，编程时不可漏掉后者。

(三)步进顺序控制过程编程要点

这里首先给出主控过程的工作流程图，如图4-21所示。然后，进一步说明编制各个子过程程序的注意事项。

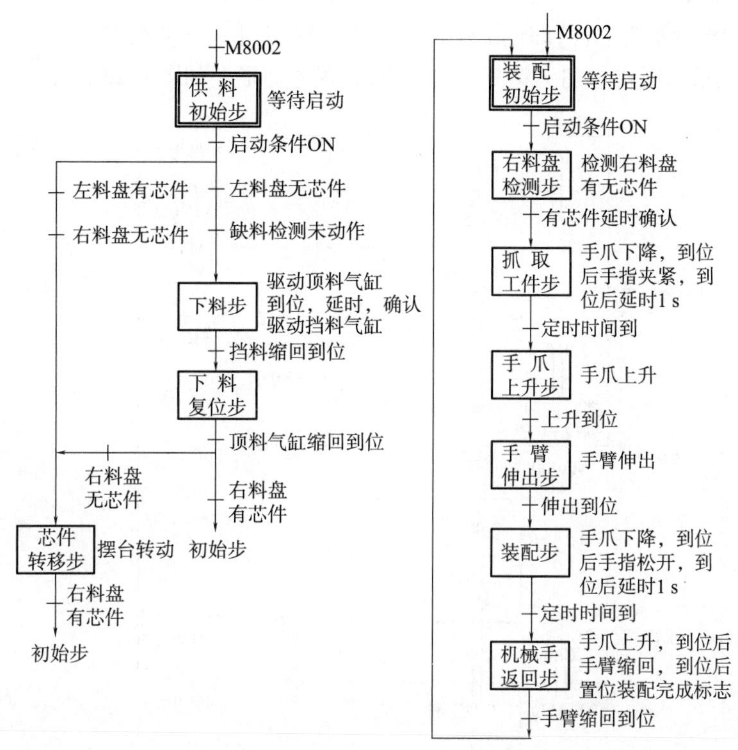

图4-21　装配单元主控过程的工作流程图

1. 下料子过程的编程分析

供料过程是具有跳转分支的步进顺序控制程序，这是由于供料过程本身包含了下料和芯件转移两个阶段的缘故，程序的分支和汇合略为复杂，下面详细加以分析。

①供料过程在初始步就根据回转台左、右两料盘有无芯件而开始程序分支，其程序梯形图如图4-22所示。

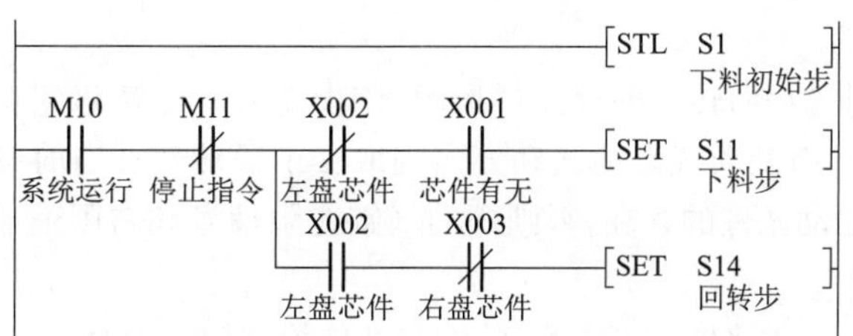

图4-22　供料过程的初始步程序梯形图

a. 初始步转移的先决条件是系统已处于运行状态,停止指令未发出。后一条件是确保停止指令发出后,在供料子过程率先回到其初始步时不再转移。

b. 当左料盘无芯件时,程序转向下料分支。程序中引入了检测芯件有无的常开输入触点,是因为缺料故障信号的检测有 2 s 延时,为确保当程序在初始步时,如果检测芯件有无的传感器动作,步进顺序控制程序不会转移到下料步。

c. 当左料盘有芯件而右料盘无芯件时,程序直接跳转到回转步。

d. 如果左、右料盘都有芯件,即使工作台在运行状态,也不发生步转移。

②下料分支包括下料操作和下料复位两工步,其程序梯形图如图 4-23 所示。

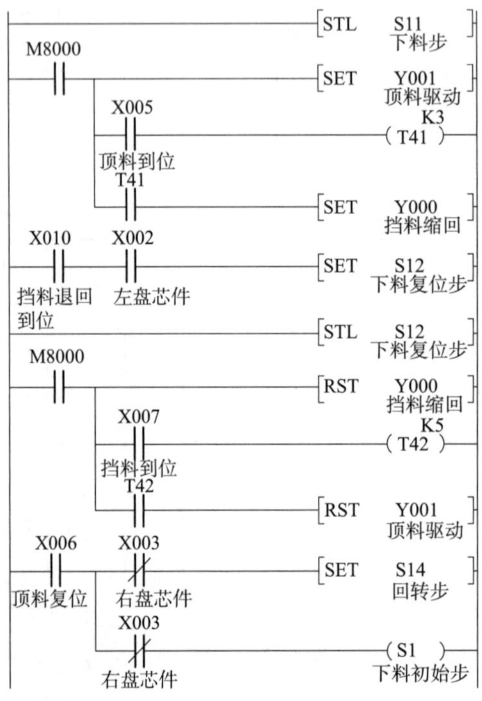

图 4-23　下料过程的程序梯形图

下料操作按顶料气缸首先伸出,到位后挡料气缸缩回,使最底层芯件自由下落到左料盘上的顺序进行。当挡料气缸退回到位且左料盘上已有芯件时,转移到下料复位步。复位操作则按相反顺序进行,当顶料气缸缩回到位后,再次根据右料盘是否有芯件而产生分支,有芯件时直接返回初始步,无芯件时分支将与初始步开始的跳转分支汇合到回转步。

2. 摆台控制

图 4-24 所示为供料过程回转步的程序梯形图,该步完成芯件转移的功能,其驱动条件是左料盘有芯件但右料盘没有,而摆动气缸的摆动方向则取决于摆动气缸当前位置(左限位或右限位位置)。编程时必须注意驱动条件的存在,否则摆动气缸左限信号和右限信号将交替接通,使回转操作反复进行。

当摆台回转到位后,芯件将转移到右面,使右盘芯件检测输入为 ON 状态,这时程序应返回供料初始步。

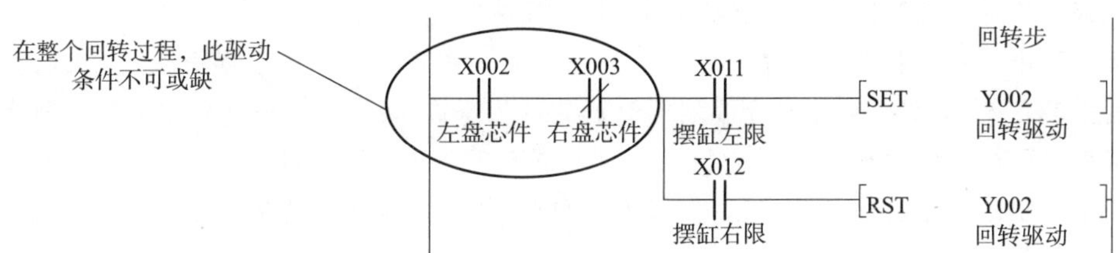

图 4-24　供料过程回转步的程序梯形图

3. 装配子过程的编程分析

装配子过程是一个单序列的、周而复始的步进过程。编程时,需注意其初始步的转移条件:当系统已启动、停止指令未发出、装配台上有待装配工件,以及“装配完成标志”在 OFF 状态等条件均满足,经延时确认后才成立。“装配完成标志”为 OFF 状态,是防止发生重复装配的措施,其原理与加工单元主控过程所采取的防止重复加工的措施相同,即在一次装配周期结束时,置位“装配完成标志”,只有将装配好的工件取出,该标志才能复位。再重新放下待装配工件,才有可能满足初始步转移条件。

三、任务实施

①新建工程。

②软元件注释与显示。

③根据装配单元工作任务,编制 PLC 梯形图。

a. 装配单元下料功能:先完成装配供料部分的编程与调试,注意落料的条件。

b. 增加摆台控制功能:在上述基础上加入摆台控制程序,编程调试。

c. 增加机械手装配功能:在上述两个基础上加入机械手装配芯件功能。

d. 增加指示灯显示:在上述基础之上,编程、调试指示灯显示控制子程序。

如此循序渐进实现装配单元控制功能。

④连接电缆、传输设置。

⑤下载、运行、调试程序。

装配单元调试开始时,应先清光料仓内与摆台上所有工件后,再上气,确保挡料气缸畅通地处于伸出状态,再在料仓里放入工件。

项 目 小 结

①装配单元是 YL-335B 中元器件最多的工作单元。可按功能划分为 3 部分:

a. 芯件供给(下料)部分,包括供料料仓和下料操作组件。

b. 芯件传送(位置转移)部分,即回转物料台组件。

c. 芯件装配部分,包括装配机械手组件和装配台。

②进行装配单元机械安装时,可按如下顺序进行:装配各部分组件→装配工作单元支撑组件→把回转物料台组件安装到工作单元支撑架上→把芯件供给部分组件安装到工作单元支撑架上→把

芯件装配部分组件安装到工作单元支撑架上,完成机械安装。

安装过程中应注意各部分组件的位置配合关系。其中回转物料台安装是关键点,必须确保摆动气缸的摆动角度为180°,料盘位于供料料仓底座的正下方,使得下料时芯件准确落在料盘内。

③装配单元的工作过程包括两个相互独立的子过程:一个是供料子过程,另一个是装配子过程。两个子过程的初始步都在PLC加电(M8002 ON)时置位,但系统的停止则必须等待两个子过程都返回到其初始步以后。

供料子过程包含下料和芯件转移两个阶段,是具有跳转分支的步进顺序控制程序。本项目PLC编程训练重点让学生掌握带分支步进顺序控制程序的编制方法和技巧。

思 考 题

①装配单元的主控过程也可以看作由两个相互独立的子过程构成,即供料子过程和装配子过程。请读者按此划分方法,编制满足工作任务的程序,并与前述的编程方法相比较,分析其优缺点。

②比较装配单元与供料单元供料编程的异同点,并说明原因。

③如果需要考虑紧急停止等因素,程序应如何编制?

④运行过程中出现小圆柱芯件不能准确下落到料盘中,或装配机械手装配不到位,或光纤传感器误动作等现象,请分析其原因,并总结处理方法。

⑤如果料仓内只剩下最后一个芯体,如何实现不顶料,直接通过挡料气缸动作而落料。

⑥现有如下一新型装配站:

a. 新装配单元功能与结构。新装配单元的功能是完成将该单元料仓内的黑色、白色或金属小圆柱工件嵌入放置在装配料台上待装配工件中的装配过程。

如图4-25所示,新装配单元的结构组成包括:管形料仓,供料机构(由顶料气缸、挡料气缸、光电传感器1、光电传感器2等组成),转盘机构(由步进电动机、步进驱动器、料台、光电传感器3、光电传感器4等),阀组,信号采集及其自动控制系统,以及用于电器连接的端子排组件,用于其他机构安装的铝型材支架及底板,传感器安装支架等其他附件。

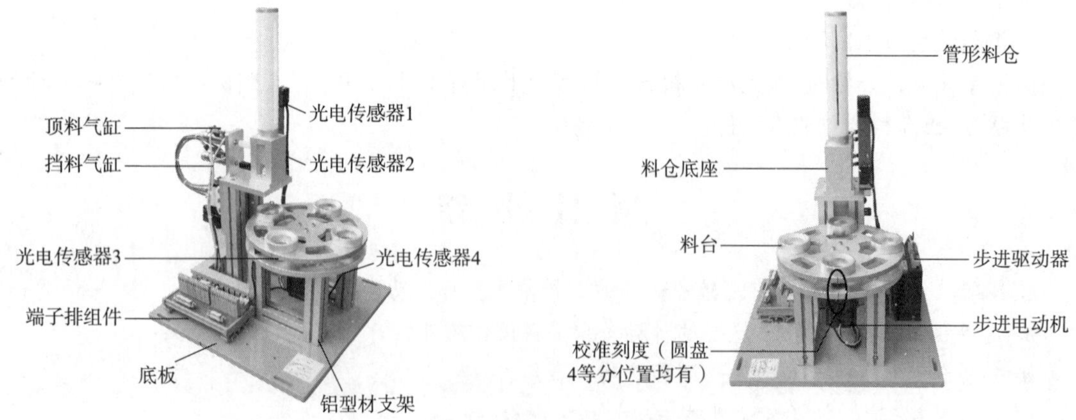

图4-25　新装配单元结构组成

管形料仓：用来存储装配用的黑色、白色或金属小圆柱工件。它由塑料圆管和中空底座构成。塑料圆管顶端放置加强金属环，以防止破损。工件竖直放入料仓的空心圆管内，由于二者之间有一定的间隙，使其能在重力作用下自由下落。

为了能对料仓供料不足和缺料时报警，在塑料圆管底部和底座处分别安装了两个漫反射式光电传感器（E3Z-L 型），并在料仓塑料圆柱上纵向铣槽，以使光电传感器的红外光斑能可靠照射到被检测的物料上。

供料机构：系统气源接通后，顶料气缸的初始位置处在缩回状态，挡料气缸的初始位置处在伸出状态。这样，当从料仓上面放下工件时，工件将被挡料气缸活塞杆终端的挡块阻挡而不能落下。

需要进行落料操作时，首先使顶料气缸伸出，把次下层的工件夹紧，然后挡料气缸缩回，工件掉入转盘机构的物料台上。之后挡料气缸复位伸出，顶料气缸缩回，次下层工件跌落到挡料气缸终端挡块上，为再一次供料做准备。

转盘机构：输送单元运送来的待装配工件直接放置在该机构的料台定位孔中，光电传感器（GRTE18S-N1317）检测到料台中有工件，步进电动机驱动转盘旋转至供料机构下方，供料机构供出小工件，从而完成准确的装配动作和定位精度。转盘机构原点传感器为对射式光电传感器 PM-L25。原点位置的确定如图 4-26 所示。

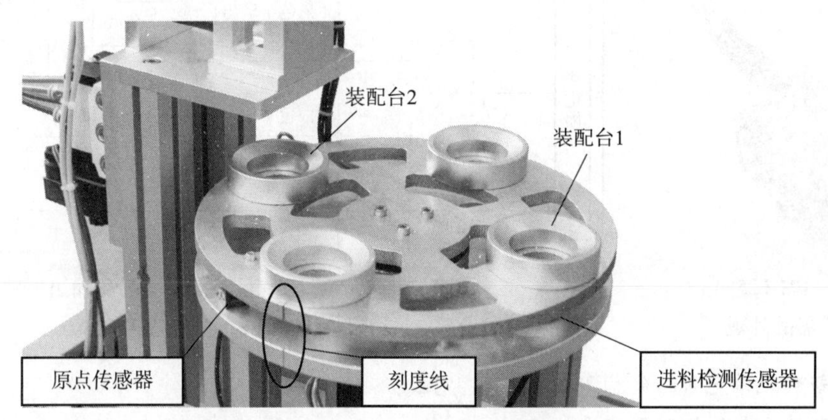

图 4-26　原点位置的确定

图中，靠近原点传感器的装配台定义为装配台 2，进料传感器上方的装配台定义为装配台 1。转盘机构位于原点位置时，装配台 2 在供料料仓正下方，转盘刻度线应与固定盘刻度线对齐。

b. 转盘机构。转盘机构的驱动采用 Kinco3M458 三相步进电动机驱动器，若采用三菱控制系统，接线图如图 4-27 所示。

c. PM-L25 光电传感器。转盘机构原点传感器采用 PM-L25 光电传感器（见图 4-28），PM-L25 光电传感器（NPN 输出型）的输入/输出电路如图 4-29 所示。

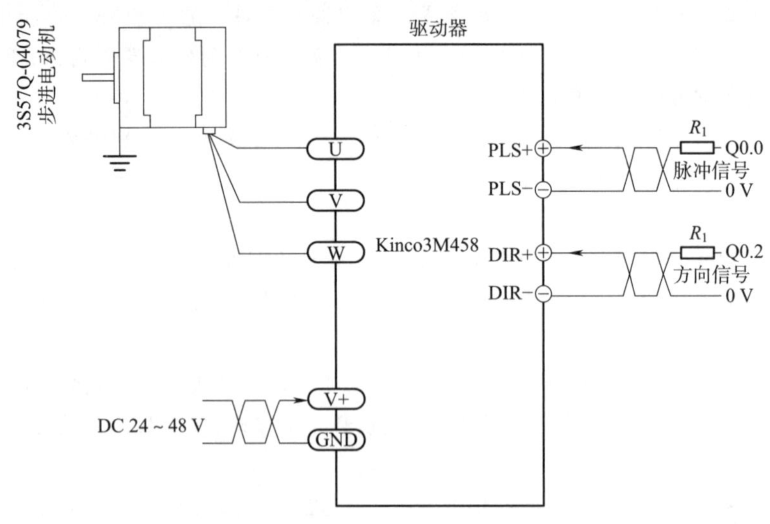

图 4-27　步进电动机驱动器接线

图 4-28　PM-L25 光电传感器的外观

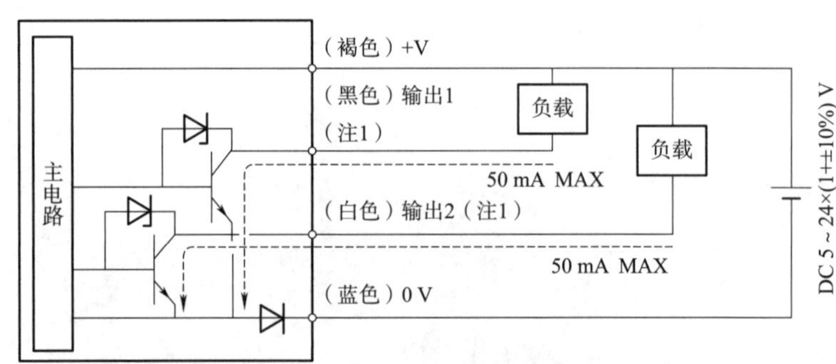

图 4-29　PM-L25 光电传感器的输入/输出电路

注 1：输出 1（黑色）为常闭触点，输出 2（白色）为常开触点。

试根据新装配单元机械结构与工艺流程，完成：

- 新装配单元电气控制系统设计。
- 新装配单元步进驱动器参数设置。
- 新装配单元气路连接与调节。
- 新装配单元传感器调节。
- 新装配单元控制系统编程、调试、优化。

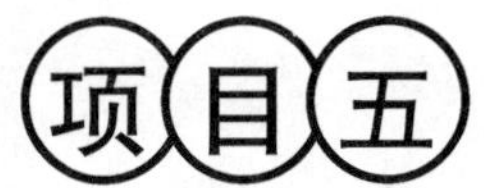

分拣单元的安装与调试

项目目标

①掌握 FR-E740 变频器安装和接线的基本技能、基本参数的含义;能熟练使用操作面板进行参数设置以及操控电动机的运行。

②掌握旋转编码器的结构、特点及电气接口特性,并能正确进行安装和调试;掌握高速计数器的选用、程序编制和调试方法。

③能在规定时间内完成分拣单元的安装和调整,进行程序设计和调试,并能解决安装与运行过程中出现的常见问题。

④掌握人机界面的概念及特点,人机界面的组态方法,能编制人机交互的组态程序,并进行安装与调试。

⑤掌握 FX3U 系列 PLC 模拟量特殊适配器 FX3U-3A-ADP 的主要性能、接线、使用及编程方法。

⑥掌握用模拟量输入控制三相异步电动机运行,完成变频器主电路与控制电路接线、变频器参数设置。

⑦掌握编写人机界面控制分拣单元运行程序的方法和技巧,并解决调试与运行过程中出现的问题。

建议学时

任务 1	分拣单元机械拆装	4 学时
任务 2	分拣单元电气线路设计	8 学时
任务 3	变频器多段速运行控制	4 学时
任务 4	脉冲当量测试	2 学时
任务 5	基于 FX3U-3A-ADP 的分拣单元运行控制	8 学时
任务 6	分拣单元上位机组态控制	4 学时

重点

①分拣单元机械装配。

②变频器、PLC、三相异步电动机电气接线。

③编码器应用与高速计数器编程。

④基于变频器的三相异步电动机控制。

⑤分拣单元选择性分支编程控制。

⑥分拣单元 MCGS 上位机组态。

难点

①高速计数器编程。
②变频器参数与端子含义。
③模拟量模块应用。

任务1　分拣单元机械拆装

一、工作任务

在了解分拣单元结构组成的基础上,将分拣单元的机械部分拆开成组件和零件的形式,然后再组装成原样。

视频

分拣单元运行

二、关联知识点

(一)分拣单元工作过程

分拣单元是 YL-335B 中的最末单元,完成对上一单元送来的成品工件进行分拣。当入料口检测到待分拣工件时,分拣单元传送带启动,将不同属性的工件推入不同的分拣槽中。

(二)分拣单元机械结构

分拣单元装置侧主要是一台整合了分拣功能的带传送装置,俯视图如图 5-1 所示。当输送单元送来工件放到传送带上并为进料定位 U 形板内置的光纤传感器检测到时,即可以启动变频器使传送带运转,工件开始被传送并进行分拣。

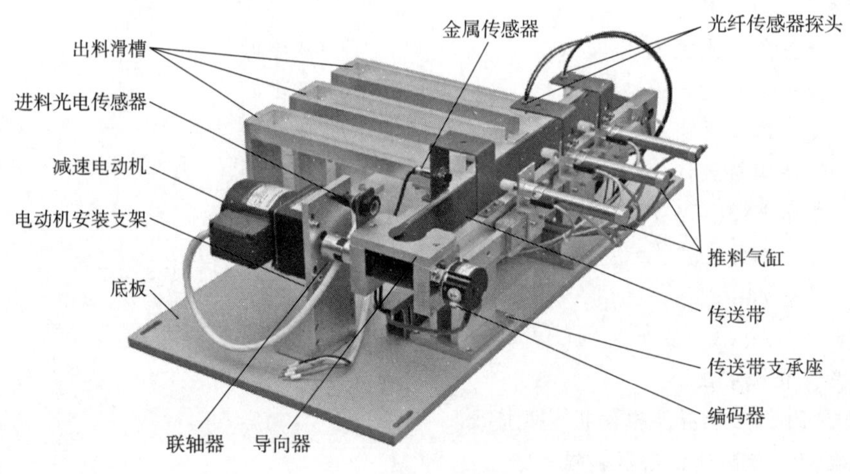

图 5-1　分拣单元装置侧俯视图

1. 传送带及其驱动机构

分拣单元的带传动属于摩擦型带传动，具有能缓冲吸振，传动平稳，噪声小；能过载打滑；结构简单，制造、安装和维护方便，成本低；两轴距离允许较大等特点，适用于无须保证准确传动比的远距离场合，在近代机械传动中应用十分广泛。

带传动装置由驱动电动机、主动轮、从动轮、紧套在两轮上的传送带和机架组成。主动轮通过弹性联轴器与驱动机构连接而被驱动，通过传送带与带轮之间产生的摩擦力，使从动轮一起转动，从而实现运动和动力的传递。

传动驱动机构的主要部分是一台带有减速齿轮机构的三相异步电动机。整个驱动机构包括电动机安装支架、减速电动机、弹性联轴器等，如图 5-2 所示。电动机轴与主动轮轴间的连接质量直接影响传送带运行的平稳性，安装时务必注意，必须确保两轴间的同心度。编码器结构如图 5-3 所示，YL-335B 分拣单元选用了具有 A、B 两相，相位差为 90°的增量式旋转编码器，用于计算工件在传送带上的位移。分拣单元所使用的编码器旋转轴为中空轴形状(空心轴型)。通过将传送带主动轴直接插入中空孔进行连接，可节省轴方向的空间。其中，板簧用于固定编码器本体，紧定螺栓须锁紧与轴贴合。

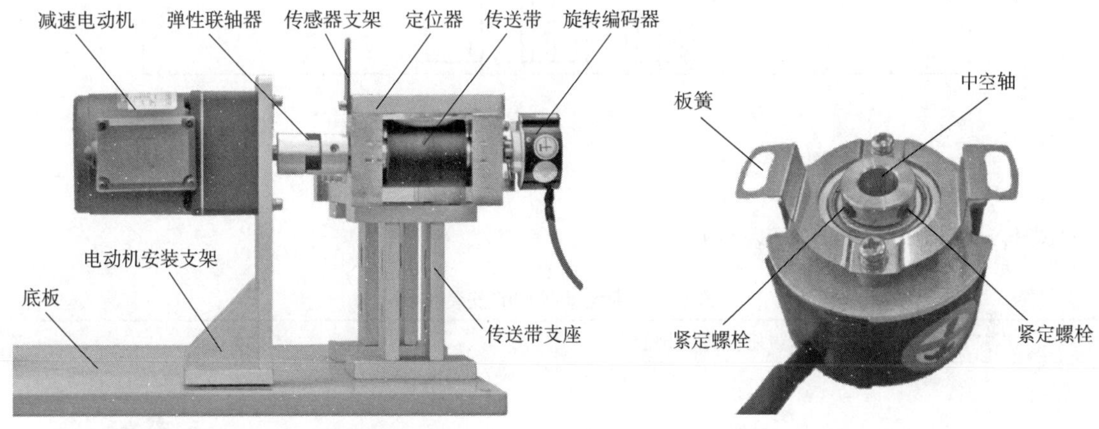

图 5-2　带传动装置的驱动机构　　　图 5-3　编码器结构

2. 分拣机构

由图 5-1 可以看到，带传动装置上安装有出料滑槽、推料(分拣)气缸、进料检测的光纤传感器、属性检测(电感式和光纤)传感器以及磁性开关等，它们构成了分拣机构。分拣机构把带传动装置分为两个区域，从进料口到传感器支架的前端为检测区，后端是分拣区。成品工件在进料口被检测后由传送带传送，通过检测区的属性检测传感器确定工件的属性，然后传送到分拣区，按工作任务要求把不同类别的工件推入指定的物料槽中。

三、任务实施

分拣单元平面安装图如图 5-4 所示，分拣单元机械部件装配主要分为带传动机构和分拣结构，其中三相异步电动机和编码器的安装需要重点注意。

视频

分拣单元机械装配

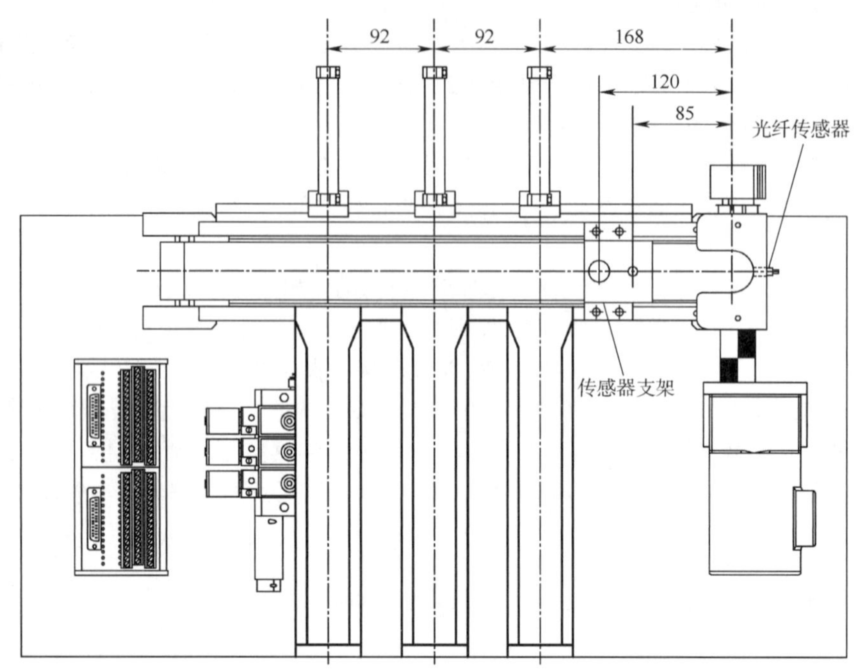

图 5-4　分拣单元平面安装图

（一）带传动机构安装

带传动机构的安装步骤见表 5-1。

表 5-1　带传动机构的安装步骤

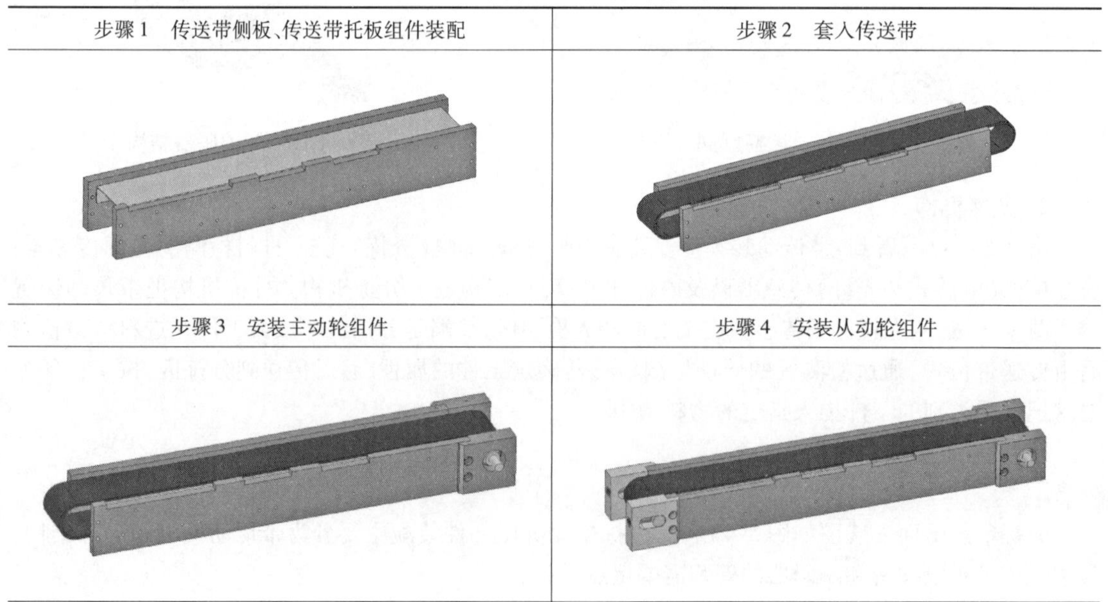

步骤 1　传送带侧板、传送带托板组件装配	步骤 2　套入传送带
步骤 3　安装主动轮组件	步骤 4　安装从动轮组件

步骤 5　安装传送带组件	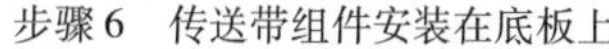 步骤 6　传送带组件安装在底板上
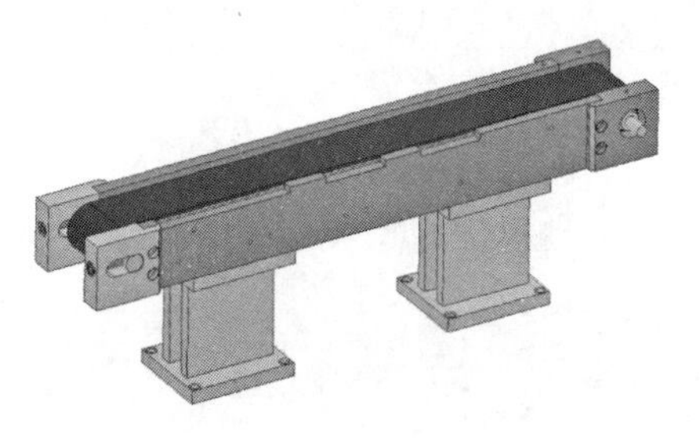	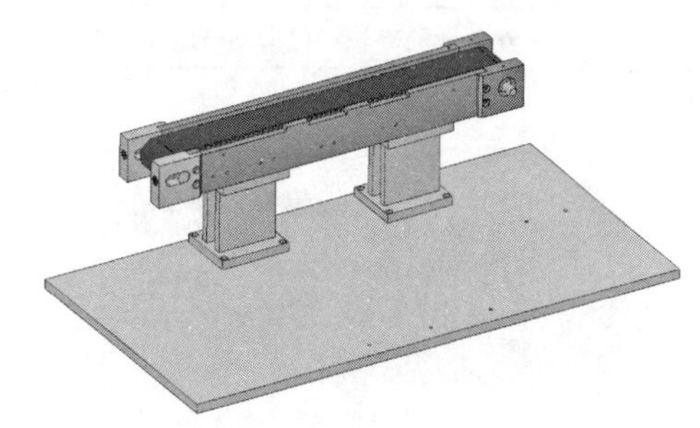
步骤 7　装配联轴器	步骤 8　驱动电动机组件与传送带组件相连接
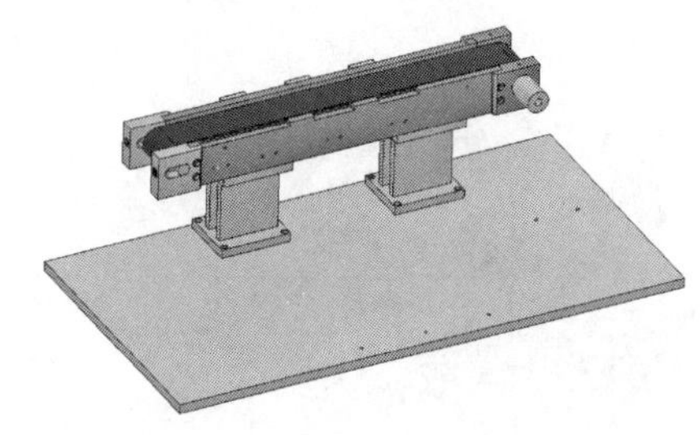	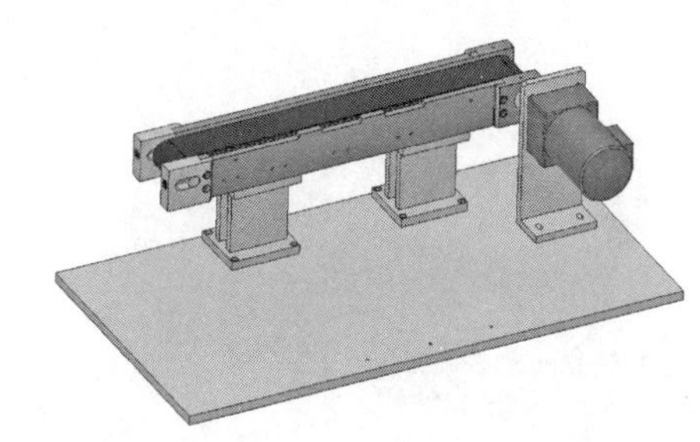

部分安装步骤的注意事项如下：

步骤 1：传送带侧板、传送带托板组件装配。应注意：传送带托板与传送带两侧板的固定位置要调整好，以免传送带安装后凹入侧板表面，造成推料被卡住的现象。

步骤 3、4：主动轮组件和从动轮组件的安装。应注意：主动轴和从动轴的安装位置不能错，主动轴和从动轴的安装板的位置不能相互调换。

步骤 6：传送带组件安装在底板上。应注意：传送带张紧度要调整适中，并保证主动轴和从动轴的平行。

步骤 8：驱动电动机组件与传送带组件相连接，须注意联轴器的装配步骤：

①将联轴器套筒固定在传送带主动轴上，套筒与轴承座距离 0.5 mm（用塞尺测量）。

②电动机预固定在支架上，不要完全紧定，然后将联轴器套筒固定在电动机主轴上，接着把组件安装到底板上，同样不要完全紧定。

③将弹性滑块放入传送带主动轴套筒内。沿支架上下移动电动机，使两套筒对准。

④套筒对准之后，紧定电动机与支座连接的四个螺栓；用手扶正电动机之后，紧定支座与底板连接的两个螺栓。

视频

传送带张紧度调节

（二）分拣机构安装

分拣机构的安装步骤见表 5-2。

表 5-2　分拣机构的安装步骤

步骤 1　安装滑动导轨和可滑动气缸支座	步骤 2　出料槽及支撑板装配 
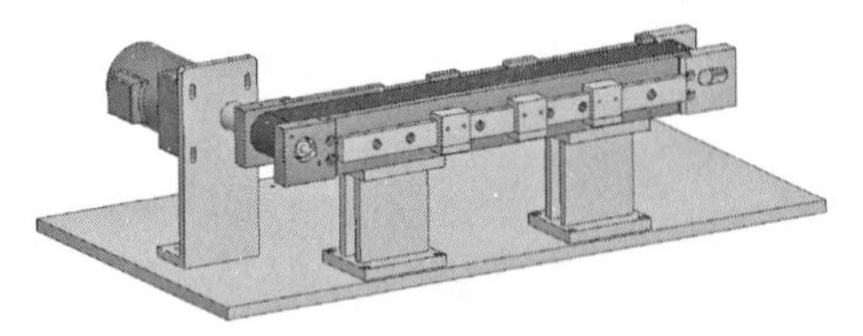	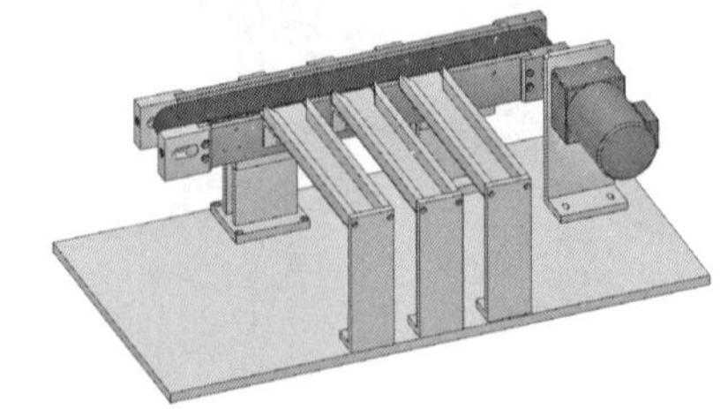
步骤 3　安装推料气缸	步骤 4　安装 U 形板及传感器支架
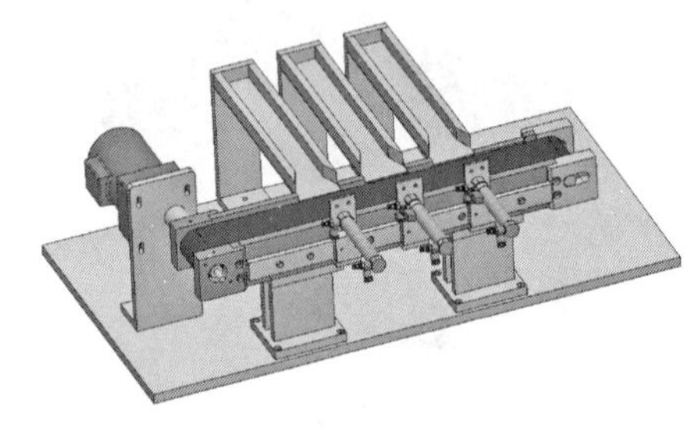	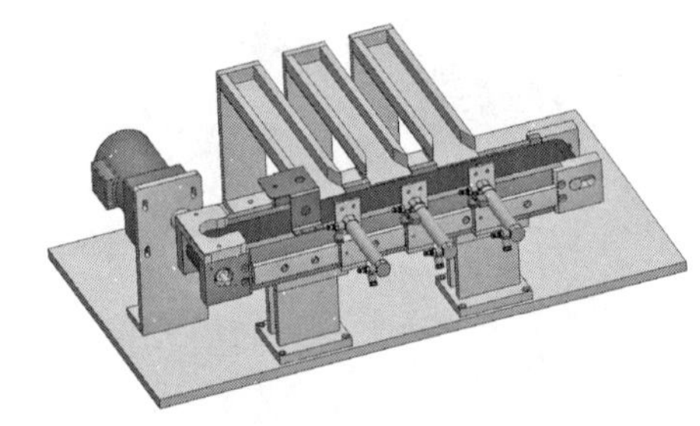
步骤 5　安装编码器	步骤 6　安装传感器、电磁阀组及接线端口
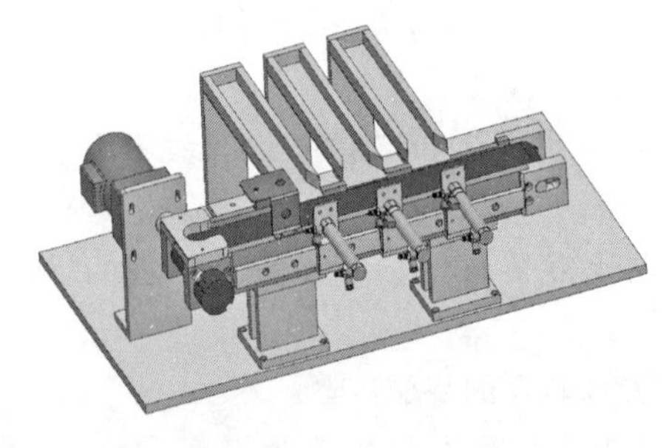	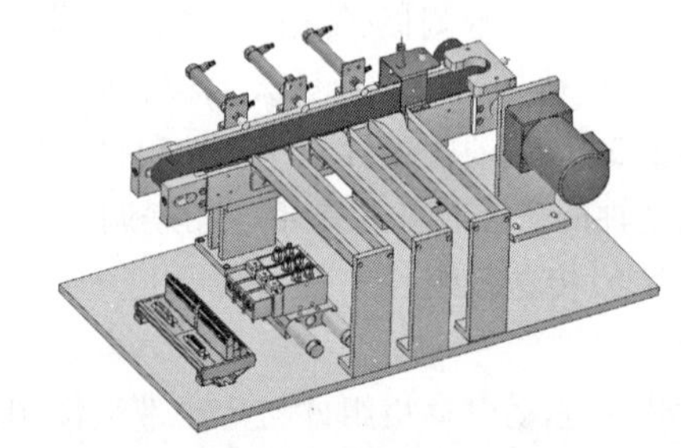

（三）编码器安装

①把编码器旋转轴的中空孔插入传送带主动轴末端，如图 5-5 所示，上紧编码器轴端的紧定螺栓。

②将用于固定编码器本体的板簧用螺栓连接到进料口 U 形板的两个螺孔上。

注意：不要完全紧定，用手拨动电动机轴使编码器轴随之旋转，调整板簧位置，直到编码器无跳动，再紧定两个螺栓。

图 5-5　编码器安装位置

任务2　分拣单元电气线路设计

一、工作任务

分拣单元机械装配已完成，请结合分拣单元工艺流程，根据给定的I/O分配表，完成分拣单元电气线路设计：

①绘制分拣单元电气线路图。

②分拣单元电气线路连接：

a. 变频器与三相异步电动机主电路连接。

b. 分拣单元装置侧与PLC侧传感器、编码器、电磁阀接线。

c. 分拣单元PLC侧按钮指示灯接线。

d. 分拣单元PLC侧变频器与PLC接线。

③分拣单元传感器调节。

④分拣单元气路连接与调节。

二、关联知识点

(一)分拣单元气路工作原理

三个出料滑槽的推料气缸都是直线气缸，它们分别由二位五通的带手控开关的单电控电磁阀所驱动，实现将停止在气缸前面的待分拣工件推进出料滑槽的功能。分拣机构气动控制回路的工作原理图如图5-6所示。

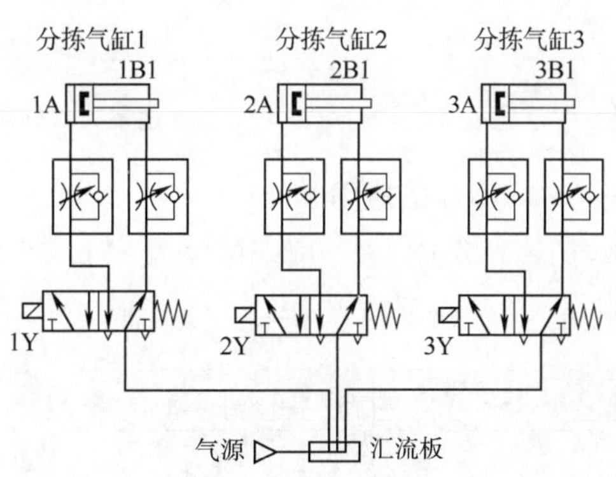

视频

气路工作原理

图5-6　分拣机构气动控制回路的工作原理图

(二)旋转编码器

旋转编码器是通过光电转换，将输出至轴上的机械、几何位移量转换成脉冲或数字信号的传感器，主要用于速度或位置(角度)的检测。根据旋转编码器产生脉冲方式的不同，可分为增量式、绝对式及混合式三大类，YL-335B设备上只使用了增量式旋转编码器。

1. 增量式旋转编码器的工作原理

增量式旋转编码器工作原理示意图如图 5-7 所示。它由光栅盘和光电检测装置组成。光电检测装置由发光元件、光栏板和受光元件组成,光栅盘则是在一定直径的圆板上等分地开通若干个长方形狭缝,数量从几百到几千不等。由于光栅盘与电动机同轴,电动机旋转时,光栅盘与电动机同速旋转,发光元件发出的光线透过光栅盘和光栏板狭缝形成忽明忽暗的光信号,受光元件把光信号转换成电脉冲信号,因此,根据脉冲信号数量,便可推知转轴转动的角位移数值。

为了获得光栅盘所处的绝对位置,还必须设置一个基准点,即起始零点(zero point),为此在光栅盘边缘光槽内圈还设置了一个零位标志光槽,当光栅盘旋转一圈时,光线只有一次通过零位标志光槽射到受光元件上,并产生一个脉冲,此脉冲即可作为起始零点信号。

光电编码器的光栅盘条纹数决定了传感器的最小分辨角度,即分辨角 $\alpha=360°/$条纹数。例如,若条纹数为 500 线,则分辨角 $\alpha=360°/500=0.72°$。为了提供旋转方向的信息,光栏板上设置了两个狭缝,A 相狭缝与 A 相发光元件、受光元件对应;同样,B 相狭缝与 B 相发光元件、受光元件对应。若两狭缝的间距与光栅间距 T 的比值满足一定关系,就能使 A 和 B 两个脉冲列在相位上相差 90°。当 A 相脉冲超前 B 相时为正转方向,而当 B 相脉冲超前 A 相时则为反转方向。

A 相、B 相和 Z 相受光元件转换成的电脉冲信号经整形电路后,输出波形如图 5-8 所示。

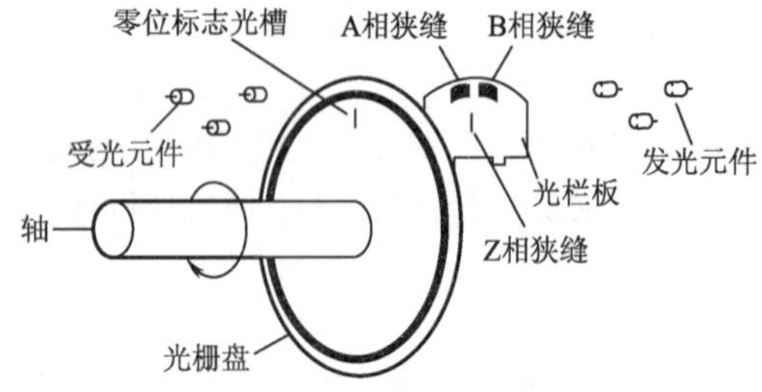

图 5-7 增量式旋转编码器工作原理示意图

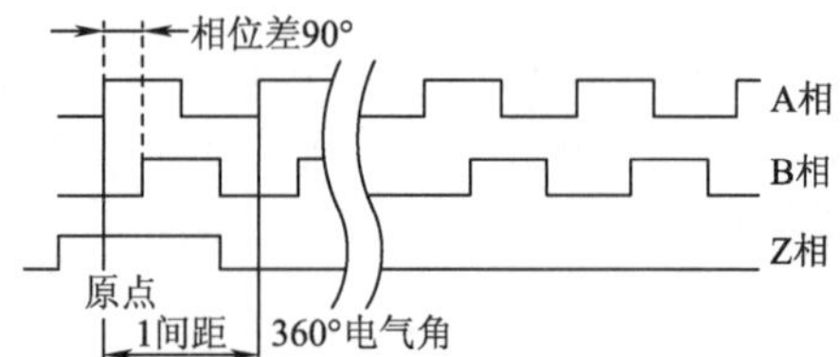

图 5-8 增量式旋转编码器输出的三组方波脉冲

2. 增量式旋转编码器在 YL-335B 中的应用

编码器本体表面有编码器的铭牌数据以及接线端口含义。YL-335B 的铭牌数据如图 5-9 所示。

图 5-9 YL-335B 的铭牌数据

其中,ZKT 表示编码器为增量式空心轴型,其内径为 8 mm,外径为 48 mm,如图 5-10 所示。

旋转编码器出线方式为侧出,分辨率为 500 线(即每旋转一周产生 500 个脉冲),A、B、Z 三相编码器,工作电压为 DC 12 ~ 24 V,工作电流为 110 mA,A、B 两相及 Z 相均采用 NPN 型集电极开路输出。如图 5-11 所示,信号输出线分别由绿色、白色和黄色三根线引出,其中黄色线为 Z 相输出线。

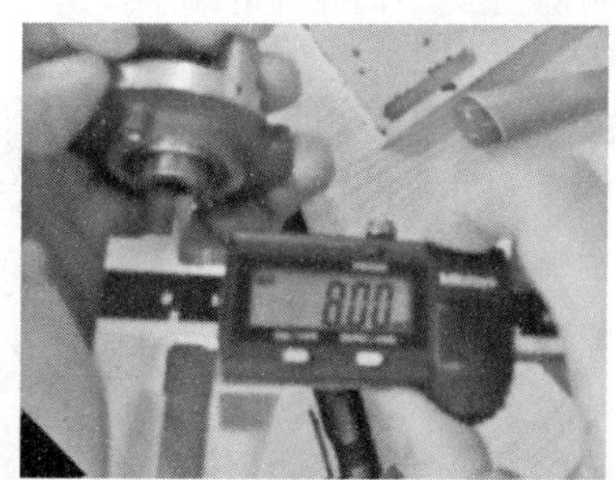

图 5-10　编码器内径与外径

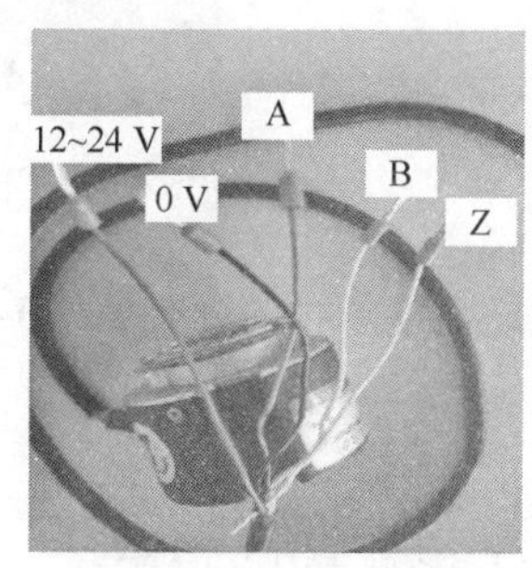

图 5-11　编码器引出线端子含义

旋转方向规定为从轴侧看顺时针方向旋转时为正向，这时绿色线输出信号将超前白色线输出信号 90°，因此规定绿色线为 A 相线，白色线为 B 相线。然而，在分拣单元传送带的实际运行中，使传送带正向运行的电动机转向却恰恰相反，为了确保传送带正向运行时，PLC 的高速计数器的计数为增计数，编码器实际接线时须将白色线作为 A 相线使用，绿色线作为 B 相线使用，分别连接到 PLC 的 X0 和 X1 输入点（这样连接并不影响编码器的性能）。此外，传送带不需要起始零点信号，Z 相脉冲没有连接。

由于该编码器的工作电流达 110 mA，进行电气接线尚须注意，编码器的正极电源引线（红色）须连接到装置侧接线端口的 +24 V 稳压电源端子上，不宜连接到带有内阻的电源端子 VCC 上；否则，工作电流在内阻上压降过大，使编码器不能正常工作。

（三）三菱 FR-E740 型变频器应用

1. 三菱 FR-E740 型变频器

在使用三菱 PLC 的 YL-335B 设备中，变频器选用三菱 FR-E700 系列变频器中的 FR-E740-0.75K-CHT 型变频器，该变频器额定电压等级为三相 400 V，适用电动机容量为 0.75 kW 及以下的电动机。

FR-E700 系列变频器是 FR-E500 系列变频器的升级产品，是一种小型、高性能的通用变频器。在 YL-335B 设备上进行的实训，所涉及的是使用通用变频器所必需的基本知识和技能，着重于变频器的接线、基本操作和常用参数的设置等方面。

打开 FR-E740 型变频器的前盖板，其外观如图 5-12 所示，其中，接线端子部分中，浅绿色的端子排是控制端子排，下面较大的端子排是主电路端子排。

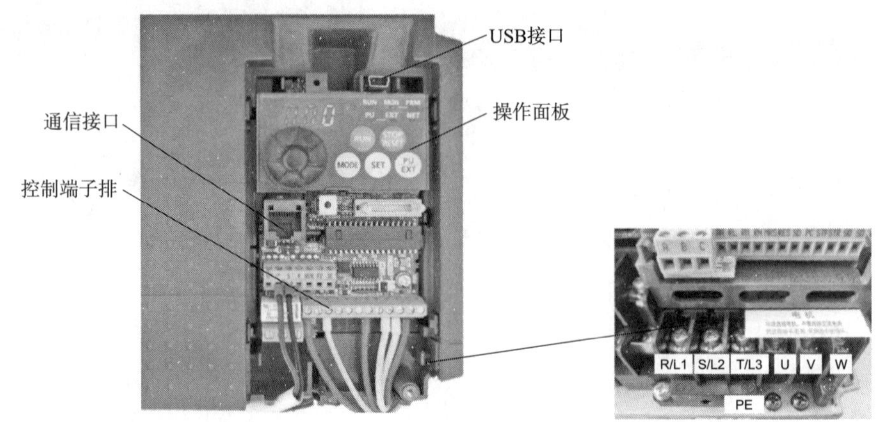

图 5-12　FR-E740 型变频器前盖板打开后的外观

主电路端子排的分布如图 5-13(a)所示，控制电路端子排的分布如图 5-13(b)所示。

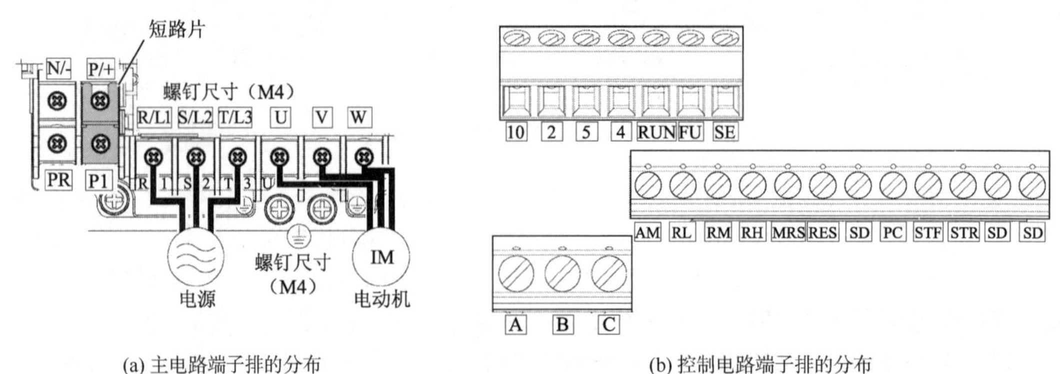

(a) 主电路端子排的分布　　(b) 控制电路端子排的分布

图 5-13　主电路和控制电路端子排的分布

2. FR-E740 型变频器主电路

变频器实现将工频电源转换为频率可变的交变的电源，用以驱动有速度调整要求的交流电动机运转。通用变频器通常采用交—直—交方式把工频交流电变换为频率和电压均可调的三相交流电，即首先将电网侧工频交流电整流成直流电，再将此直流电逆变成频率、电压均可控制的交流电。因此，变频器主电路接线主要有以下三方面：

①电源连接。三相工频电源连接到电源接线端子上，由于新一代通用变频器的整流器都是由二极管三相桥构成的，因此可以不考虑电源的相序。

②电动机接线。电动机接线端子为 U、V、W，可按照转向要求调整相序。

③接地。接地端子 PE 必须可靠接地，并直接与电动机接地端子相连。

FR-E740 型变频器主电路的接线原理及其说明见表 5-3。

表 5-3　FR-E740 型变频器主电路的接线原理及其说明

变频器主电路接线图

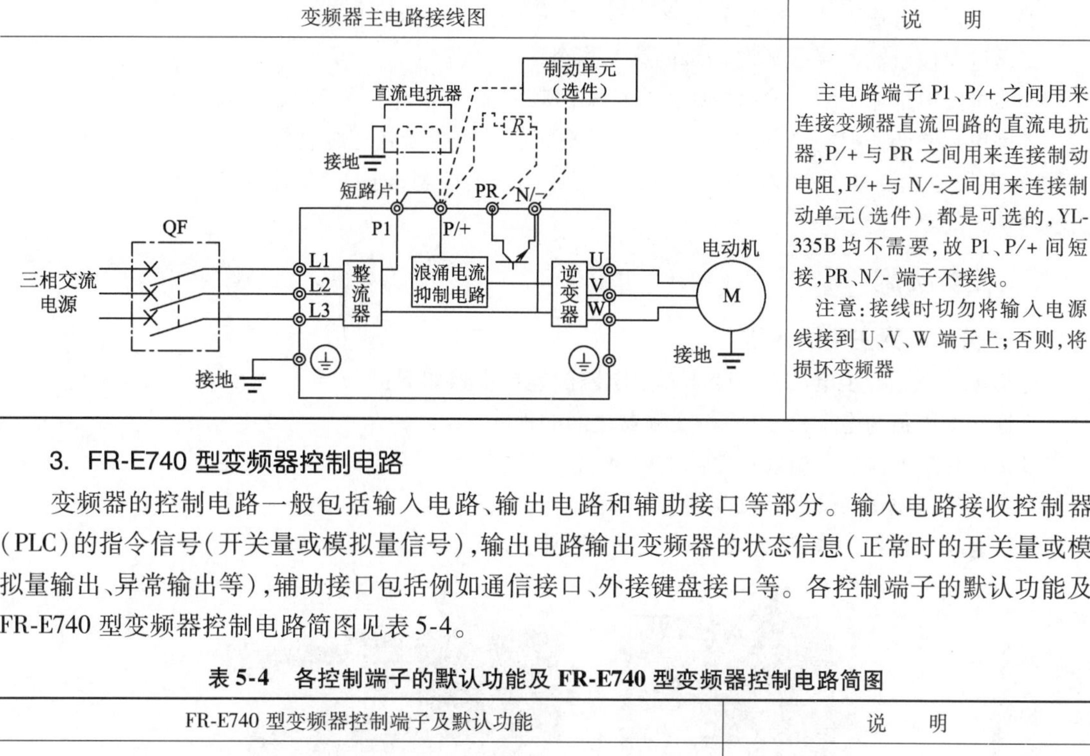

说　明

主电路端子 P1、P/+ 之间用来连接变频器直流回路的直流电抗器，P/+ 与 PR 之间用来连接制动电阻，P/+ 与 N/-之间用来连接制动单元（选件），都是可选的，YL-335B 均不需要，故 P1、P/+ 间短接，PR、N/- 端子不接线。

注意：接线时切勿将输入电源线接到 U、V、W 端子上；否则，将损坏变频器

3. FR-E740 型变频器控制电路

变频器的控制电路一般包括输入电路、输出电路和辅助接口等部分。输入电路接收控制器（PLC）的指令信号（开关量或模拟量信号），输出电路输出变频器的状态信息（正常时的开关量或模拟量输出、异常输出等），辅助接口包括例如通信接口、外接键盘接口等。各控制端子的默认功能及 FR-E740 型变频器控制电路简图见表 5-4。

表 5-4　各控制端子的默认功能及 FR-E740 型变频器控制电路简图

FR-E740 型变频器控制端子及默认功能	说　明
	①端子 10 与端子 5 之间，向外提供 +5 V 电源，一般用作外接电位器工作电源。 ②以 PC 端为电源正极，SD 端为负极，向外提供 +24 V 电源，用作数字输入/输出端子工作电源和外接传感器电源。 ③提供七路数字量输入端子（用端子默认功能的缩写命名），漏型输入时公共端为 SD，漏型跳线短接；源型输入时公共端为 PC，源型跳线短接。 ④提供两路模拟量输入（不能同时使用），2-5 端在默认时为 DC 0～5 V 电压输入；4-5 端在默认时为 4～20 mA 电流输入。 ⑤提供一路 0～10 V 的模拟电压输出（AM-5 端），默认设定为变频器当前输出频率。 ⑥RUN、FU 为集电极开路输出的数字量输出端，公共端为 SE。 ⑦异常输出时输出继电器接点。 ⑧辅助接口包括 PU 接口、USB 接口

YL-335B 分拣单元在出厂时只使用了部分控制端子：

①通过开关量输入端子接收 PLC 的启动/停止、正反转等命令信号。

②通过模拟量输入端子接收 PLC 的频率指令。

③通过模拟量输出端子输出变频器当前输出频率或电流、电压等状态信息。

分拣单元的调速控制，也可以采用几个开关量端子的通断状态组合提供多段频率指令。实际工程中，多段速控制也是一种常用的方式，本任务的调速控制，则主要使用操作面板控制和多段速控制两种方式。

三、任务实施

(一)分拣单元主电路接线

分拣单元三相异步电动机与变频器主电路的连接步骤如下：

①连接变频器与电动机、电源与变频器之间的地线。

②依次连接变频器与电动机之间的 U、V、W。

③依次连接电源与变频器之间的 L1、L2、L3。

④用万用表检测接线，确认无误，如图 5-14 所示。

视频

主电路接线

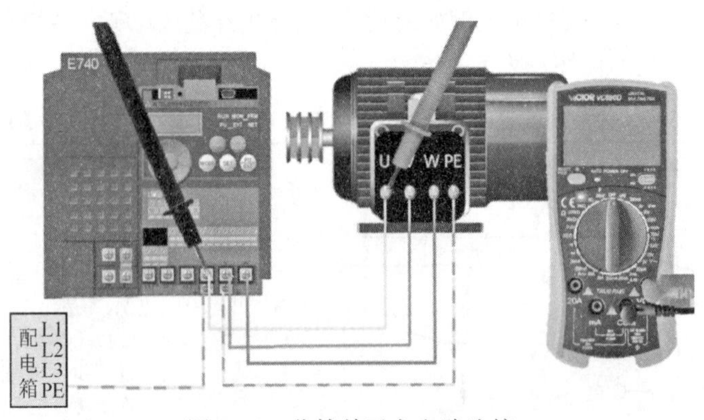

图 5-14　分拣单元主电路连接

图 5-15 所示为三相异步电动机主电路端子盒内部，主电路接线时特有的原则为先下后上、端子方向要垂直、三相异步电动机端子要固定、橡皮圈固定、端盖要盖上。

视频

分拣单元主电路接线注意事项

图 5-15　三相异步电动机接线端内部实物图

(二)分拣单元控制电路图

从分拣过程可以看到,分拣控制不仅有对气动执行元件的逻辑控制,还包括工件在传送带上传送、变频器的速度控制等运动控制。分拣单元装置侧的 I/O 分配见表 5-5。分拣单元 PLC 可选用三菱 FX3U-32MR 主单元,共 16 点输入和 16 点继电器输出。分拣单元 PLC 侧的 I/O 分配见表 5-6(变频器多段速端子只分配了 RM、RL,RH 端子暂时未分配)。按照表 5-5、表 5-6 绘制电路图如图 5-16 所示。

表 5-5 分拣单元装置侧的 I/O 分配

输入端口中间层			输出端口中间层		
端子号	设备符号	信号线	端子号	设备符号	信号线
2	DECODE	旋转编码器 B 相	2	1Y	推杆 1 电磁阀
3		旋转编码器 A 相	3	2Y	推杆 2 电磁阀
4			4	3Y	推杆 3 电磁阀
5	BG1	光纤传感器 1			
6	BG2	光纤传感器 2			
7	BG3	电感式传感器			
8					
9	1B	推杆 1 推出到位			
10	2B	推杆 2 推出到位			
11	3B	推杆 3 推出到位			
12~17 号端子没有连接			5~14 号端子没有连接		

表 5-6 分拣单元 PLC 侧的 I/O 分配

输入信号				输出信号			
序号	PLC 输入点	信号名称	信号来源	序号	PLC 输出点	信号名称	信号来源
1	X000	编码器白色线	装置侧	1	Y000	STF	变频器相应的数字输入端子,且公共端 SD 连接 COM1
2	X001	编码器绿色线		2	Y001	STR	
3	X002			3	Y002	RL	
4	X003	光电传感器(BG1)		4	Y003	RM	
5	X004	光纤传感器(BG2)		5	Y004	1Y	推杆 1 电磁阀
6	X005	电感式传感器(BG3)		6	Y005	2Y	推杆 2 电磁阀
7	X006	推杆 1 推出到位(1B)		7	Y006	3Y	推杆 3 电磁阀

续表

输入信号				输出信号			
序号	PLC输入点	信号名称	信号来源	序号	PLC输出点	信号名称	信号来源
8	X007	推杆2推出到位(2B)	装置侧	8	Y007		按钮/指示灯模块
9	X010	推杆3推出到位(3B)		9	Y010	HL1	
10	X011			10	Y011	HL2	
11	X012	SB1按钮	按钮/指示灯模块	11	Y012	HL3	
12	X013	SB2按钮		12	Y013		
13	X014	QS按钮开关		13	Y014		
14	X015	SA选择开关		14	Y015		
15	X016			15	Y016		
16	X017			16	Y017		

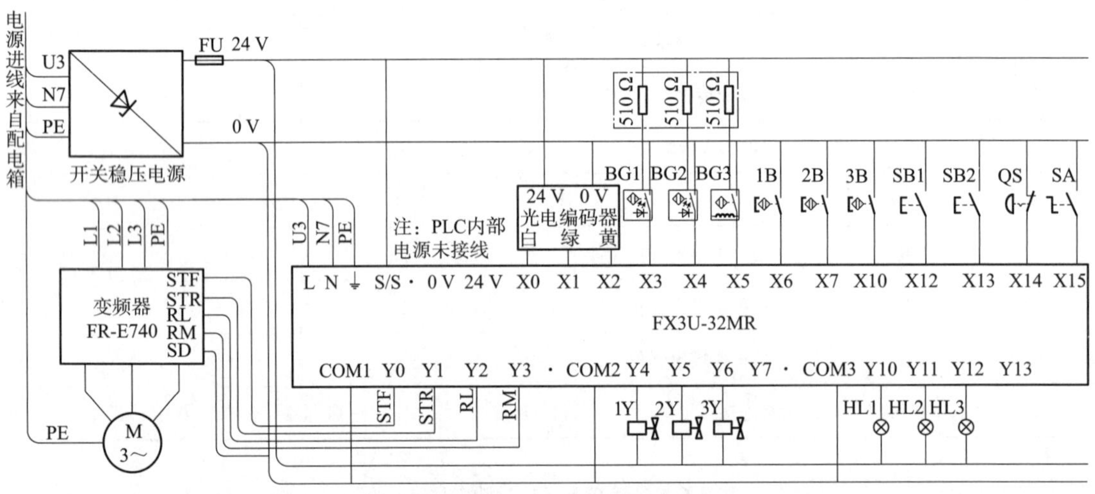

图5-16　分拣单元控制电路图

(三)分拣单元控制电路接线

1. 分拣单元装置侧控制电路电路接线

分拣单元装置侧传感器、按钮指示灯、电磁阀等接线在前面项目中已系统讲解。通过三相异步电动机正反转带动传送带的前进与后退,前进与后退的脉冲数需要编码器进行计数。编码器共计五个接线端子。编码器的红色线接到+24 V(输出端子排最上层)、黑色线接到0 V(端子排最下层)、绿色线为A相,接到X1,白色线为B相,接到X0,黄色线为Z相不接线,需要用扎带将其绑在电缆上,如图5-17所示。

2. 分拣单元PLC侧控制电路接线

变频器控制接线、按钮及指示灯的接线可直接从相应的PLC I/O端子连接到变频器控制端子和按钮/指示灯模块。其余输入、输出信号应从相应的PLC I/O端子连接到PLC侧接线端口上,注意接线端子号与装置侧接线端口端子号相互对应。分拣单元 PLC 侧与前述单元不同在于变频器与 PLC 的接线。变频器与 PLC 部分的接线如图 5-18 所示。

图 5-17　黄色线绑扎固定

视频

光纤传感器的调节

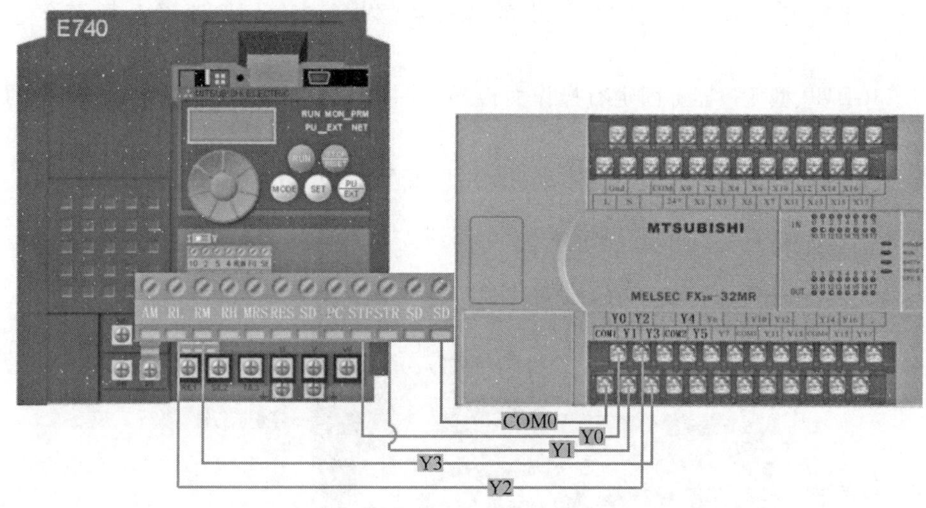

图 5-18　变频器与 PLC 部分的接线

(四)分拣单元传感器灵敏度调节

①接线完成后，用万用表校验变频器控制接线、按钮及指示灯接线的正确性。

②用编程软件的监控功能和强制输出功能校验 PLC 与装置侧各 I/O 器件的接线。

③分拣单元传感器气路连接与调节同前述工作单元。调整安装在进料口 U 形板入料口处的光电传感器灵敏度，使得工件在进料口放下时能可靠动作。调整检测区光纤传感器灵敏度，区分出黑白芯体，调节方法与装配单元光纤传感器相同。调整安装在传感器支架上的金属传感器的安装深度，使得对放置在侧方的金属芯工件能可靠动作，并确保在运行中金属传感器不会与工件发生碰撞。

任务 3　变频器多段速运行控制

一、工作任务

编程实现变频器多段速控制，具体要求如下：

①在本项目任务 2 基础上根据下述控制要求，结合编程确定是否进行电气线路改造。

②根据控制要求进行变频器参数设置。按下 SB1，传送带带动工件以 10 Hz 正转 3 s；以 20 Hz 正转 2 s；以 30 Hz 反转 3 s。

③重复上述流程。按下 SB2，传送带停止运行。

视频

多段速工作任务

二、关联知识点

（一）FR-E700 系列变频器操作面板结构及功能

通用变频器操作面板的结构一般包括键盘操作单元（又称控制单元）和显示屏两部分。键盘的主要功能是向变频器的主控板发出各种指令或信号，而显示屏的主要功能则是接收主控板提供的各种数据进行显示，但两者总是组合在一起的。

FR-E740 型变频器上固定有操作面板（不能拆下），用以进行运行方式、频率的设定，运行指令监视，参数设定、错误表示等。操作面板如图 5-19 所示，其上半部为监视面板和显示器，下半部为 M 旋钮和各种按键。它们的具体功能分别见表 5-7、表 5-8。

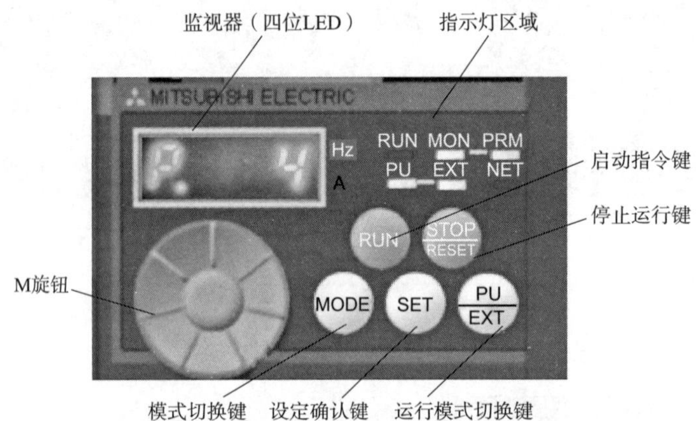

图 5-19　FR-E740 型变频器的操作面板

表 5-7　旋钮、按键功能

旋钮和按键	功　能
M 旋钮（三菱变频器旋钮）	旋动该旋钮用于变更频率、参数的设定值。按下该旋钮可显示以下内容： ①监视模式时的设定频率； ②校正时的当前设定值； ③报警历史模式时的顺序
模式切换键 MODE	用于切换各设定模式。和运行模式切换键 PU/EXT 同时按下也可以用来切换运行模式。长按此键（2 s）可以锁定操作
设定确定键 SET	各设定的确定。此外，当运行中按此键，则监视器出现以下显示： 运行频率 → 输出电流 → 输出电压 →（返回运行频率）

续表

旋钮和按键	功　能
运行模式切换键 PU/EXT	用于切换 PU/外部运行模式。 使用外部运行模式(通过另接的频率设定电位器和启动信号启动的运行)时请按此键,使表示运行模式的 EXT 处于亮灯状态。 切换至组合模式时,可同时按 MODE 键 0.5 s,或者变更参数 Pr. 79
启动指令键 RUN	在 PU 模式下,按此键启动运行。 通过 Pr. 40 的设定,可以选择旋转方向
停止运行键 STOP/RESET	在 PU 模式下,按此键停止运转。 保护功能(严重故障)生效时,也可以进行报警复位

表 5-8　运行状态显示

显　示	功　能
运行模式显示灯	①PU:PU 运行模式时亮灯; ②EXT:外部运行模式时亮灯; ③NET:网络运行模式时亮灯
监视器(四位 LED)	显示频率、参数编号等
监视数据单位显示	Hz:显示频率时亮灯;A:显示电流时亮灯 (显示电压时熄灯,显示设定频率监视时闪烁)
运行状态显示 RUN	当变频器动作中亮灯或者闪烁。其中: 亮灯——正转运行中; 缓慢闪烁(1.4 s 循环)——反转运行中。 下列情况下出现快速闪烁(0.2 s 循环): ①按键或输入启动指令都无法运行时; ②有启动指令,但频率指令在启动频率以下时; ③输入了 MRS 信号时
参数设定模式显示 PRM	参数设定模式时亮灯
监视器显示 MON	监视模式时亮灯

(二)YL-335B 上 FR-E700 系列变频器的参数设置

1. 变频器参数设置

FR-E700 系列变频器提供了数百个参数供用户选用,通过参数设置赋予变频器一定的功能,以满足调速系统的运行要求。变频器参数的出厂设定值被设置为完成简单的变速运行。如果出厂设定值不能满足负载和操作要求,则要重新设定参数。实际工程中,只需要设定变频器的部分参数,就能满足控制要求。

使用操作面板进行参数设置是设定参数的最重要方法。表 5-9 给出了一个将参数 Pr. 4(运行模式)从出厂值“0”修改为希望设定值“2”的例子,表中列出的操作步骤也适合于其他参数的设定。

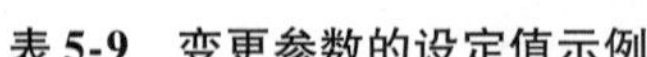

表 5-9 变更参数的设定值示例

步骤	操作	显示
1	接通电源显示的监视器画面 (显示外部运行模式)	0.00 Hz RUN MON PRM PU EXT NET
2	按 PU/EXT 键,进入 PU 运行模式	0.00 Hz RUN MON PRM PU EXT NET
3	按 MODE 键,进入参数设定模式	P. 0 Hz RUN MON PRM PU EXT NET
4	旋转 M 旋钮,将参数编号设定为 Pr. 4	P. 4
5	按 SET 键,读取当前设定值	50.00
6	旋转 M 旋钮,设定希望的参数值	10.00
7	按 SET 键,确认新设定值,这时参数和设定值将交替闪烁,参数写入完成	10.00 P. 4

视频

变频器参数设置

2. 常用变频器含义

下面根据分拣单元工艺过程对变频器的要求,介绍一些需要关注的常用参数的含义和设置要求。关于参数设置更详细的说明请参阅 FR-E700 使用手册。

①变频器命令源和频率源的指定。指定变频器运行的命令源,以及变频器设定频率的频率源的相关参数,都是变频器运行前必须加以设置的重要参数。YL-335B 通常在设备安装调试过程中通过操作面板发出启动和停止命令,指定运行频率;在生产线运行过程中则通过外部端子排接收 PLC 发出的控制命令和频率设定值。

FR-E700 系列变频器使用运行模式参数 Pr. 79 来统一指定命令源和频率源。设定值范围为 0,1,2,3,4,6,7。这七种运行模式的内容见表 5-10。变频器出厂时,参数 Pr. 79 设定值为 0;停止运行时,用户可以根据实际需要修改其设定值。YL-335B 设备出厂时将 Pr. 79 值设定为 2。

表 5-10　运行模式选择(Pr. 79)

设定值	运行模式名称	内容	
0	PU/外部切换模式	通过 PU/EXT 键可切换 PU 与外部运行模式。 注意:接通电源时为外部运行模式	
1	PU 运行模式	固定为 PU 运行模式(由操作面板发出启动和停止命令,指定运行频率)	
2	外部运行模式	固定为外部运行模式,但可在外部、网络运行模式间切换运行	
3	PU/外部组合运行模式 1	启动指令	可用操作面板设定,或外部信号输入
		频率指令	外部信号输入(端子 RH、RM、RL)
4	PU/外部组合运行模式 2	启动指令	通过操作面板的 RUN 键来输入
		频率指令	外部信号输入(端子 2、4、多段速选择等)
6	切换模式	可以在保持运行状态的同时,进行 PU 运行、外部运行、网络运行的切换	
7	外部运行模式(PU 运行互锁)	X12 信号 ON 时,可切换到 PU 运行模式(外部运行中输出停止); X12 信号 OFF 时,禁止切换到 PU 运行模式	

②限制变频器运行频率的参数。调速系统由于工艺过程的要求或设备的限制,需要对变频器运行的最高和最低频率加以限制,即当频率设定值高于最高频率(上限频率)或低于最低频率(下限频率)时,输出频率将被钳位。例如图 5-20 给出用模拟电压控制输出频率的输出频率与频率设定值关系,当表征频率设定值的模拟电压超出有效范围时,输出频率将被钳位。一般情况下,YL-335B 要求变频器对应的上限频率参数值设置为 50 Hz;下限频率参数值设置为 0 Hz。

FR-E740 型变频器用 Pr. 1"上限频率"和 Pr. 2"下限频率"来设定输出频率的上、下限限位值。Pr. 1 与 Pr. 2 出厂设定范围为 0 ~ 120 Hz,出厂设定值分别为 120 Hz 和 0 Hz。因此,实际设置时只需要将 Pr. 1 值修改为 50 Hz 即可。

③变频器启动、制动和加减速参数。电动机启动、制动和加减速过程是一个动态过程,通常用加、减速时间来表征。加速时间参数用来设定从停止状态加速到加减速基准频率时的加速时间;减速时间用来设定从加减速基准频率到停止状态的减速时间。加减速时间示意图如图 5-21 所示。

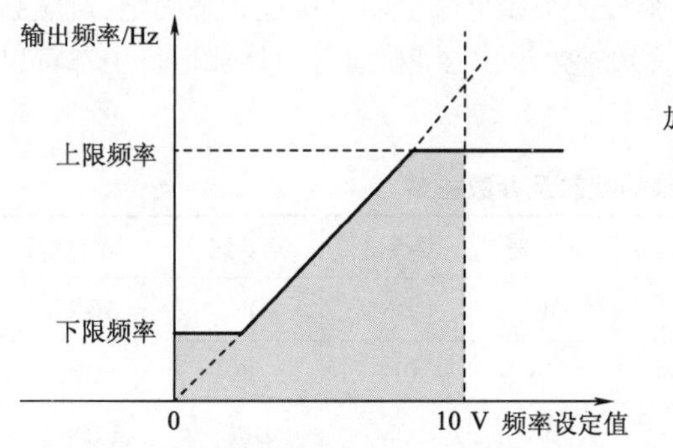

图 5-20　输出频率与频率设定值关系

图 5-21　加减速时间示意图

从图 5-21 中看出,若要求变频器运行频率为小于 50 Hz 的某一值,则实际的加减速时间显然小于设定值。

FR-E700 系列变频器指定加减速时间的相关参数包括 Pr. 7、Pr. 8、Pr. 20、Pr. 21 等，各参数的意义及设定范围见表 5-11。

表 5-11　加减速时间相关参数的意义及设定范围

参数号	参 数 意 义	出厂设定	设 定 范 围	备　注
Pr. 7	加速时间	5 s	0 ~ 3 600 s /360 s	根据 Pr. 21 加减速时间单位的设定值进行设定。初始值的设定范围为 0 ~ 3 600 s，设定单位为 0. 1 s
Pr. 8	减速时间	5 s	0 ~ 3 600 s/360 s	
Pr. 20	加减速基准频率	50 Hz	1 ~ 400 Hz	—
Pr. 21	加减速时间单位	0	0/1	0:0 ~ 3 600 s，单位为 0. 1 s; 1:0 ~ 360 s，单位为 0. 01 s

YL-335B 的调试中一般不需要重新设置加减速基准频率。必须设置的参数是加速时间和减速时间。其中，减速时间的设置，对分拣单元传送带运行中工件的准确定位有着至关重要的意义。

实际工程中，如果设定的加速时间太短，则有可能导致变频器过电流跳闸；如果设定的减速时间太短，则有可能导致变频器过电压跳闸。不过，YL-335B 分拣单元中变频器容量远大于所驱动的电动机的容量，即使上述参数设置得很小（例如 0. 2 s），也不至于出现故障跳闸情况。但加减速时间不宜设置过短的概念必须建立起来。另外，在频繁启动、停止，且加速时间和减速时间很小时，可能出现电动机过热现象。

④用多段速控制功能控制输出频率。FR-E740 型变频器在外部操作模式或组合操作模式 2 下，可以通过外接开关器件的组合通断改变输入端子的状态来实现调速。这种控制频率的方式称为多段速控制功能。FR-E740 型变频器的 RH、RM 和 RL 端子，其默认功能就是速度控制，通过这些开关的组合可以实现 3 段、7 段的控制。

如果 RH、RM 和 RL 端子的通断组合仅限于单个通断，则可以组合成 3 段转速。例如当 RH 单独接通，就指定了由 Pr. 4 确定的频率（出厂值 50 Hz，称为高速段）；同样，RM 单独接通则指定了由 Pr. 5 确定的频率，RL 单独接通则指定了由 Pr. 6 确定的频率。

如果考虑 RH、RM 和 RL 端子的全部通断组合状态，则可组合成 7 段转速（全部断开状态不计），第 1 ~ 3 速与上面的 3 段速相同，第 4 ~ 7 速由 2 个或 2 个以上端子同时接通状态确定，对应频率由 Pr. 24 ~ Pr. 27 指定，见表 5-12。需要注意的是，多段速度设定在 PU 运行和外部运行中都可以设定。运行期间参数值也能被改变。

表 5-12　多段速对应的控制端状态及参数关系

多段速序号	第 1 速（高速）	第 2 速（中速）	第 3 速（低速）	第 4 速	第 5 速	第 6 速	第 7 速
RH 状态	ON	OFF	OFF	OFF	ON	ON	ON
RM 状态	OFF	ON	OFF	ON	OFF	ON	ON
RL 状态	OFF	OFF	ON	ON	ON	OFF	ON
各段速频率	Pr. 4	Pr. 5	Pr. 6	Pr. 24	Pr. 25	Pr. 26	Pr. 27
出厂值	50 Hz	30 Hz	10 Hz	9 999	9 999	9 999	9 999

注：在运行中，上述参数在任何运行模式下都可以变更设定值，值 9 999 为未选择。

⑤被控对象(电动机)主要额定参数,以及使变频器的输出与之匹配的参数。例如,电动机的额定频率、额定电压等,变频器与之匹配的参数分别为基准频率(Pr. 3)和基准频率电压(Pr. 19)。

⑥若参数设置有误或被非法修改,而希望重新开始调试,需要进行清除设置或恢复出厂值的设置,就需要进行参数的初始化。参数的初始化也是参数设置的一个重要环节,可用参数清除操作方法实现,即在 PU 运行模式下,设定 Pr. CL 参数清除、ALLC 参数全部清除均为“1”,可使参数恢复为初始值。(但如果设定 Pr. 77 参数写入选择 =“1”,则无法清除。)

综上所述,YL-335B 设备上,FR-E740 型变频器需关注的参数及有关设置说明见表 5-13。

表 5-13　FR-E740 型变频器需关注的参数及有关设置说明

参数功能	参数名称	参数号	出厂值	设定值	说　明
指定命令源和频率源	运行模式参数	Pr. 79	0	2	
输出频率的限制	上限频率	Pr. 1	120 Hz	50 Hz	
	下限频率	Pr. 2	0 Hz	0 Hz	
加减速时间	加速时间	Pr. 7	5 s	0. 5 s	
	减速时间	Pr. 8	5 s	0. 2 s	
模拟量输入规格	模拟量输入选择	Pr. 73	1	0	将端子 2 的模拟量输入规格从 0 ~ 5 V 改为 0 ~ 10 V
使输出电压和频率符合电动机的额定值	基准频率	Pr. 3	50 Hz	50 Hz	必须与电动机铭牌上记载的额定值相符
	基准频率电压	Pr. 19	380 V	380 V	
参数的初始化	参数清除	Pr. CL	0		参数初始化时,将两参数值均设为 1,初始化完成后自动归 0
	参数全部清除	ALLC	0		

注:YL-335B 出厂时未使用多段速控制功能,本表未列出其相关参数。

由表 5-11 可见,在 YL-335B 上的 FR-E740 型变频器,所需关注的参数并不多,而其中需要修改出厂默认值的参数仅有上限频率,加、减速时间,模拟量输入选择等参数,因此参数设置实际上十分简单。

三、任务实施

(一)传动机构安装质量检测

通过变频器操作面板操控电动机试运行,检测传动机构的安装质量。变频器的主电路接线已经完成,接通三相电源后就可以借助操作面板的操作,用变频器直接驱动电动机试运行,以便检查其安装质量。具体操作步骤如下:

1. 参数初始化

为了使调试能够顺利进行,在开始设置参数前最好进行一次参数初始化操作,即 PU 运行模式下(Pr. 79 = 1),设定参数 Pr. CL、ALLC 均为“1”。

2. 参数设定

运行前需要给变频器预置一些参数,如上/下限频率、加/减速时间等。设置参数:上限频率 Pr. 1 = 50 Hz;下限频率 Pr. 2 = 10 Hz;加速时间 Pr. 7 = 4 s;减速时间 Pr. 8 = 4 s。

3. 频率设定及调试运行

在PU运行模式下设置运行频率(例如30 Hz),按RUN键变频器便以设定频率运行;按STOP键减速停止。传动机构投入试运行后,应仔细观察运行状况。例如,机构运行时的跳动、工件有无跑偏、传送带有无打滑等情况,以便采取相应措施进行调整。

(二)多段速控制线路接线

完成传动机构安装质量检测后,设备断电,在项目二基础上进行多段速控制线路改造。因任务要求有三段速度,项目二中给定的I/O也可实现三段速,若现在使用RH、RM、RL三个端子实现三段速,则需要在原来基础上新接入RH端子,若分配的端子为Y7,接线图如图5-22所示,特别要提醒的是,COM2也需要接到SD上。

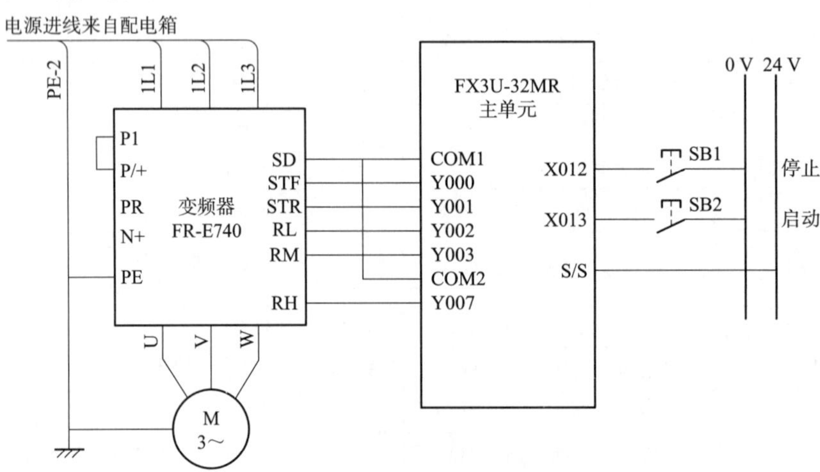

图5-22　多段速控制线路接线

(三)多段速控制变频器参数设置

工作任务中共有三个速度,若分别选用RH、RM、RL端子,则对应的参数分别为Pr. 4、Pr. 5、Pr. 6。设备加电,根据控制要求,参数设置见表5-14。

表5-14　多段速参数设置

参数功能	参数名称	参数号	设定值
指定命令源和频率源	运行模式参数	Pr. 79	2
输出频率的限制	上限频率	Pr. 1	50 Hz
	下限频率	Pr. 2	0 Hz
加减速时间	加速时间	Pr. 7	0. 5 s
	减速时间	Pr. 8	0. 2 s
设定电流值	电流值	Pr. 61	0. 18 A
设定电压值	电压值	Pr. 83	380 V
设定RH速度	RH速度	Pr. 4	30 Hz
设定RM速度	RM速度	Pr. 5	20 Hz
设定RL速度	RL速度	Pr. 6	10 Hz

若仍然采用本项目任务 2 的接线方式，则通过 RM 与 RL 实现三段速，可通过两者的三种组合 01、10、11 实现，则对应的参数设置为 Pr. 6 = 10，Pr. 5 = 20，Pr. 24 = 30。

(四)多段速控制程序编制

多段速控制程序比较简单，编程方法很多，编程过程中须注意不要出现双线圈。程序如图 5-23 所示。采用的思路是将整个运行过程视作一个周期 8 s，划分为 0 ~ 3 s、3 ~ 5 s、5 ~ 8 s 三个区域，进行输出驱动。

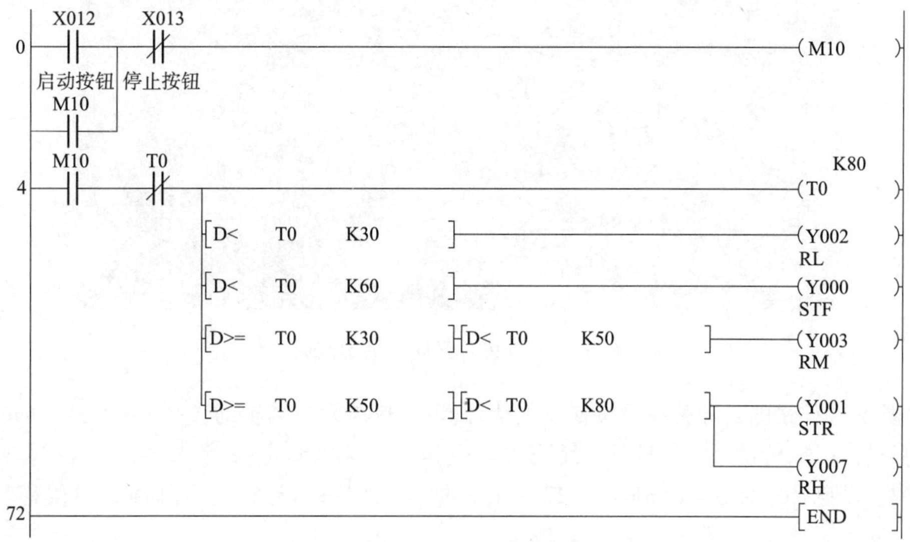

图 5-23　多段速控制梯形图

完成机械装配、电气线路连接、参数设置以及程序下载后调试程序。

任务 4　脉冲当量测试

一、工作任务

分拣单元的目标是实现不同属性工件的分拣，在此工作流程中，如图 5-24 所示有四个关键位置，检测区、推料 1 区、推料 2 区、推料 3 区，试编程程序：

①测试四个关键区域的脉冲数；

②测试计算分拣单元脉冲当量的值；

③将脉冲当量理论值与测试值进行比较，误差是否不大于 0.01 mm/脉冲。

二、关联知识点

(一)工件在传送带上位移的计算

分拣单元的传送带驱动电动机旋转时，与电动机同轴连接的编码器即向 PLC 输出表征电动机轴角位移的脉冲信号，由 PLC 的高速计数器实现角位移的计数。如果传送带没有打滑现象，则工件

在传送带上的位移量与脉冲数就具有一一对应关系,因此传送带上任一点对进料口中心点(原点)的坐标值可直接用脉冲数表达。PLC 程序则根据坐标值的变化计算出工件的位移量。

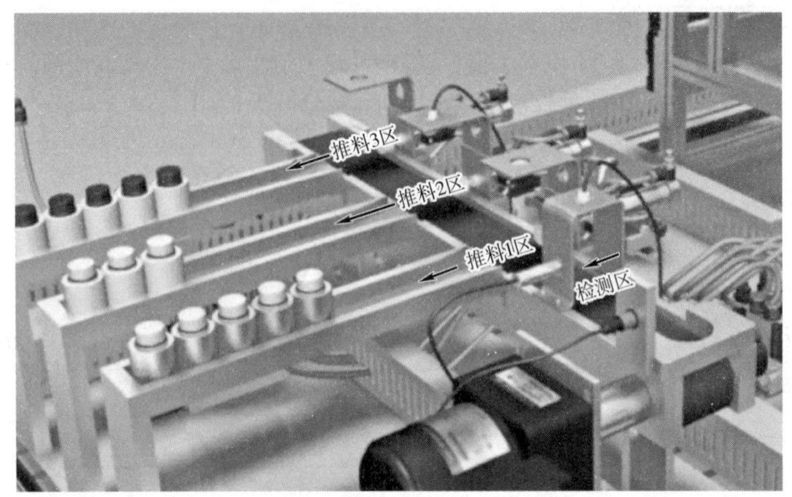

图 5-24　分拣单元四个关键区域

脉冲数与位移量的对应关系可按如下方法计算:分拣单元主动轴的直径 d 约为 43 mm,则减速电动机每旋转一周,传送带上工件移动距离 $L = \pi d = 3.14 \times 43$ mm $= 135.02$ mm。这样每两个脉冲之间的距离,即脉冲当量 $\mu = L/500 \approx 0.27$ mm,根据 μ 值就可以计算任意脉冲数与位移量的对应关系。

例如,按图 5-25 所示的安装尺寸,当工件从进料口中心线(原点位置)移至第一个推杆中心点时,编码器约发出 622 个脉冲;移至第二个推杆中心点时,编码器约发出 962 个脉冲;移至第三个推杆中心点时,编码器约发出 1 303 个脉冲。

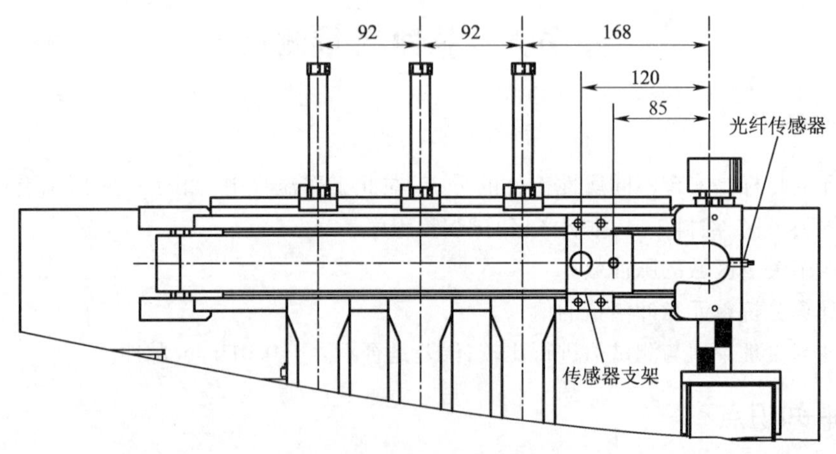

图 5-25　传送带位置计算

应该指出的是,上述脉冲当量的计算只是理论上的。实际上,各种误差因素不可避免,例如传送带主动轴直径(包括传送带厚度)的测量误差,传送带的安装偏差、张紧度等,都将影响理论计算值。经此计算得出的各特定位置(各推料气缸中心、检测区出口、各传感器中心相对于进料口中心的位置坐标)的脉冲数同样存在误差,因而经计算得出的只是估算值。实际调试时,宜以这些估算值为基础,通过简单测试程序进行现场测试以获得准确数据,作为控制程序编程的依据。

(二)FX3U 系列 PLC 基本单元内置的高速计数器

1. FX3U 系列 PLC 的高速计数器的用途和分类

①FX 系列 PLC 内置有 21 点高速计数器 C235 ~ C255,它们都是 32 位的计数器。高速计数器用于频率高于机内扫描频率的机外脉冲计数。由于计数信号频率高,其计数方法不能像普通计数器那样在扫描周期内用编程方式进行。FX3U 采用硬件计数或以中断方式(与扫描周期无关)进行计数,计数结果是使所用的高速计数器计数值变化,但计数过程并不体现在程序中。

②根据计数方式的不同,高速计数器可划分为表 5-15 所示的三种类型。

表 5-15　FX3U 系列 PLC 高速计数器的类型

项　　目	输入信号形式	计 数 方 向
单相单计数的输入 (C235 ~ C245)	UP/DOWN	通过 M8235 ~ M8245 的 ON/OFF 来指定增计数或是减计数。 ON:减计数;OFF:增计数
单相双计数的输入 (C246 ~ C250)	UP +1 +1 +1 DOWN −1 −1 −1	对应于增计数输入或减计数输入的动作,自动地增/减计数。 计数方向可用 M8246 ~ M8250 监控。 ON:减计数;OFF:增计数
双相双计数的输入 (C251 ~ C255)	A相 B相 +1 +1 正转时 A相 B相 −1 −1 反转时	根据 A 相/B 相的输入状态变化,自动地进行增计数或减计数。 (当 A 相脉冲为高电平时,B 相脉冲上升沿作增计数,B 相脉冲下降沿作减计数。) 计数方向可用 M8251 ~ M8255 监控。 ON:减计数;OFF:增计数

注:双相双计数高速计数器 C251 ~ C255 还有 1 倍频和 4 倍频两种频率模式,由相关的特殊寄存器设定。当这些特殊寄存器 ON 时,对应的计数器为 4 倍频模式。YL-335B 只使用 1 倍频模式。

③高速计数器的计数输入、外部复位和置位输入等信号来自 X000 ~ X007 等 8 个输入点,每一个高速计数器都有与之对应的 X 端口配套使用,即指定了高速计数器 C×××后,对应的 X 输入端即被指定,并且这个被指定的 X 输入端不能为其他高速计数器所用。

④高速计数器的选用应首先考虑所选计数器的类型与外部计数源的计数方式相适应。例如,分拣单元所使用的是具有 A、B 两相 90°相位差的通用型旋转编码器,且 Z 相脉冲信号没有使用,显然接收编码器计数信号的高速计数器应选用双相双计数类型。而具体编号,则可根据表 5-16 所列出的双相双计数高速计数器与输入点的配套关系确定。表 5-16 中,“A”为 A 相输入;“B”为 B 相输入;“R”为复位输入;“S”为启动输入。由表 5-16 可见,合理的选择应为 C251;否则,若选用 C252 ~ C255,将会使得某些输入点由于被占用而浪费掉。

表 5-16　双相双计数高速计数器与输入点的配套关系

计数器编号	X000	X001	X002	X003	X004	X005	X006	X007
C251	A	B						
C252	A	B	R					
C253				A	B	R		
C254	A	B	R				S	
C255				A	B	R		S

编码器两相脉冲信号线应连接到 PLC 的输入点 X000 和 X001。其中,为了使传送带正向运行时,PLC 的高速计数器的计数为增计数,白色线应连接到 X000 点,绿色线应连接到 X001 点。

2. 高速计数器的基本编程

从分拣单元工作过程来看,高速计数器的编程,仅要求能接收旋转编码器的脉冲信号进行计数,提供工件在传送带上位移的信息,以及能对所使用的高速计数器进行复位操作。高速计数器更复杂的功能,例如预置值达到时中断处理等,均不需要运用。高速计数器的编程实训,只是基本技能的实训。

FX3U 系列 PLC 的高速计数器基本编程十分简单,例如,实现高速计数器使能和复位操作的功能,只需要图 5-26 所示的两个梯级。

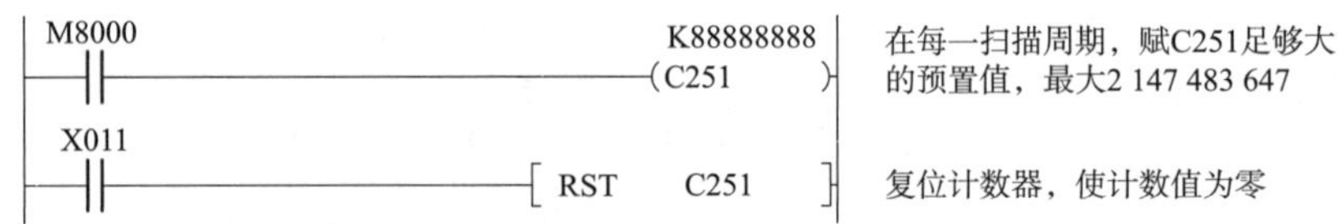

图 5-26　实现高速计数器使能和复位操作的梯形图

①高速计数器 C251 的使能只需要用直通触点(本例用 M8000)将其选定即可。C251 一旦使能,输入 X000 和 X001 即被指定为它的计数输入端,X000 和 X001 的输入滤波时间将会自动从 10 ms 变为 5 μs(FX3U 系列),以便实现高速计数。在梯形图中,这两个计数输入信号是隐含的。

②X011 为 ON 时执行 RST 指令,C251 将被复位。复位指令起了用软件指定原点的作用,若以后继续有计数脉冲输入,C251 将从 0 开始计数。

(三)脉冲当量测试编程要点

若要实现不同工件的属性检测并推至各个分拣槽,检测区域和三个推料区这四个位置的脉冲数需知晓。后续根据控制流程综合调试可进行微调。为此,需要编制简单的测试程序进行脉冲值现场测试。

①现场测试时传送带应低速运转,可将低速段频率参数 Pr. 6 临时设定为 8 Hz。

②现场测试某一特定点坐标的设想如下:在进料口放下一个工件,确认工件在进料口中心位置后按下启动按钮,程序将启动变频器,电动机驱动传送带带动工件运动,工件到达目标区域,按下停止按钮,停止运行,应充分考虑减速时间带来的影响,提前按下停止按钮。这时仔细检查工件停止位置是否正确,如果有偏差,就再启动运行,计数器继续累加。编译后,将修改后的程序下载到 PLC 中,再次进行测试,直到测试结果满意为止,这时程序中估算值即为该特定点对以进料口中心点为

基准原点的坐标值。

按此设想，编程只需要如下几个步骤（具体的程序请读者自行编写）：

a. 使高速计数器 C251 使能。

b. 入料口检测传感器上升沿使 C251 复位。

c. 按下启动按钮，驱动电动机低速正向运行。

d. 一轮新的测试结束，高速计数器可使入料口的检测传感器边沿复位。

③某一特定点坐标测试完成后，记录最后得到的估算值寄存器存储值，然后开始下一个特定点坐标的测试。对各特定点坐标测试后，记录数据，包括脉冲值 n 与实际测得的物理尺寸 d，后续编制分拣控制程序时，可将这些数据作为已知数据存储，供程序调用。因测脉冲当量值为距离除以脉冲值，为保证实际测试的准确度，需多次测量取平均值。如可取四个关键位置，测试脉冲当量的平均值。

三、任务实施

通过驱动电动机运行测试脉冲当量，项目二中变频器参数与接线已满足要求，现假定驱动电动机以 30 Hz 的频率运行进行测试。

（一）脉冲当量程序编制

脉冲当量测试非常简单，只需对传送带以某一速度启停即可。编程中关键点在于高速计数器的初始化与复位等应用。参考程序如图 5-27 所示。

M8000
K8888
C251
X012
X013
Y000
STF
启动按钮
停止按钮
Y000
Y002
RL
STF
X003
RST C251
入料口检测
END

图 5-27　脉冲当量测试参考程序

（二）调试记录处理过程数据

①下载程序，在入料口放一工件。

②将 Pr. 6 参数设置为 8 Hz。

③通过控制传送带启停，实施监控程序，获取四个区域脉冲数值，同时测量四个区域的物理距离，将此数值填入表 5-17 中。

表 5-17　脉冲测试记录表

特定点名称	脉 冲 数 值	距离/mm	当前脉冲当量数值	脉冲当量平均值
检测区域脉冲值				
推料 1 区脉冲值				
推料 2 区脉冲值				
推料 3 区脉冲值				

④计算每一次检测脉冲当量的数值，填入表 5-17 中。

⑤求四次测试的脉冲当量的平均值，并与理论值进行比较，判定误差是否在要求的范围之内。

任务5　基于 FX3U-3A-ADP 的分拣单元运行控制

一、工作任务

分拣单元变频器频率来源为 FX3U-ADP 模拟量适配器,分拣单元机械装配在本项目任务 1 已经完成,请设计基于 FX3U-3A-ADP 的分拣单元的电气控制线路,编程实现以下控制功能:

①电气线路改造:在本项目任务 2 的基础上对分拣单元电气控制线路进行改造,将多段速端子频率源控制改为 FX3U-ADP 模拟量适配器频率源。

②根据控制流程要求,设置变频器参数。

③编程实现分拣单元控制功能如下:

a. 塑料外壳黑色芯体进入推料 1 区;塑料外壳白色芯体进入推料 2 区;金属外壳进入推料 3 区。

b. 设备加电和气源接通后,若工作单元的三个气缸均处于缩回位置,电动机停止状态,且传送带进料口没有工件,则"正常工作"指示灯 HL1 长亮,表示设备准备好;否则,该指示灯以 1 Hz 频率闪烁。

c. 若设备准备好,按下按钮 SB1,系统启动,"设备运行"指示灯 HL2 长亮。当在传送带进料口人工放下已装配工件,并确认该工件位于进料口中心时,按下按钮 SB2,变频器启动,驱动传送带运转,带动工件首先进入检测区,经传感器检测获得工件属性,然后进入分拣区进行分拣。

当满足某一滑槽推入条件的工件到达该滑槽中间时,传送带应停止,相应气缸伸出,将工件推入槽中。气缸复位后,分拣单元的一个工作周期结束。这时可再次向传送带下料,开始下一工作周期。

d. 如果在运行期间再次按下按钮 SB1,该工作单元在本工作周期结束后停止运行。

e. 变频器可以输出 20 Hz 和 30 Hz 两个固定频率驱动传送带,两个频率的切换控制使用按钮/指示灯上的急停按钮 QS 实现。当 QS 未按下时,输出频率为 20 Hz;当 QS 按下时,输出频率为 30 Hz。当传送带正在运转时,若改变 QS 状态,则变频器应在下一工作周期才改变输出频率。

二、关联知识点

YL-335B 自动化生产线分拣单元的出厂配置:变频器驱动采用模拟量控制,通过 D/A 变换实现变频器的模拟电压输入以达到连续调速的目的;通过 A/D 转换采集变频器实时输出的模拟电压(频率信息),以便在人机界面上显示变频器当前输出频率。

早期的 YL-335B,分拣单元 PLC 采用 FX2N 系列,所连接的模拟量模块为 FX0N-3A。PLC 升级为 FX3U 系列后,模拟量模块配置为 FX3U-3A-ADP 模拟量适配器。

(一)模拟量适配器 FX3U-3A-ADP

FX3U-3A-ADP 是连接在 FX3S、FX3G、FX3U 等 PLC 左侧,可获取 2 通道的电压/电流数据并输出 1 通道的电压/电流数据的模拟量适配器。

1. FX3U-3A-ADP 的硬件安装

FX3U-3A-ADP 模拟量适配器外形和各部分的名称如图 5-28 所示。图 5-29 为 FX3U-3A-ADP 连接到 PLC 基本单元的示意图。

注意：连接特殊适配器时，需要预先安装连接器转换适配器或功能扩展板。若已经安装功能扩展板，则可将适配器的特殊适配器连接器插入功能扩展板的连接器处；把特殊适配器固定用卡扣嵌入基本单元左侧面对应矩形孔（两处），然后压下基本单元左侧的两处卡扣即可进行固定。

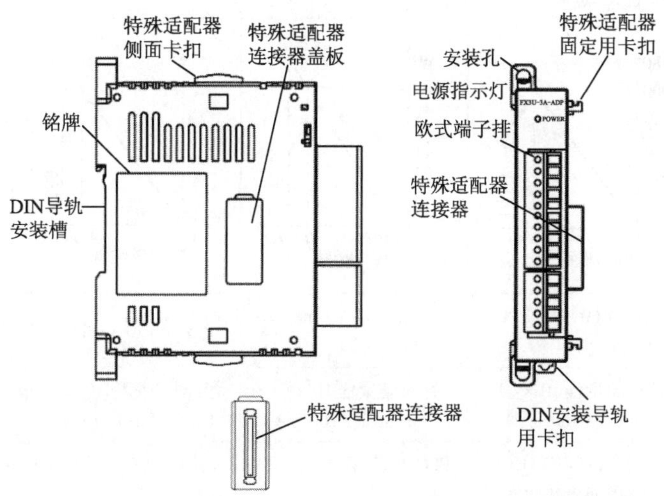

图 5-28　FX3U-3A-ADP 模拟量适配器的外形和各部分的名称

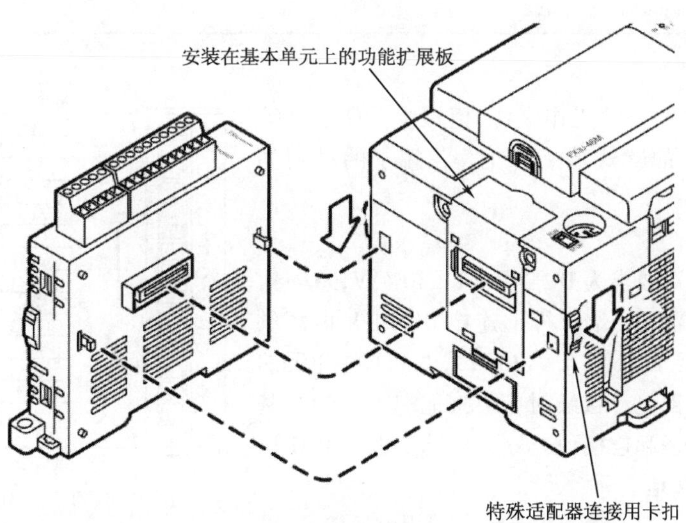

图 5-29　FX3U-3A-ADP 连接到 PLC 基本单元的示意图

2. FX3U-3A-ADP 与模拟量转换相关的性能规格(见表 5-18)

表 5-18 FX3U-3A-ADP 与模拟量转换相关的性能规格

项 目	电压输入	电流输入	电压输出	电流输出
通道数	2 通道		1 通道	
模拟量输入/输出范围	DC 0 ~ 10 V。 输入电阻 198.7 kΩ	DC 4 ~ 20 mA。 输入电阻 250 kΩ	DC 0 ~ 10 V。 外部负载5 kΩ ~ 1 MΩ	DC 4 ~ 20 mA。 外部负载≤500 Ω
最大输入	−0.5 V, +15 V	−2 mA, +30 mA	—	—
数字分辨率	12 位,二进制			
输入/输出特性	4 080 4 000 数字量输出 10.2 V 0 10 V 模拟量输入	3 280 3 200 数字量输出 20.4 mA 0 4 mA 20 mA 模拟量输入	10 V 模拟量输出 4 080 0 4 000 数字量输入	20 mA 模拟量输出 4 mA 4 080 0 4 000 数字量输入
分辨率	2.5 mV(0 ~ 10 V/0 ~ 4 000)	5 μA (4 ~ 20 mA/0 ~ 3 200)	2.5 mV(10 V × 1/4 000)	4 μA (16 mA × 1/4 000)
综合精度(0 ~ 55 ℃)	针对满量程 10 × (1 ± 1.0%) V(±100 mV)	针对满量程 16 × (1 ± 1.0%) mA(±160 μA)	针对满量程 10 × (1 ± 1.0%) V(±100 mV)	针对满量程 16 × (1 ± 1.0%) mA(±160 μA)
转换时间	使用 FX3U/FX3UC 系列 PLC 时,转换时间 = 80 ms × 使用输入通道数 + 40 ms × 使用输出通道数(每个运算周期更新数据)			
绝缘方式	①模拟量输入/输出部分和可编程控制器之间,通过光耦合器隔离。 ②电源和模拟量输入之间,通过 DC/DC 转换器隔离。 ③各通道间不隔离			

3. 接线

FX3U-3A-ADP 的外部工作电源、模拟量 I/O 信号等接线均连接到其上的欧式端子排上。各端子的排列如图 5-30 所示。

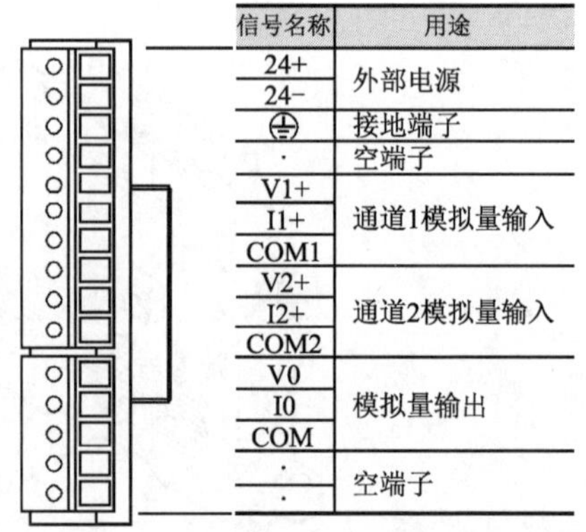

信号名称	用途
24+	外部电源
24−	
⏚	接地端子
·	空端子
V1+	通道1模拟量输入
I1+	
COM1	
V2+	通道2模拟量输入
I2+	
COM2	
V0	模拟量输出
I0	
COM	
·	空端子
·	

图 5-30 FX3U-3A-ADP 端子排上各端子的排列

说明:

①适配器的电源要求为 DC 24 × (1 ± 10%) V,90 mA,由外部电源供给,需要在端子排上连接 DC 24 V 电源供电;数字电路电源要求为 DC 5 V,30 mA,由 PLC 主单元的内部电路供给。外部电源接线时应将接地端子和 PLC 基本单元的接地端子一起连接到进行了 D 类接地(100 Ω 以下)的供给电源的接地上。

②模拟量输入在每个通道中都可以使用电压输入、电流输入。接线图如图 5-31 所示,接线注意事项如下:

a. 模拟量的输入线使用两芯的屏蔽双绞电缆,请与其他动力线或者易于受感应的线分开布线。

b. 电流输入时，请务必将 V□ + 端子和 I□ + 端子（□表示通道号）短接。

③模拟量输出接线，同样使用两芯的屏蔽双绞电缆，须与其他动力线或者易于受感应的线分开布线。屏蔽线应在信号接收侧进行单侧接地，接线图如图 5-32 所示。

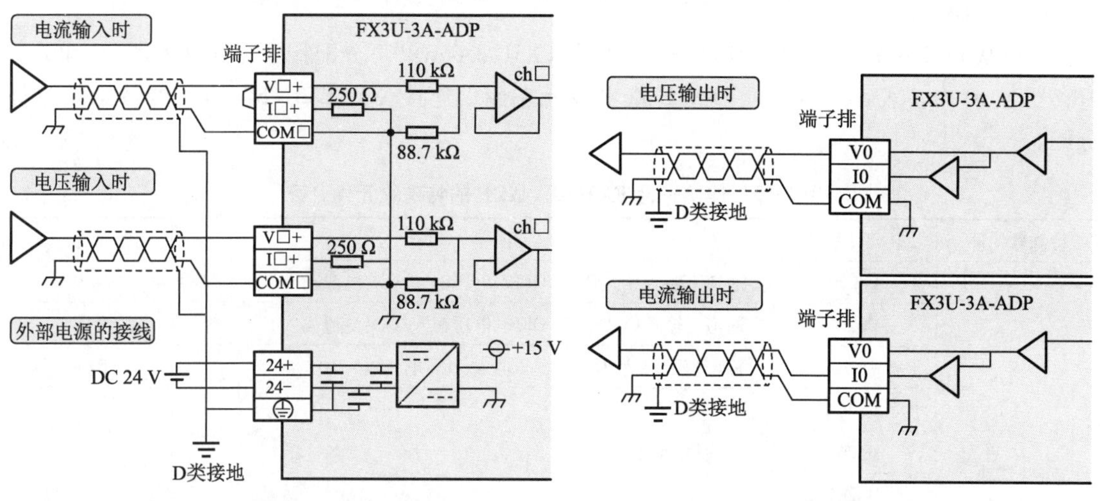

图 5-31　模拟量输入接线图　　　　图 5-32　模拟量输出接线图

（二）模拟量频率控制的变频器参数

YL-335B 分拣单元变频器的频率设定，以模拟量输入信号设定为主。例如，在触摸屏上指定变频器的频率，则此频率在某一范围内是随机给定的。这时，PLC 将向变频器输出模拟量信号，因此需设置变频器模拟输入端与 PLC 输出的模拟信号相匹配的参数。

FR-E700 系列变频器提供两个模拟量输入信号端子（端子 2、端子 4）用作连续变化的频率设定。在出厂设定情况下，只能使用端子 2，端子 4 无效；可以通过改变端子接线并且设置相应参数的方法使用端子 4，而端子 2 无效。使用 YL-335B 设备实训时，通常只使用端子 2，故关于使用端子 4 的方法此处从略，具体可参阅 FR-E700 使用手册。

在使用端子 2 的情况下，模拟量信号可为 0 ~ 5 V 或 0 ~ 10 V 的电压信号，用参数 Pr. 73 指定，其出厂设定值为 1，指定为 0 ~ 5 V 的输入规格，并且不能可逆运行。但由于 PLC 的模拟量输出为 0 ~ 10 V，故须将此参数值修改为 0，指定为 0 ~ 10 V 的输入规格。

（三）基于模拟量的分拣单元控制编程要点

1. 模拟量编程要点

（1）FX3U-3A-ADP 的模拟量转换机制

FX3U-3A-ADP 没有内置的缓冲存储器（BFM），在 A/D 转换数据时，输入的模拟量数据被转换成数字量，直接保存在 PLC 的特殊软元件中；通过向某些特殊软元件写入数值，可以设定平均次数或者指定输入模式（电压输入或电流输入）。而在 D/A 转换数据时，输入特殊软元件的数字量被转换成模拟量并输出，并且通过向某些特殊软元件写入数值，可以设定输出保持。

FX3U-3A-ADP 连接到 PLC 后，转换及特殊数据寄存器的更新时序如下：PLC 的每个运算周期都在 END 指令中指示执行 A/D 转换，读出 A/D 转换值，写入特殊数据寄存器中。并且写入特殊数据寄存器中的输出设定数据,执行 D/A 转换,更新模拟量输出值。由此可见,实现 FX3U-3A-ADP 转换数据的获取/写入,不需要使用 FROM-TO 等缓冲存储器(BFM)的读/写指令,只需要使用 MOV 指令即可,因而编程将十分简单。

(2)特殊软元件的分配

依照从 PLC 基本单元开始的连接顺序,每台 FX3U-3A-ADP 可分配特殊辅助继电器、特殊数据寄存器各 10 个。表 5-19 给出了 FX3U 基本单元左侧仅连接一台 FX3U-3A-ADP 的特殊软元件分配。

表 5-19 连接一台 FX3U-3A-ADP 的特殊软元件分配

特殊软元件	软元件编号	内 容	读写状态
特殊辅助继电器	M8260	通道 1 输入模式切换(OFF:电压输入;ON:电流输入)	R/W
	M8261	通道 2 输入模式切换(OFF:电压输入;ON:电流输入)	R/W
	M8262	输出模式切换(OFF:电压输入;ON:电流输入)	R/W
	M8263	未使用(请不要使用)	—
	M8264		
	M8265		
	M8266	输出保持解除设定(OFF:PLC 从 RUN→STOP 时,保持之前的模拟量输出;ON:PLC STOP 时,输出偏置值)	R/W
	M8267	设定输入通道 1 是否使用(OFF:使用通道;ON:不使用)	R/W
	M8268	设定输入通道 2 是否使用(OFF:使用通道;ON:不使用)	R/W
	M8269	设定输出通道是否使用(OFF:使用通道;ON:不使用)	R/W
特殊数据寄存器	D8260	通道 1 输入数据	R
	D8261	通道 2 输入数据	R
	D8262	输出设定数据	R/W
	D8263	未使用(请不要使用)	—
	D8264	通道 1 平均次数(设定范围为 1 ~ 4 095)	R/W
	D8265	通道 2 平均次数(设定范围为 1 ~ 4 095)	R/W
	D8266	未使用(请不要使用)	—
	D8267		
	D8268	错误状态	R/W
	D8269	机型代码 = 50	R

(3)输入数据例程(见图 5-33)

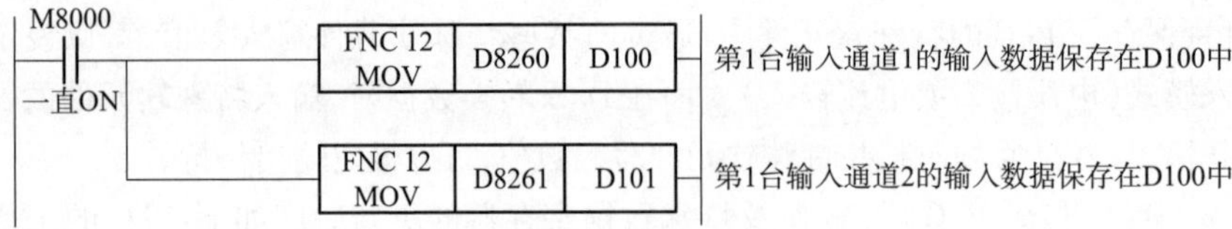

图 5-33 输入数据例程

注意：即使不在D100、D101中保存输入数据，也可以在定时器、计数器的设定值或者PID指令等中直接使用D8260、D8261。

(4)输出设定数据例程

图5-34所示的是把数据寄存器D102的数字量指定为模拟量输出的例程。D102的值可用人机界面或者顺控程序指定。

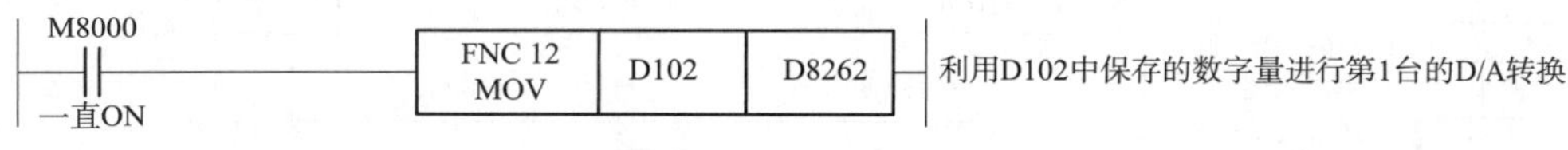

图5-34　输出数据例程

2. 分拣控制流程编程要点

分拣过程的控制包括了运动控制和逻辑控制，并以运动控制为主，这与供料、加工、装配等工作单元的控制有所不同，是典型的选择性分支控制流程。下面只指出编程时的注意点。

(1)状态检测与启停控制部分的编程要点

①PLC加电的第一个扫描周期(M8002 ON)，应将现场测试所得到各特定点坐标值存入指定的寄存器(用32位的DMOV指令)，同时置位步进过程的初始步S0。

②在每一扫描周期，赋予C251足够大的预置值，使C251使能。

③由于工作任务要求，只用一个按钮(SB1)控制系统的启动和停止，编写系统启动和停止操作的程序段时，要注意程序编写顺序，否则系统可能无法启动。具体程序梯形图如图5-35所示。

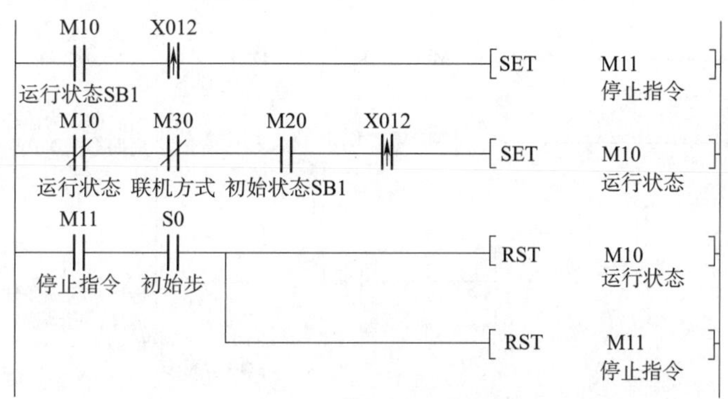

图5-35　系统启动和停止操作的程序梯形图

(2)顺序控制编程要点

分拣过程是一个步进选择性分支控制过程，工件从原点开始，运动到检测区出口，这一阶段实现了属性检测。在检测区出口发生分支转移，芯件属性不同的工件按任务要求分拣到相应滑槽中。分拣过程步进控制的流程示意图如图5-36所示。

下面着重说明顺序控制过程一些工步编程的注意事项：

①初始步S0在PLC加电的第一个扫描周期就被置位而成为活动步。系统启动前则处于等待状态，并且不断扫描开关QS的通断以确定变频器输出频率。

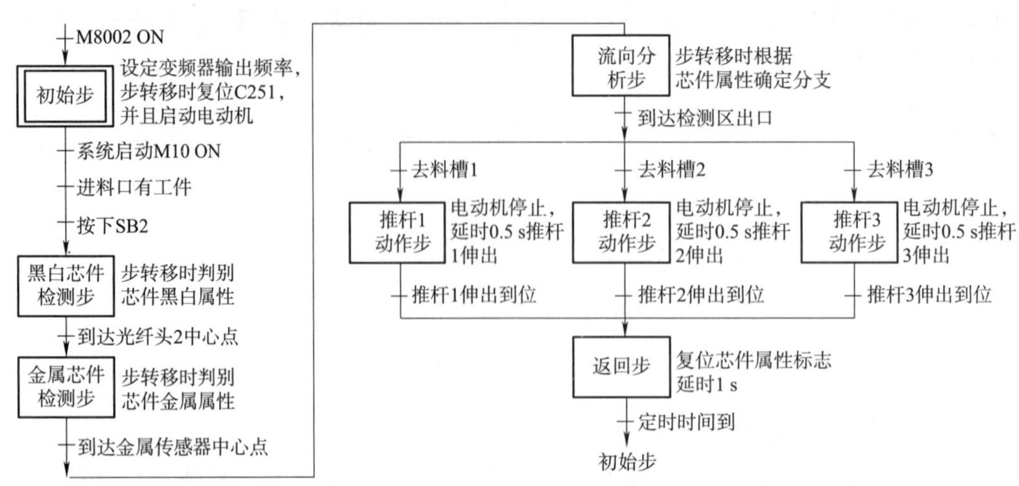

图 5-36　分拣过程步进控制的流程示意图

当系统已启动(M10 ON),且进料口已检测到工件,SB2 按下时,即复位高速计数器 C251,并以当前 QS 所确定的频率启动变频器,驱动电动机正向运转。同时,转移到下一工步(黑白芯件检测步)。初始步梯形图如图 5-37 所示。

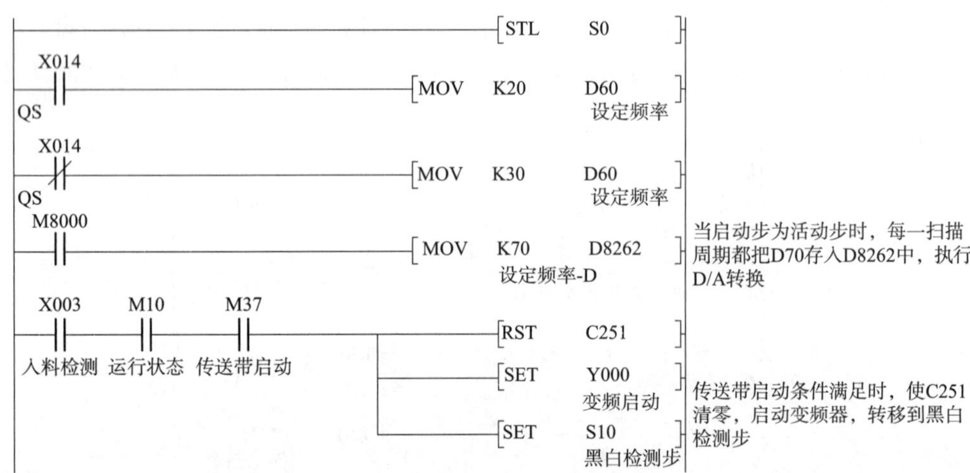

图 5-37　步进顺序控制过程初始步梯形图

②D/A 驱动电动机运行频率控制。控制程序应在系统启动后,每一扫描周期都把由 QS 确定的频率信号值(单位为 Hz)乘以 80,保存在供 D/A 转换用的数据寄存器 D70 中。同时,将 A/D 转换获得的变频器当前输出频率的数字量保存到数据寄存器 D62 中,此段程序应在主程序的状态检测与启停控制部分中编写,其梯形图如图 5-38 所示。

③流向分析步。当 C251 计数值达到或超过检测区出口坐标值时,程序应对前两个检测步所获得的芯件属性标志进行逻辑运算,确定工件应推入哪一个出料滑槽,从而转到相应的分支。流向分析步的梯形图如图 5-39 所示。

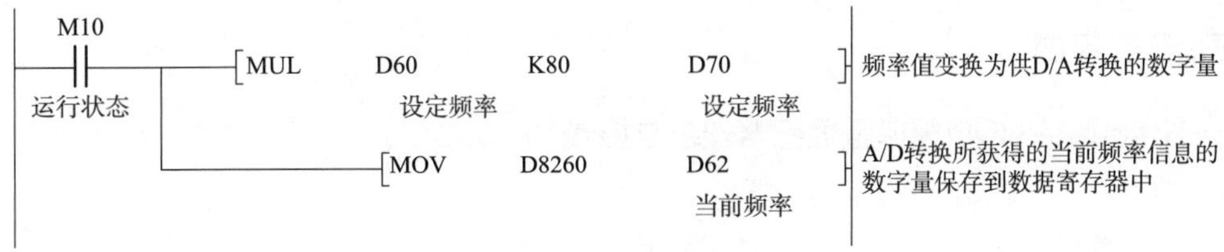

图 5-38　频率设定值

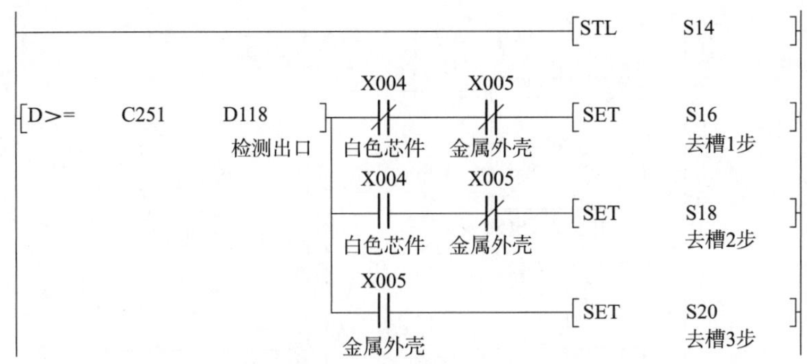

图 5-39　流向分析步的梯形图

④工件推入出料槽的程序。图 5-40 所示为把黑色芯黑色外壳工件推入料槽 1 的分支程序段。把工件推入料槽 2 和料槽 3 的分支程序段请读者自行完成。

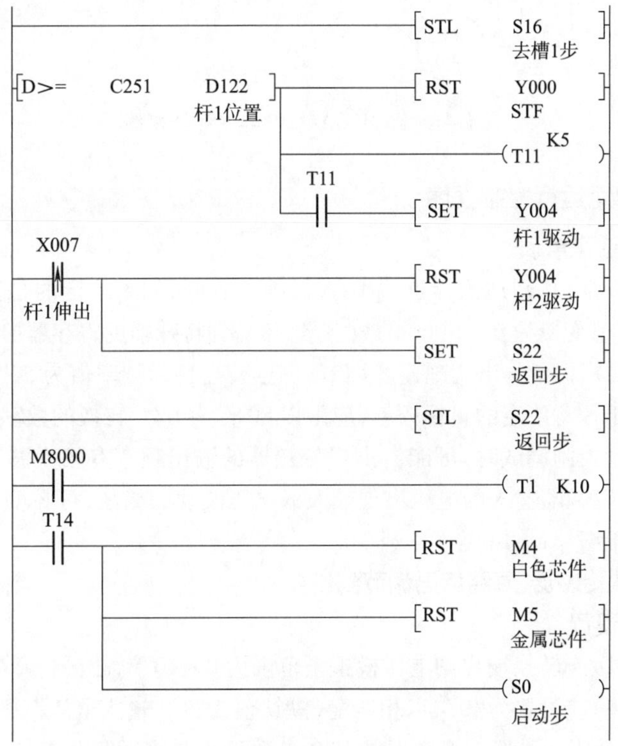

图 5-40　在料槽 1 推出工件的分支程序段

三、任务实施

(一)FX3U-3A-ADP 模拟量适配器安装与接线

①安装 FX3U-3A-ADP 模拟量适配器。

②拆掉系统已连接的多段速端子 RH、RM、RL。

③按照图 5-41 进行模拟量接线。

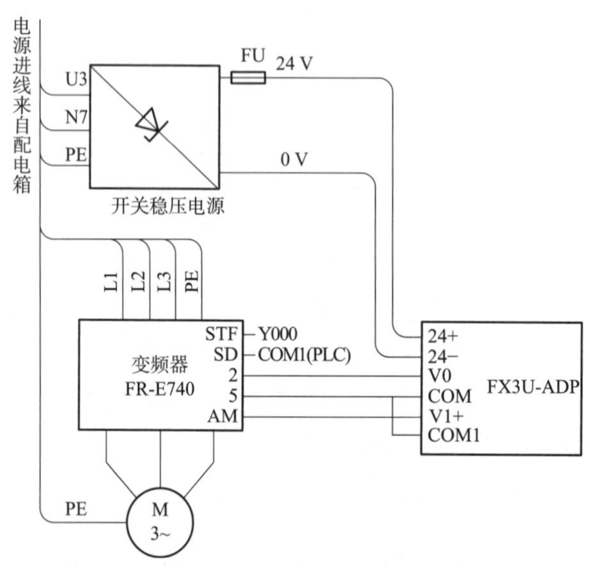

图 5-41　FX3U-3A-ADP 与变频器接线

(二)编制分拣单元运行控制程序

1. 程序编制时的注意事项

①使用 FX3U-3A-ADP 特殊适配器进行 D/A 转换编程时,如果给定的是变频器的目标频率值(0 ~ 50 Hz),须将此数值变换为 0 ~ 4 000 的数字量,传送到特殊辅助寄存器 D8262 中,通过 D/A 转换器转换成 0 ~ 10 V 的模拟量输出实现速度调节。显然,当目标频率值为 50 Hz 时,D/A 转换的数字量为 4 000,因此对于任意给定的目标频率,应乘以 80 作为 D/A 转换的数字量。

②对变频器模拟量控制调试时,可能会出现变频器的输出频率有较大波动的现象。这主要是空间电磁场的干扰,使变频器输入的电压出现较大的电压波动的缘故,可在变频器 2、5 端子之间并联一个约 25 V,0. 1 ~ 0. 47 μF 的电容。

2. 加电检查,确认传感器、气路均已调节到位

3. 变频器参数的设置

FX3U-3A-ADP 的 D/A 转换输出的电压模拟量范围为 0 ~ 10 V,故分拣单元变频器的相应参数 Pr. 73(模拟量输入选择)应设置为"0",以相匹配(默认值为"1",输入电压范围为 0 ~ 5 V)。Pr. 04、Pr. 05、Pr. 06 多段速参数无须设置。变频器的其余参数设置与本项目任务 4 相同。建议清空参数后重新设置。

(三)分拣单元程序调试与优化

①运行时,在进料口放下工件是人工实现的。请注意,工件位置应尽可能调整到作为传送带原点的进料口中心位置,再按下传送带启动按钮,否则各特定点坐标位置将因参考点的偏离而带来误差,致使出现推料不准确等现象。

②传感器灵敏度的调整是判别工件属性的关键,应仔细地反复调整,同时应考虑各种因素的影响。例如,新旧不同的白色芯件可能颜色有所变化,使用时久的黑色芯件会积聚灰尘而略带灰色等。

③推出工件的动作调试是一个综合问题:

a. 为简化编程、突出重点起见,设定变频器减速时间为0.2 s,但仍会出现工件停止位置在推料中心位置之后的偏移现象,因此,停止指令发出时的坐标值应较中心位置值有一提前量,其大小应反复测试,寻找高速挡(35 Hz)和低速挡(25 Hz)均可接受的量值。

b. 平稳地推出工件的关键是推料气缸伸出速度的调整。应反复调整推料气缸上的节流阀,确保推出动作无冲击、无卡滞现象。

任务6　分拣单元上位机组态控制

一、工作任务

在本项目任务5基础上,由人机界面提供主令信号并监控系统工作状态的分拣单元单站运行,设计上位机组态,对控制程序进行改造,具体要求如下:

①设备的工作要求,包括系统启动、传送带启动、具体的分拣要求等,均与本项目任务5工作任务相同;但工作模式切换、系统启动、停止、传送带启动操作、变频器输出频率的指定等主令信号及工作状态指示,则由人机界面实现。

②分拣单元运行界面效果图如图5-42所示。

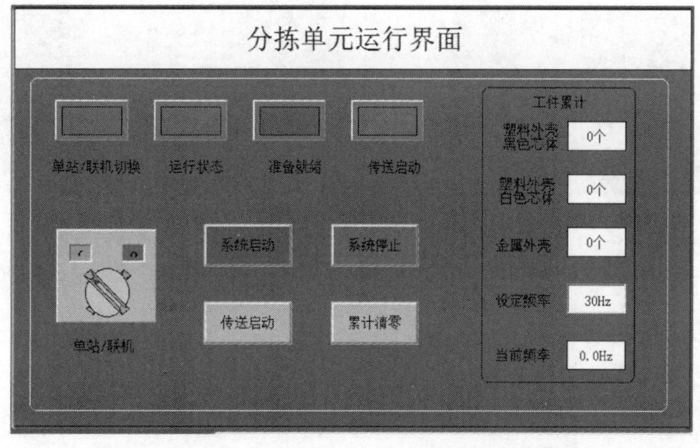

图5-42　分拣单元运行界面效果图

组态的具体要求如下：

a. 界面上的单站/联机切换开关、系统启动、系统停止和传送启动按钮取代了按钮/指示灯模块的 SA 转换开关、SB1 和 SB2 按钮。

- 单站/联机切换开关可在工作过程中任一时刻操作，但 PLC 接收到切换信号后，程序应使系统在停止状态下才能进行工作模式切换。
- 系统启动、系统停止和传送启动按钮同样可在工作过程中任一时刻操作，发出系统启动或停止或传送带启动的指令，PLC 程序的响应与本项目任务 5 相同。

b. 界面上设置了四盏指示灯。它们的点亮（浅绿色）/熄灭（墨绿色）状态，取决于人机界面从 PLC 读取的相应信号。

c. 要求在界面上显示运行期间各种芯件属性的工件被分拣进料槽的累计数。当运行停止时，若触摸界面上的“累计清零”按钮，PLC 程序将清零各累计数。

d. 变频器输出频率值可由界面上的输入框设定（输入范围为 0 ~ 35 Hz）。

e. 变频器当前输出频率值可在界面上显示（精确到 0.1 Hz）。

③由于系统工作的主令信号均由人机界面提供，系统工作状态也在人机界面上显示，按钮/指示灯模块可以不使用。

二、关联知识点

（一）TPC7062K 人机界面的硬件连接

TPC7062K（简称 TPC）的正视图和背视图如图 5-43 所示。人机界面的电源进线、各种通信接口均在其背面进行，其中 USB1 口用来连接鼠标和 U 盘等，USB2 口用作工程项目下载，九针串行接口通过 RS-232 连接电缆或 RS-485 连接电缆与 PLC 连接。如图 5-44 所示，左侧为触摸屏画面下载电缆，右侧为触摸屏与 PLC 连接电缆，也是 PLC 程序下载电缆。

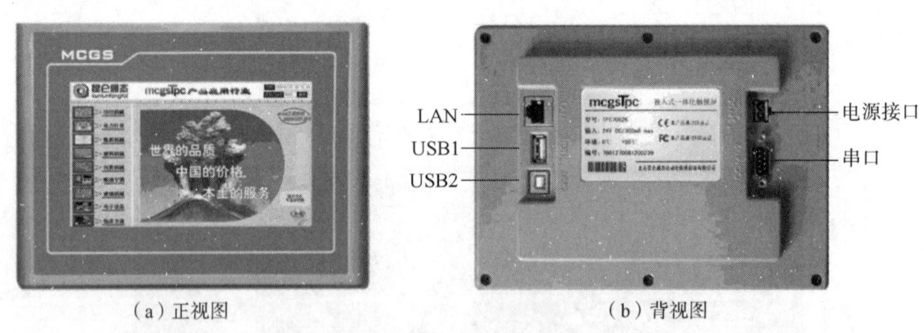

（a）正视图 （b）背视图

图 5-43 TPC7062K 的正视图和背视图

1. TPC 供电接线和启动

TPC 供电接线步骤如下：

①将直流电源的 24 V + 端插入 TPC 电源插头接线端 1 中，如图 5-45 所示。

②将 24 V - 端插入 TPC 电源插头接线端 2 中。

③使用一字头螺丝刀将电源插头锁紧，最后将电源插头插入 TPC 背面的电源接口中。

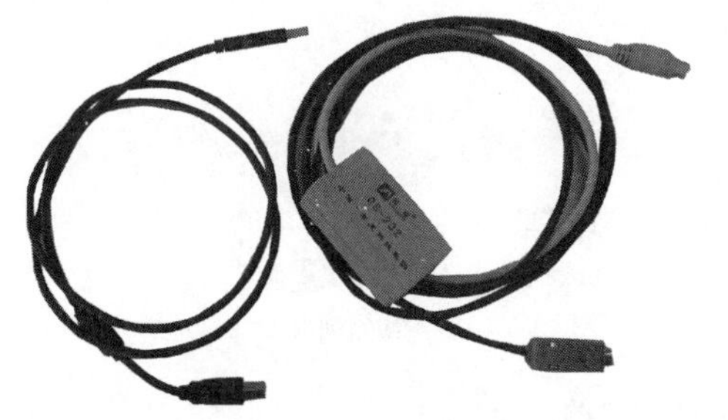

图 5-44　通信电缆

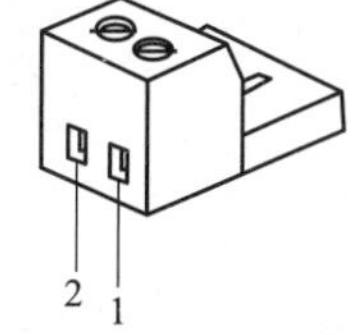

PIN	定义
1	+
2	−

图 5-45　电源插头示意图及引脚定义

使用 24 V 直流电源给 TPC 供电，开机启动后屏幕出现“正在启动”提示进度条，此时不需要任何操作，系统将自动进入工程运行界面，如图 5-46 所示。

图 5-46　工程运行界面

2. TPC 与 FX 系列 PLC 的连接

在 YL-335B 的出厂配置中，TPC 通过串行接口与输送单元的 FX 系列 PLC 的编程口连接，采用 RS-232 通信协议。（有关串行通信及通信协议，将在项目七中介绍。）

如果在工作单元 PLC 的左侧连接一块 FX3U-485-ADP 模块，则 TPC 也可采用 RS-485 通信协议，通过串行接口与 PLC 相连的 FX3U-485-ADP 模块连接。

需要指出的是，TPC 虽然只有一个九针串行接口，但使用不同引脚却有不同的通信方式。表 5-20 所示为 TPC7062K 串行接口的引脚定义。表中未定义引脚为空闲引脚，未使用。

表 5-20　TPC7062K 串行接口的引脚定义

接　口	PIN	引 脚 定 义	串行接口引脚图
COM1	2	RS-232 RXD	1 2 3 4 5 6 7 8 9
	3	RS-232 TXD	
	5	GND	
COM2	7	RS-485 +	
	8	RS-485 −	

本任务只讨论 TPC 与 FX 系列 PLC 编程口连接的情况。TPC 通过串行接口与 PLC 相连的 FX3U-485-ADP 模块连接，将在项目七中介绍。

当 TPC 与 FX 系列 PLC 编程口连接时，应使用 COM1 接口，其通信线带有 RS-232/RS-422 转换器，如图 5-47 所示。

为了实现正常通信，除了正确进行硬件连接，尚须对触摸屏的串行接口属性进行设置，这将在设备组态中实现，设置方法将在后面的组态实例中详细说明。

（二）MCGS 嵌入版生成的用户应用系统

组态 TPC 人机界面，需要在个人计算机上运行 MCGS 嵌入版组态软件，即双击计算机桌面上的组态环境快捷方式图标，打开嵌入版组态软件。

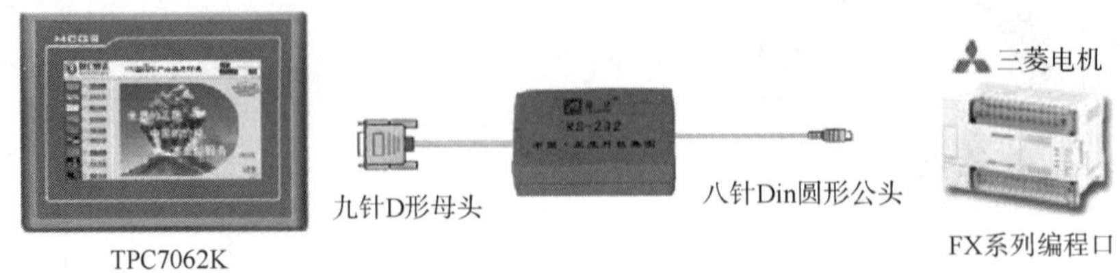

图 5-47　TPC 与 FX 系列 PLC 编程口的连接

接着单击文件菜单中“新建工程”选项，在弹出的“新建工程设置”对话框中，选择 TPC 类型为 TPC7062K，单击“确认”按钮后，将在组态界面上弹出图 5-48 所示的工作台。这时组态软件新建了一个工程，用“工作台”窗口来管理构成用户应用系统的各个部分。

图 5-48　MCGS 组态界面上的工作台

工作台上有五个标签：主控窗口、设备窗口、用户窗口、实时数据库和运行策略。它们对应于五个不同的窗口页面，每一个页面负责管理用户应用系统的一个部分。用鼠标单击不同的标签可选取不同的窗口页面，对应用系统的相应功能模块进行组态操作。图 5-49 给出了这五大功能模块的组成。

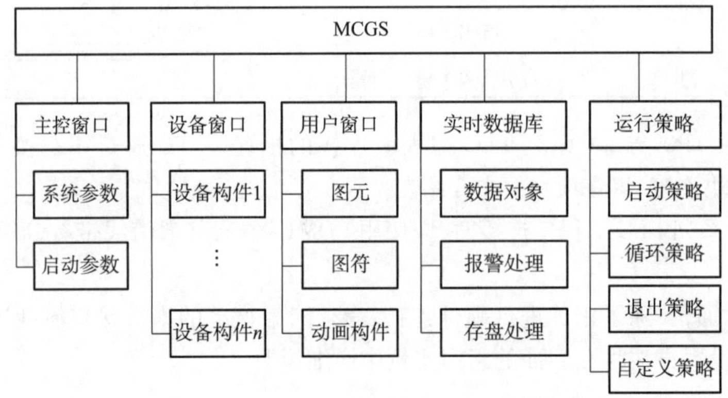

图 5-49　MCGS 嵌入版组态软件的组成图

在 MCGS 嵌入版中,每个应用系统只能有一个主控窗口和一个设备窗口,但可以有多个用户窗口和多个运行策略,实时数据库中也可以有多个数据对象。MCGS 嵌入版用主控窗口、设备窗口和用户窗口来构成一个应用系统的人机交互图形界面,组态配置各种不同类型和功能的对象或构件,同时可以对实时数据进行可视化处理。

①主控窗口确定了工业控制中工程作业的总体轮廓,以及运行流程、特性参数和启动特性等内容,是应用系统的主框架。

②设备窗口是 MCGS 嵌入版系统的重要组成部分,它通过所配置的设备构件,建立人机界面与外围设备(PLC)之间的数据传输,把外围设备的数据采集进来,送入实时数据库,或把实时数据库中的数据输出到外围设备,从而实现对 PLC 的操作和控制。

③用户窗口是屏幕中的一块空间,是一个“容器”,直接提供给用户使用。在窗口内,用户可以放置不同的构件,创建图形对象并调整画面的布局,组态配置不同的参数以完成不同的功能。

用户窗口中可以放置三种不同类型的图形对象:图元、图符和动画构件。通过在用户窗口内放置不同的图形对象,用户可以构造各种复杂的图形界面,用不同的方式实现数据和流程的“可视化”。

④实时数据库是一个数据处理中心,同时也起到公共数据交换区的作用。从外围设备采集来的实时数据送入实时数据库,系统其他部分操作的数据也来自于实时数据库。

⑤运行策略本身是系统提供的一个框架,其里面放置由策略条件构件和策略构件组成的“策略行”,通过对运行策略的定义,使系统能够按照设定的顺序和条件操作任务,实现对外围设备工作过程的精确控制。

(三)组态实例

下面以一个相对简单的人机界面监控要求作为实例,重点是使学生掌握 TPC 与 PLC 建立通信、指定和配置设备通道,以实现组态工程的实时数据库的数据对象与 PLC 的内部变量正确连接的方法和步骤,这是人机界面组态技术中一个基本的要求。

该实例要求组态的图形界面十分简单:界面上放置两个自复位按钮。触摸按钮 1,PLC 接收到信号后,使输出 Y000 ON 并保持;触摸按钮 2,使输出 Y000 OFF;Y000 的输出信息应送回人机界面,使界面上的指示灯点亮或熄灭。

1. 建立“TPC 通信控制”工程

运行 MCGS 嵌入版组态软件,新建工程后,选择文件菜单中的“工程另存为”选项,弹出“文件保存”窗口,在文件名一栏内输入“TPC 通信控制”,单击“保存”按钮,完成工程的创建。

2. 图形界面的组态步骤

(1)新建用户窗口

在工作台中激活用户窗口,单击“新建窗口”按钮,建立新画面“窗口 0”,如图 5-50(a)所示。接下来单击“窗口属性”按钮,弹出“用户窗口属性设置”对话框,在“基本属性”选项卡,将“窗口名称”修改为“控制画面”,单击“确认”按钮进行保存,如图 5-50(b)所示。

(2)组态按钮构件

在用户窗口中双击“控制画面”图标,进入“动画组态控制画面”;单击按钮打开“工具箱”。从工具箱中单击选中“标准按钮”构件,在窗口编辑位置按住鼠标左键,拖放出一定大小后,松开鼠标左键,这样一个按钮构件就绘制在了窗口画面中,如图 5-51 所示。(如果希望精确地确定构件的位置和大小,可调整组态界面下方状态栏右侧的两组数字框中的数值,这两组数值分别显示构件的位置坐标和构件大小。)

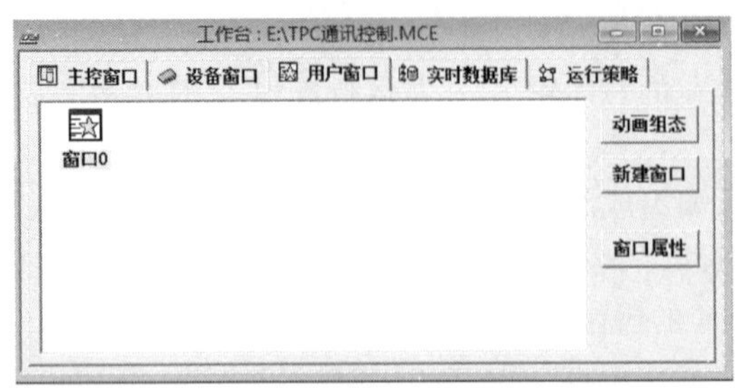

(a)新建“窗口0”

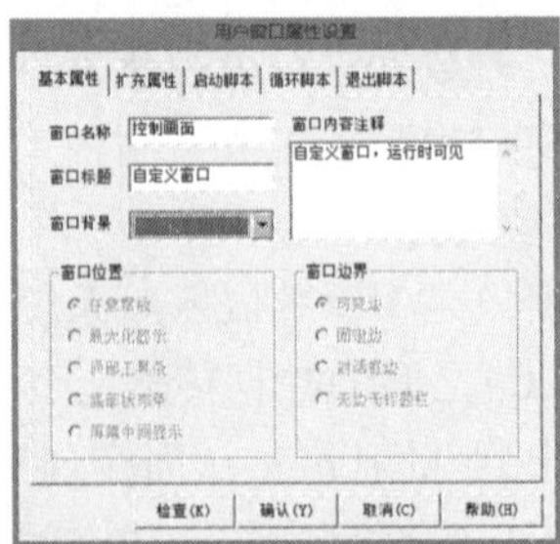

(b)更改窗口名称

图5-50　新建用户窗口“控制画面”

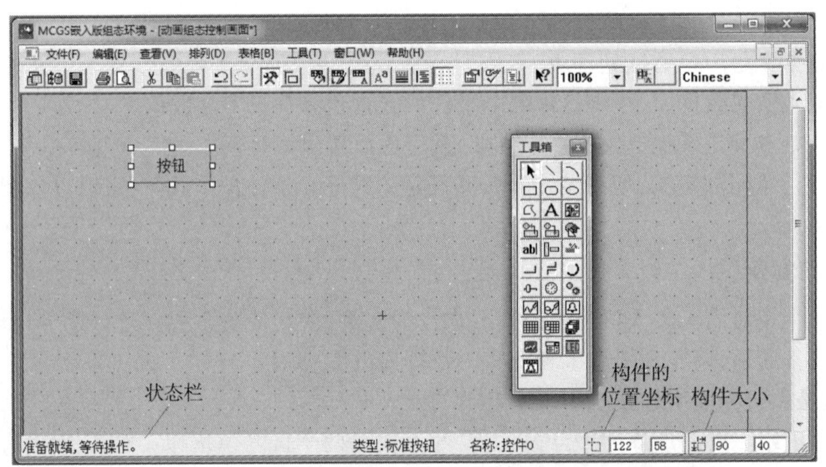

图5-51　在窗口上放置一个按钮

接着,双击该按钮打开“标准按钮构件属性设置”对话框,在“基本属性”选项卡中将“文本”修改为“启动”。在“操作属性”选项卡中选中“数据对象值操作”复选框,数据对象指定为“输出1”,操作功能指定为“按1松0”,如图5-52所示。

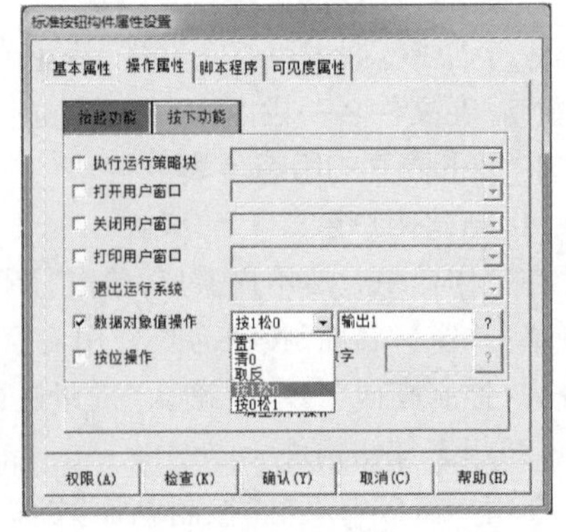

图5-52　按钮操作属性设置

由于数据对象“输出1”尚未在实时数据库中定义,上述设置后单击“确认”按钮,会出现图5-53(a)中的组态错误的报警框。单击“是”按钮以后,组态软件会弹出“输出1”的“数据对象属性设置”对话框,如图5-53(b)所示。“对象类型”选为“开关”型,单击“确认”按钮,“输出1”将添加到实时数据库中,从而完成启动按钮的组态。

（a）数据对象未知的组态错误

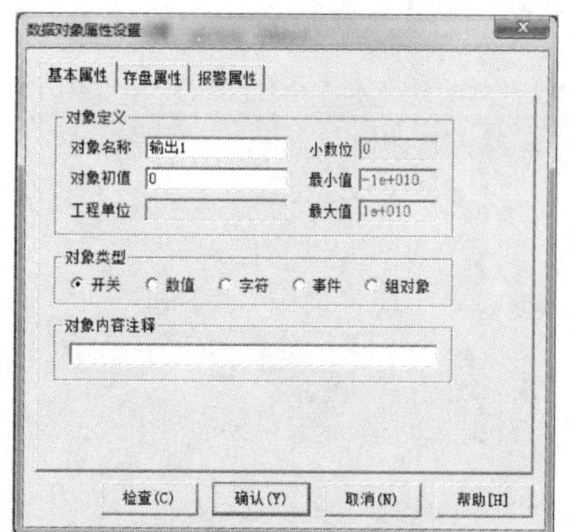

（b）数据对象“输出1”属性设置

图 5-53　在实时数据库中定义数据对象“输出 1”

用同样的方法组态按钮 2，其“文本”属性修改为“停止”，操作属性的数据对象定义为“输出 2”。绘制后的界面如图 5-54 所示。

为了使两个按钮排列整齐，可按住键盘的【Ctrl】键，先后单击选中这两个按钮，然后使用工具栏中左（右）对齐对两个按钮进行排列对齐，如图 5-55 所示。

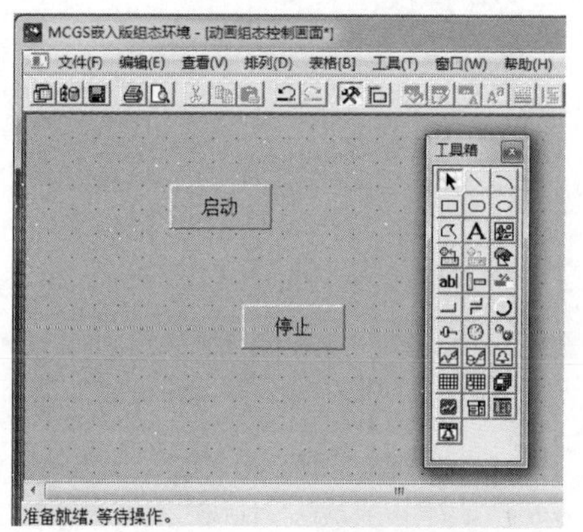

图 5-54　放置两个按钮

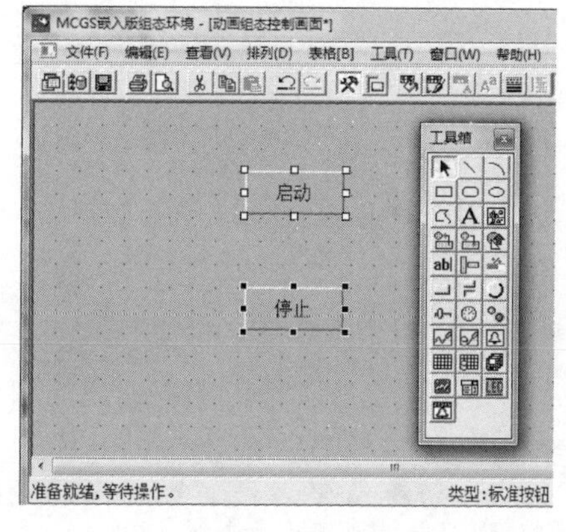

图 5-55　两个按钮排列对齐

（3）组态指示灯元件

①单击工具箱中的“插入元件”按钮，打开“对象元件库管理”对话框，选中图形对象库指示灯中的指示灯 6，单击“确认”按钮，将其添加到窗口画面中，并调整到合适大小，摆放在按钮列旁边，如图 5-56 所示。

②双击指示灯构件，将弹出“单元属性设置”对话框，单击“连接类型”栏下面的“填充颜色”，右侧将出现图 5-57 中的 ? 和 > 按钮。

③接着即可设置指示灯构件的属性，设置步骤见表 5-21。

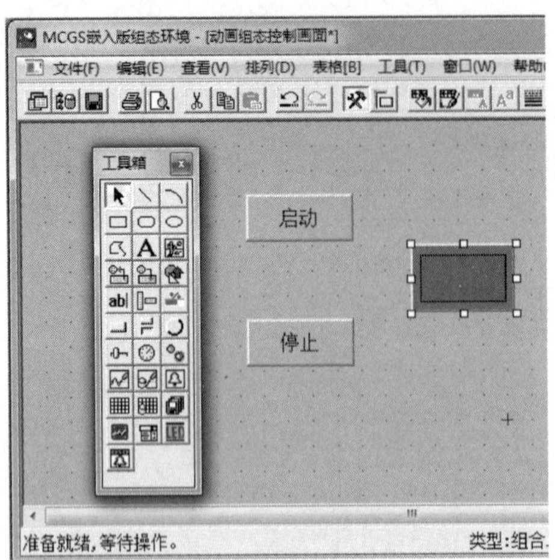

图5-56　添加指示灯到窗口画面

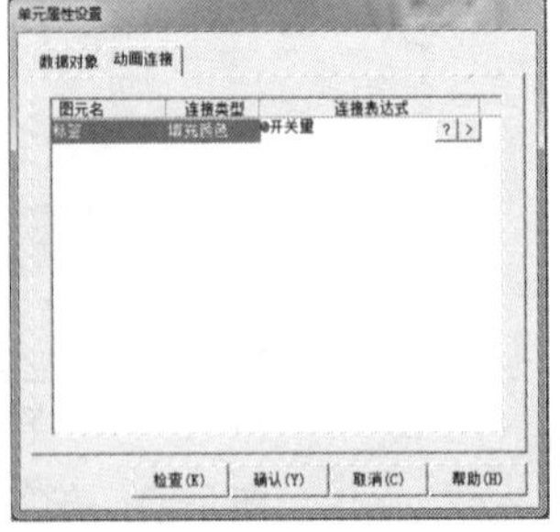

图5-57　指示灯的"单元属性设置"对话框

表5-21　设置指示灯构件属性的步骤

步骤1　单击?按钮，定义一个数据对象"Y0状态"	步骤2　单击>按钮，出现"标签动画组态属性设置"对话框
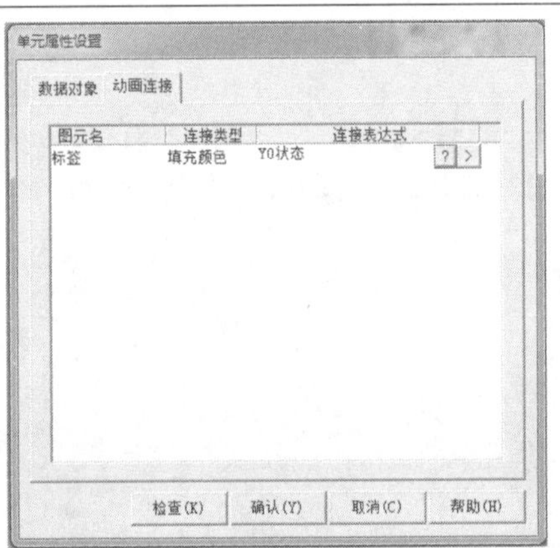	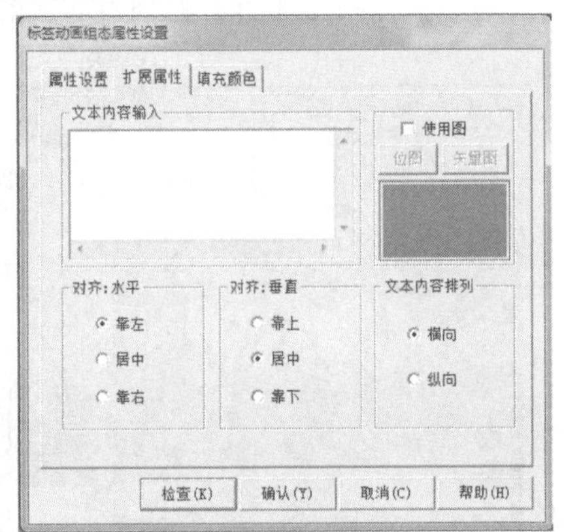
步骤3　在"属性设置"选项卡中修改"静态属性"框内的"填充颜色"属性，选择"其他颜色"命令	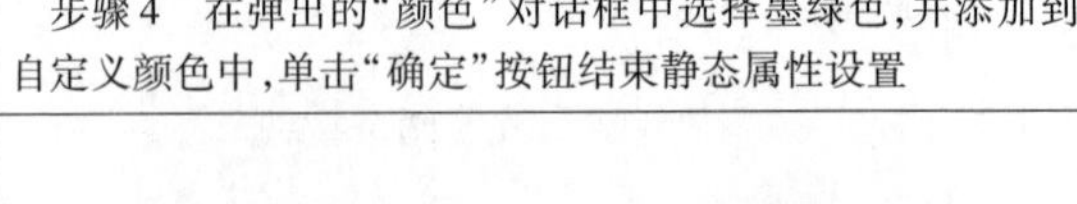 步骤4　在弹出的"颜色"对话框中选择墨绿色，并添加到自定义颜色中，单击"确定"按钮结束静态属性设置
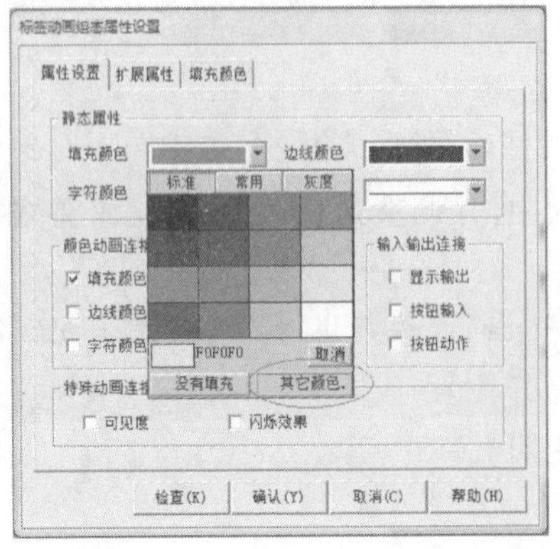	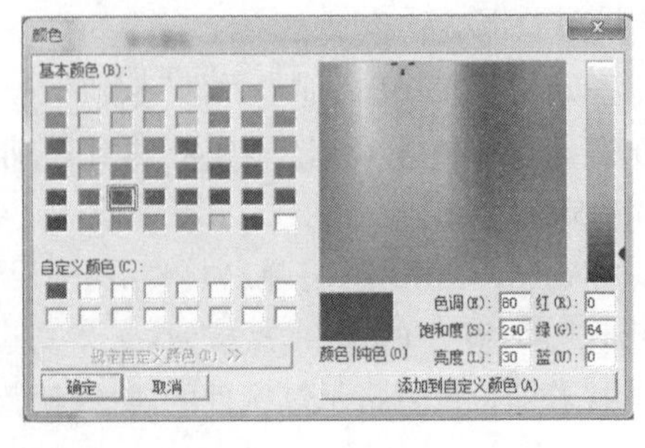

步骤5　“填充颜色”选项卡中，分段点0对应墨绿色；分段点1对应浅绿色，最后单击“确认”按钮	步骤6　设置数据对象“Y0状态”的对象类型为“开关”型，单击“确认”按钮后，“Y0状态”将添加到实时数据库中
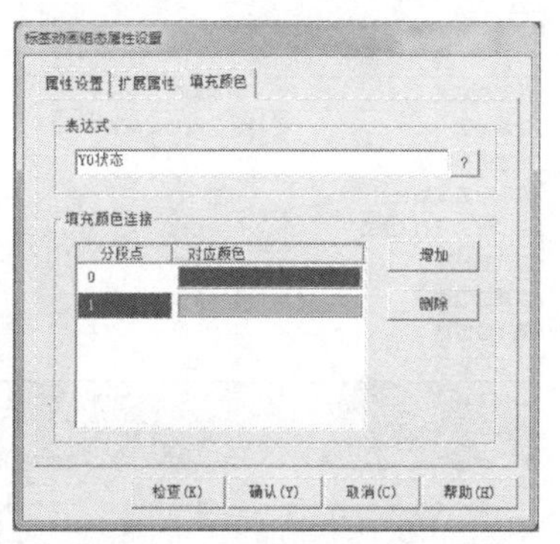	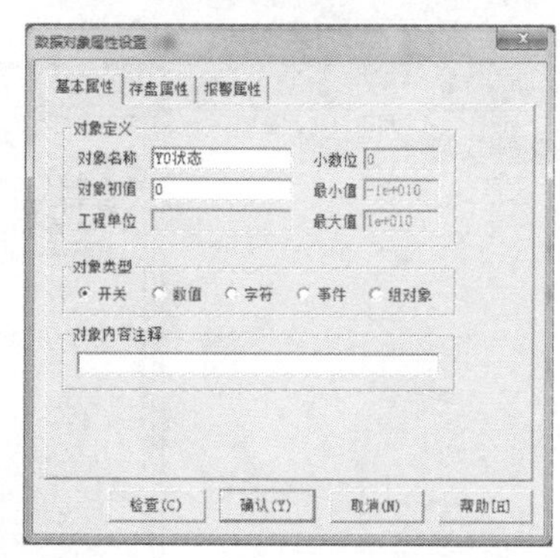

3. 设备组态的步骤

（1）在设备窗口内配置设备构件

在工作台中激活设备窗口：单击“设备窗口”标签使工作台进入设备组态画面，再单击“设备组态”标签，将出现设备工具箱和设备窗口画面，如图5-58所示。

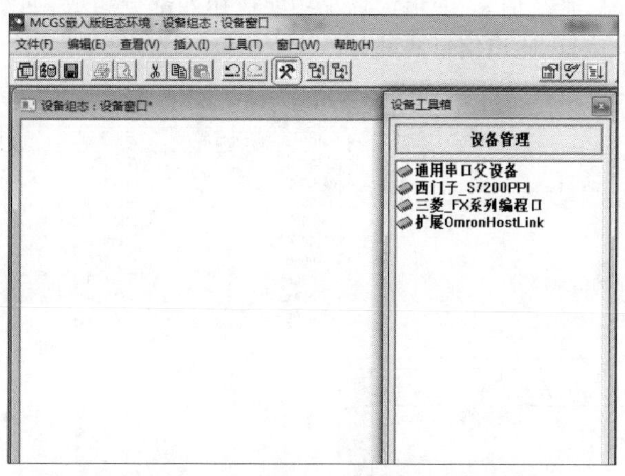

图5-58　设备工具箱和设备窗口画面

接着在设备工具箱中，首先双击“通用串口父设备”，将其添加至组态画面左上角，再双击“三菱_FX系列编程口”，这时组态环境会弹出提示框，提示是否使用默认通信参数来设置父设备，单击“是”按钮，所出现的界面如图5-59所示。

（2）设置通用串口父设备的属性

双击“通用串口父设备0—[通用串口父设备]”，弹出通用串口设备属性编辑窗口。此属性设置的目的是使通用串口父设备与子设备“三菱_FX系列编程口”通信参数相匹配：串口端口号设置为0，即选用COM1口（RS-232通信协议）；波特率为9 600，7位数据位，1位停止位，数据校验方式为偶校验，如图5-60所示。

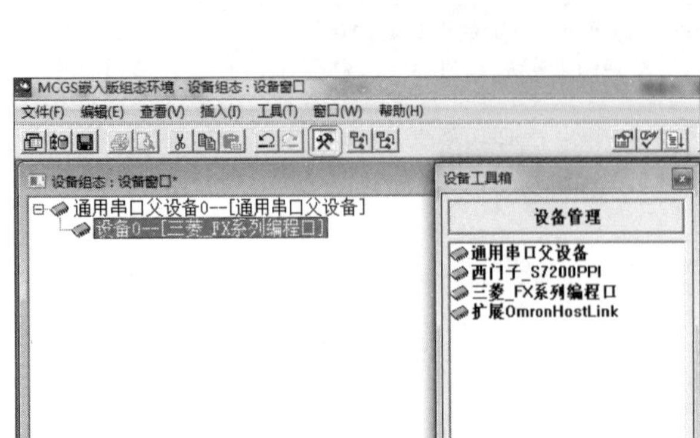

图 5-59　FX 系列 PLC 的父设备属性窗口

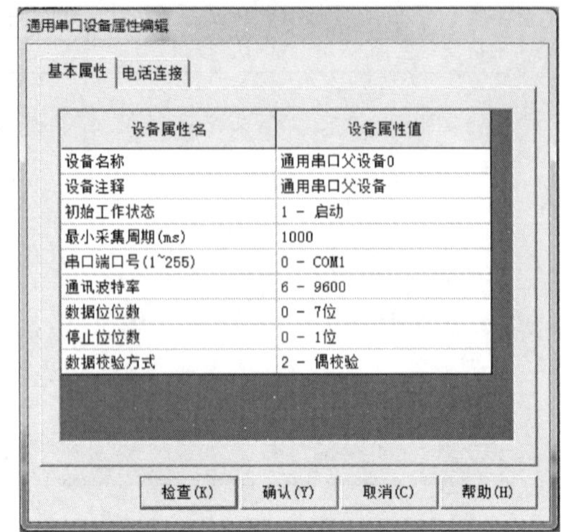

图 5-60　FX 系列 PLC 的父设备属性编辑窗口

(3)设置三菱_FX 系列编程口的设备属性

双击“设备 0—[三菱_FX 系列编程口]”,弹出三菱_FX 系列编程口设备编辑窗口。设备编辑窗口由设备的驱动信息、基本信息、通道信息及功能按钮四部分组成,如图 5-61 所示。实际组态时,一般只需要设置基本信息、通道信息两部分。

图 5-61　三菱_FX 系列编程口的设备编辑窗口

①对设备的基本信息编辑,仅需要将 CPU 类型选为“4-FX3UCPU”,其余取默认值即可。

②通道信息部分是设备属性编辑窗口最重要的部分。MCGS 嵌入版设备中一般都包含有多个

用来读取或者输出数据的物理通道，这些物理通道称为设备通道。例如，设备构件“三菱_FX 系列编程口”包含有 X 输入寄存器、Y 输出寄存器、M 辅助寄存器、D 数据寄存器等等设备通道。

设备通道只是数据交换用的通路，而数据输入到哪儿和从哪儿读取数据以供输出，即进行数据交换的对象，则必须由用户指定和配置。实时数据库是 MCGS 嵌入版的核心，各部分之间的数据交换均须通过实时数据库。因此，所有的设备通道都必须与实时数据库连接。所谓通道连接，即由用户指定设备通道与数据对象之间的对应关系。如不进行通道连接组态，则 MCGS 嵌入版无法对设备进行操作。

新建工程时，设备编辑窗口会自动列出 X0000 ~ X0007 等输入通道，如果不需要配置这些输入通道，可单击功能按钮区的“删除全部通道”按钮将其全部删除，然后再添加所需要的设备通道。表 5-22 首先以“输出 1”数据对象为例，给出对连接变量进行编辑的步骤。最后，给出全部连接变量编辑完成后的通道信息区。

表 5-22　在设备编辑窗口连接变量的编辑步骤

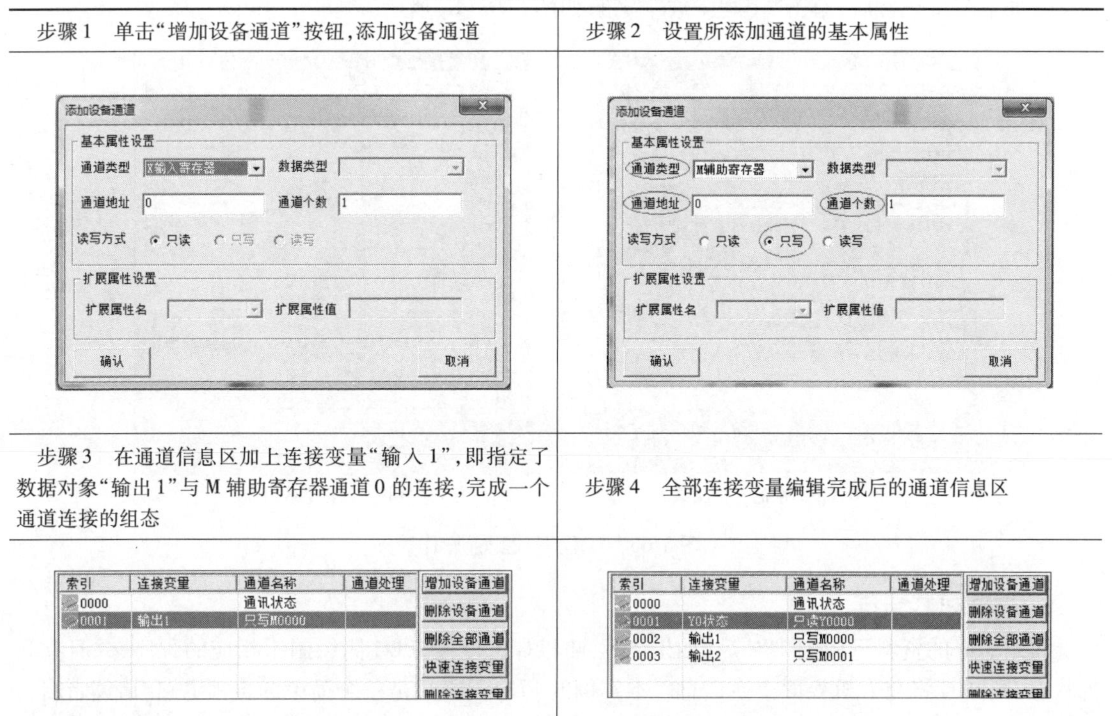

步骤 1　单击“增加设备通道”按钮，添加设备通道	步骤 2　设置所添加通道的基本属性
步骤 3　在通道信息区加上连接变量“输入 1”，即指定了数据对象“输出 1”与 M 辅助寄存器通道 0 的连接，完成一个通道连接的组态	步骤 4　全部连接变量编辑完成后的通道信息区

上述所有编辑完成后，关闭设备窗口，返回工作台，从而完成配置设备组态的工作。

至此，图形画面组态和设备组态均已完成。在本组态实例情况下（只需要组态一个用户窗口），可将组态好的工程文件下载到 TPC 中。

4. 工程文件的下载

（1）下载前连接 TPC7062K 和 PC

将普通的 USB 线，一端为扁平接口，插到 PC 的 USB 口；另一端为微型接口，插到 TPC 端的 USB2 口，如图 5-62 所示。

图 5-62　PC 与 TPC 的连接

(2)下载步骤

①单击工具条中的“下载”按钮▣,进行下载配置,选择“连机运行”,连接方式选择“USB 通信”。

②单击“通信测试”按钮进行通信测试,如图 5-63(a)所示。

③通信测试正常后,单击“工程下载”按钮,如图 5-63(b)所示。

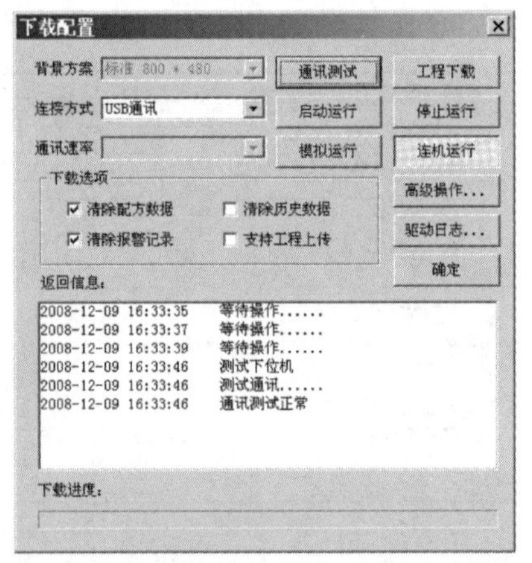

(a) 工程下载前的通信测试

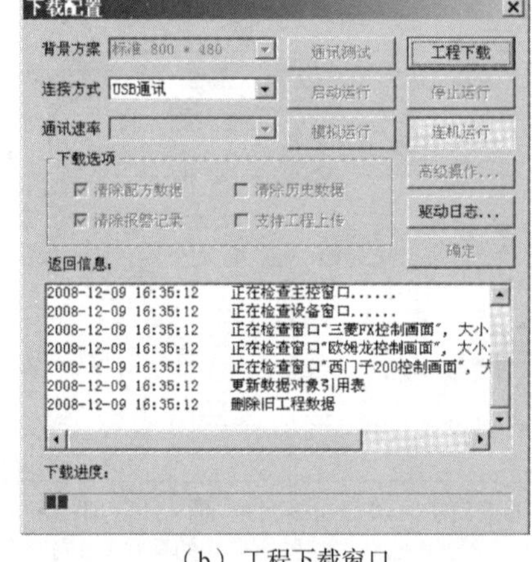

(b) 工程下载窗口

图 5-63　工程下载配置操作

5. 连接 PLC 运行

将组态好的资料下载到 TPC 后,如果 TPC 与 PLC 已连接,PLC 侧编制了相应的程序,并且在运行状态,则 PLC 将与人机界面交换信息。本实例的 PLC 程序只是一个简单的自锁电路,请读者自行编制,此处从略。

三、任务实施

(一)分拣单元上位机监控组态

1. 建立实时数据库的数据对象

实际应用中,当人机界面的组态要求已经给出,常见的组态步骤是首先在实时数据库中定义所需要的数据对象,组态完成整个应用系统。在最后的调试阶段,再把所需的硬件设备接上,进行设备窗口的组态,建立设备通道和对应数据对象的连接。这种组态方法的优点是,在组态应用系统时，可无须顾及应连接的硬件设备（PLC），待组态完成进行模拟测试后再加以考虑。此外，首先建立实时数据库的数据对象，可以避免在组态工程画面时，由于数据对象未建立而屡屡出现组态错误的提示现象。因此，本任务的人机界面组态将按这种方法实施。

根据图 5-42 所示的画面及具体的组态要求，容易建立画面元件与实时数据库的数据对象的连接关系，见表 5-23。

表 5-23　画面元件与实时数据库的数据对象的连接关系

画面元件		对象名称	类　型	注　释
单站/联机切换开关		模式切换	开关型	切换系统工作模式
系统启动按钮		启动命令	开关型	发出系统启动命令
系统停止按钮		停止命令	开关型	发出系统停止命令
传送启动按钮		传送启动	开关型	发出启动传送带命令
累计清零按钮		累计清零	开关型	清除 PLC 程序中所统计的累计数据
指示灯	单站/联机	单站_联机	开关型	当前系统工作模式，单站模式时灯灭
	准备就绪	准备就绪	开关型	显示系统运行前是否就绪
	运行状态	运行状态	开关型	显示当前系统是否运行
	传送启动	变频启动	开关型	显示传送带启动状态
频率设定输入框		设定频率	数值型	设定变频器输出频率值
标签	实时频率显示	当前频率	数值型	变频器当前输出频率的 A/D 转换值
	白色芯工件累计	白累计数	数值型	显示已推入料槽的白色芯工件累计数
	黑色芯工件累计	黑累计数	数值型	显示已推入料槽的黑色芯工件累计数
	金属芯工件累计	金累计数	数值型	显示已推入料槽的金属芯工件累计数

下面以数据对象“运行状态”为例，介绍在实时数据库中定义数据对象的步骤：

①新建工程后，单击工作台中的“实时数据库”窗口标签，进入“实时数据库”窗口页。

②单击“新增对象”按钮，在窗口的数据对象列表中，增加新的数据对象。系统默认定义的名称为 Data1、Data2、Data3 等（多次单击该按钮，则可增加多个数据对象）。

③选中对象，单击“对象属性”按钮，或双击选中对象，则打开“数据对象属性设置”对话框。

④将对象名称改为：运行状态；对象类型选择：开关型；单击“确认”按钮。

按照此步骤，根据上面列表，设置其他数据对象。

2. 工程画面的组态

单击工作台中的“用户窗口”标签，新建一个窗口，名称改为“监控界面”，窗口背景色改为浅蓝色。选中“监控界面”窗口图标，单击“动画组态”按钮，进入动画组态窗口，开始编辑画面。鉴于前文的组态实例中已经介绍了组态按钮和指示灯的基本步骤，此处不再重复，仅介绍标签、切换开关、输入框等构件的组态步骤。

（1）标签的组态

图 5-42 所示的分拣单元运行界面，要求组态多个标签构件。例如，界面的标题、各元件的注释文字，以及显示工件累计数、变频器当前输出频率的构件等都是标签构件，只是有些标签是用作文

本显示(显示标题、注释信息等),另一些则用作数据显示。实际上,标签是用处最多的构件之一。

①组态仅用作文本显示的标签比较简单,下面以标题文字的制作为例进行说明。

a. 单击工具条中的“工具箱”按钮,打开绘图工具箱。

b. 选择“工具箱”内的“标签”按钮,鼠标的光标呈十字形,在窗口上拖动鼠标,拖出一个一定大小的矩形。

c. 在光标闪烁位置输入文字“分拣单元运行界面”,按回车键或在窗口任意位置单击一下,文字输入完毕。

d. 选中文字框,在组态环境界面下方的状态栏中,将构件坐标改为(0,0),大小尺寸改为(800,55),这样就绘制出一个坐标位置在窗口左上角顶端,宽度为800,高度为55的标签构件。

e. 进一步设置标签的背景色、文字颜色、字体和大小,以及边线等属性。

- 单击工具条中的“填充色”按钮,设置文字框的背景颜色为“白色”。
- 单击工具条中的“线色”按钮,设置文字框的边线颜色为“没有边线”。
- 单击工具条中的“字符字体”按钮,设置文字字体为“楷体”;字形为“粗体”;大小为“二号”。
- 单击工具条中的“字符颜色”按钮,设置文字颜色为“深蓝色”。

上述设置完成后即可得到满足图5-42所示的标题文字标签。

图5-42界面上的注释文字也是仅用作文本显示的标签,它们的组态步骤、所需设置的属性项目,与标题文字标签组态相同,只是具体属性不同,读者可根据它们的属性要求自行组态。

②组态用作数据显示的标签,主要是设置其“显示输出”属性。下面以显示变频器当前输出频率的标签组态为例,说明组态这类标签的步骤。

a. 在组态编辑界面插入标签,拖出一个一定大小的矩形后,不需要输入文本文字。在调整其位置和大小后,双击该标签构件,弹出“标签动画组态属性设置”对话框。

b. 首先在属性设置页中进行静态属性设置:填充颜色为“白色”;文字颜色为“黑色”、文字字体为“宋体”、常规字形、大小为“小四”;边线颜色为“黑色”,细线线型。

完成上述设置后,在输入输出连接选择框中选中“显示输出”复选框,则标签属性设置框将增加“显示输出”按钮,如图5-64(a)所示。

c. 单击“显示输出”按钮,属性设置页将转到显示输出页,页面中的表达式值就是需要显示的数据。此处应输入“当前频率/80”,单位为Hz。这是因为该标签要求显示的是变频器当前输出频率值,而从PLC传输到人机界面的却是A/D转换得到的数字量,因此需要将此数字量除以80(对FX3U-3A-ADP特殊适配器)。再根据工作任务中实时频率的显示须精确到0.1 Hz的要求,设置显示输出格式为浮点输出,四舍五入后保留1位小数位数。组态结果如图5-64(b)所示。组态完成后,单击“确认”按钮,结束该标签的组态。

(2)制作切换旋钮

单击绘图工具箱中的“插入文件”按钮,弹出“对象元件库管理”对话框,选择“开关6”(两挡位旋钮开关),单击“确定”按钮,界面上将插入该旋钮开关,如图5-65(a)所示,把其拖动到适当位置并调整好大小后双击,弹出图5-65(b)所示的对话框。在“数据对象”选项卡的“按钮输入”和“可见度”连接数据对象“模式切换”。

(3)制作数值输入框

①单击工具箱中的“输入框”按钮,拖动鼠标,绘制一个输入框。

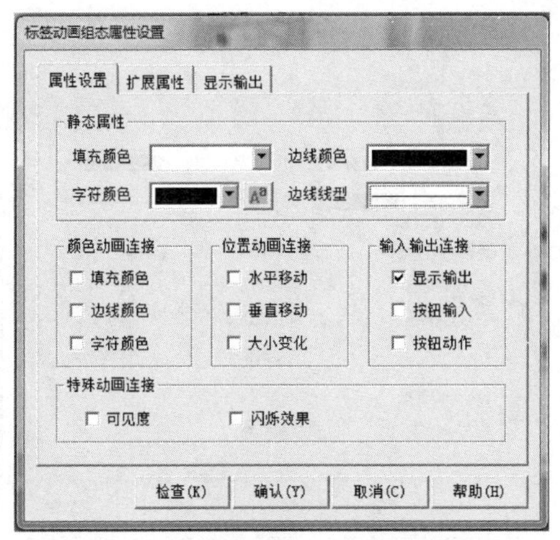

（a）“标签动画组态属性设置”对话框

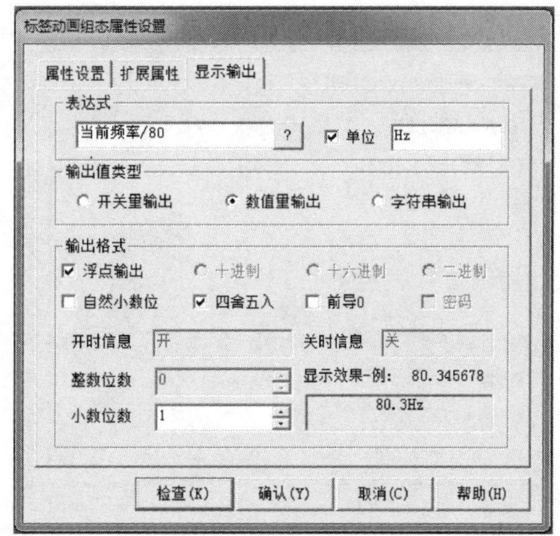

（b）显示输出的组态

图 5-64　用作数据显示的标签的组态

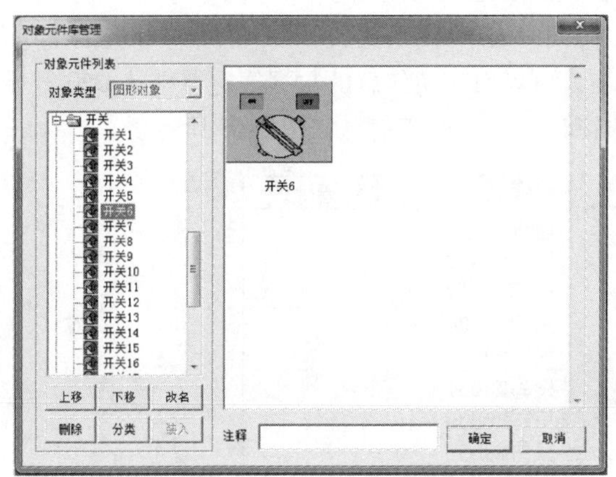

（a）在对象元件库中选择切换开关

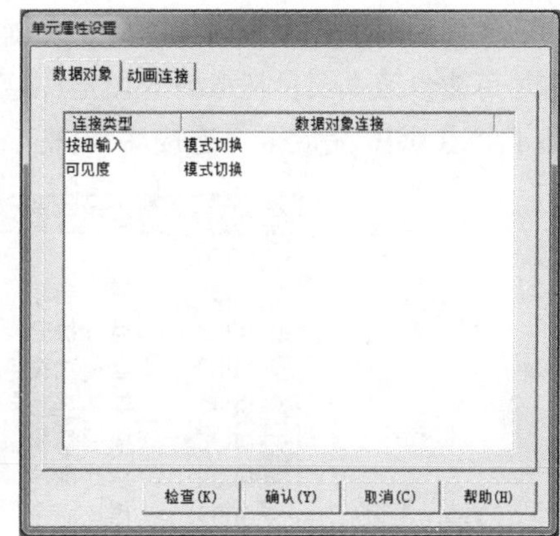

(b) 切换开关的属性组态

图 5-65　切换开关元件及其属性组态

②双击[输入框]图标，弹出属性设置对话框。只需要设置操作属性，设置结果如图 5-66 所示。

(4) 制作圆角矩形框

单击工具箱中的▭按钮，在窗口的左上方拖出一个大小合适的圆角矩形，双击该圆角矩形，出现图 5-67 所示的对话框。属性设置为：填充颜色设置为“没有填充”；边线颜色为“褐色”；其他默认。

3. 设备组态

①通用串口父设备的属性设置与关联知识点中的组态实例相同。这里强调指出，通用串口父设备的通信参数必须与子设备“三菱_FX 系列编程口”相匹配：串口端口号设置为 0，即选用 COM1 口（RS-232 通信协议）；波特率为 9 600，7 位数据位，1 位停止位，数据校验方式为偶校验。有些初学者往往忽略设置通用串口父设备属性，以致运行时人机界面与 PLC 之间无法通信。

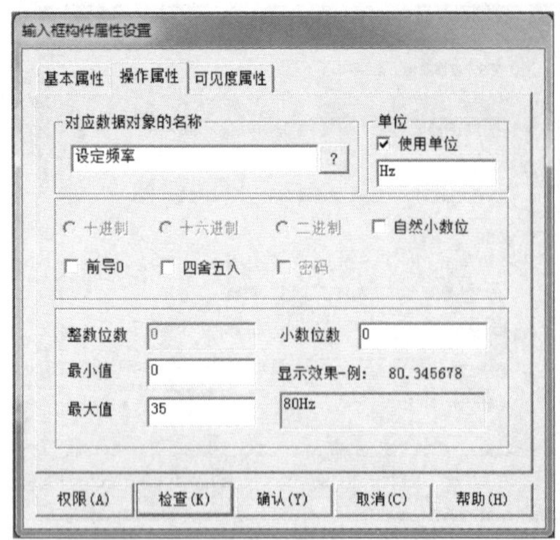

图 5-66　数值输入框的操作属性设置

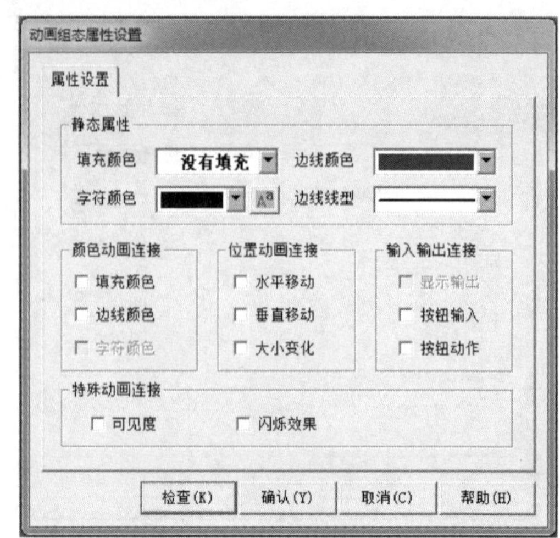

图 5-67　圆角矩形框的属性设置

②进行通道连接组态前，建议预先规划好相关的通道编号，以便与下一步的 PLC 编程相对应。考虑到本任务的要求是在本项目任务 5 基础上修改而成，为便于比较，PLC 程序中 M 辅助继电器的选取将尽可能参照本项目任务 5 的设定，需要与人机界面交换信息的数据寄存器则从 D60 开始。

基于上述考虑，完成全部连接后，设备编辑窗口的设备通道信息如图 5-68 所示。

索引	连接变量	通道名称	通道处理
0000		通讯状态	
0001	变频启动	只读Y0000	
0002	运行状态	只读M0010	
0003	准备就绪	只读M0020	
0004	单站_全线	只读M0030	
0005	模式切换	只写M0031	
0006	启动命令	只写M0035	
0007	停止命令	只写M0036	
0008	传送启动	只写M0037	
0009	累计清零	只写M0038	
0010	设定频率	只写DWUB0060	
0011	当前频率	只读DWUB0062	
0012	白累计数	只读DWUB0064	
0013	黑累计数	只读DWUB0065	
0014	金累计数	只读DWUB0066	

图 5-68　设备编辑窗口的设备通道信息

(二)分拣单元控制程序改造

①在本项目任务 5 程序中，主令信号来自按钮模块，需要修改为来自人机界面的主令信号。

②在本项目任务 5 程序中，频率通过 QS 的状态切换选择频率。本任务运行频率通过组态界面设定，因此，本项目任务 5 程序中通过 QS 赋值频率程序需要删除。步进程序初始步的梯形图如图 5-69 所示。

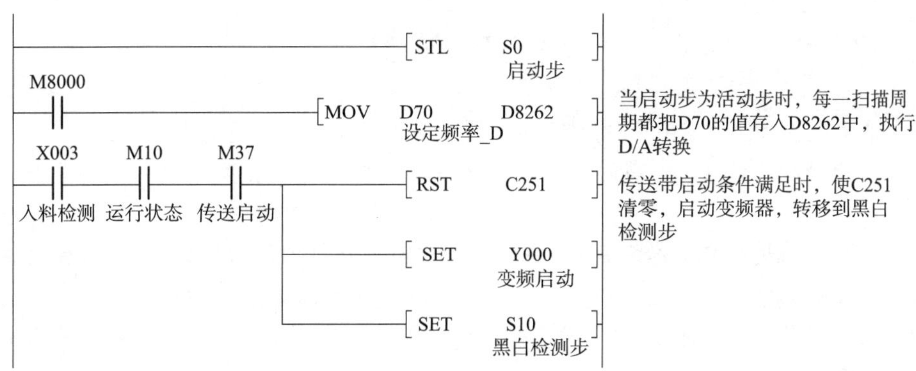

图 5-69　步进程序初始步的梯形图

③统计运行期间不同芯件属性的工件被分拣进料槽的累计数量。运行停止时，允许清零各累计数，是本任务新增的要求。

实现统计要求的编程方法：在步进顺序控制程序的工件推出工步中，当推杆伸出到位时，执行一条累计数加 1 的语句。图 5-70 为白色芯工件在料槽 1 被推出时累计数加 1 的程序示意图，黑色芯工件和金属芯工件的编程方法与此相同。

各累计数清零的程序可在步进顺序控制程序外编写一条如图 5-71 所示的语句即可。

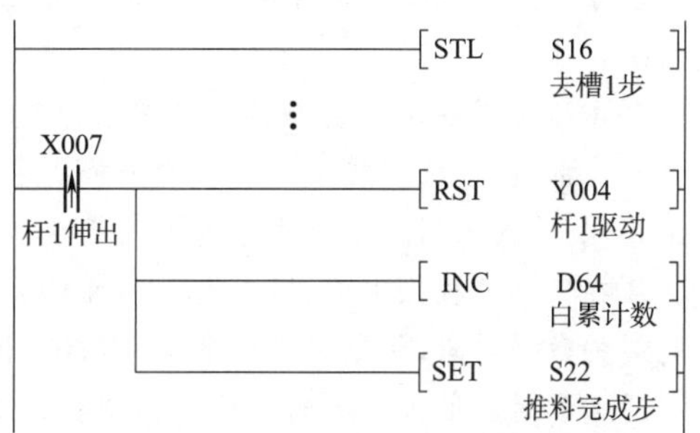

图 5-70　白色芯工件在料槽 1 被推出时累计数加 1 的程序示意图

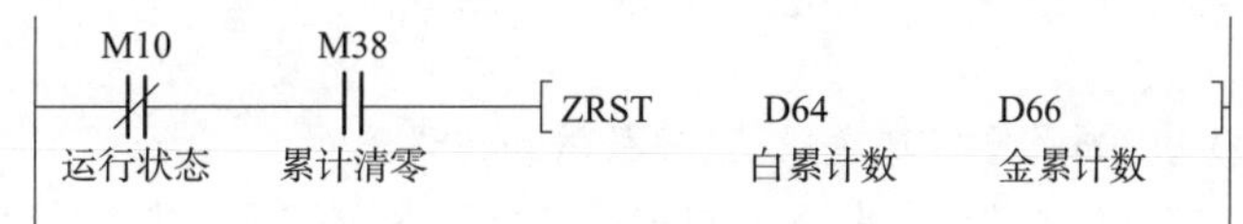

图 5-71　累计清零程序

（三）程序与界面下载调试

常规调试流程如下：

①连接触摸屏下载电缆与程序下载电缆。

②下载上位机界面与控制程序。

③用编程电缆连接触摸屏与 PLC，操作触摸屏界面，设定运行频率，启动系统，观察触摸屏界面与系统运行情况。

用人机界面控制分拣单元运行时，人机界面与 PLC 之间的通信线占用了 FX 系列 PLC 的编程口，这给调试 PLC 控制程序带来了困难。为了能在三菱 GX Developer 软件的在线监控状态下调试程序，常用的方法是监控强制调试方法，在调试阶段使个人计算机与 PLC 之间保持通信连接，打开状态监控界面，把本应从人机界面接收的主令信号和变频器设定的频率信号，用强制写入方式取代。利用编程软件进行软元件的强制写入的方法和步骤，已在项目二中进行了介绍，此处不再赘述。

项 目 小 结

①分拣单元设备部件的安装中,带传动机构是安装的关键。须注意如下几点:

a. 保证主动轴和从动轴足够高的平行度,以及适中的传送带张紧度,以防传送带跑偏或打滑的现象。

b. 按规定的步骤进行联轴器装配。如果电动机轴与主动轴的同心度偏差过大,会使运行时振动严重甚至无法运行。

c. 旋转编码器是一精密部件,安装时应按规定步骤进行,切忌在受力变形情况下将板簧勉强固定在传送带支座上。

②本项目训练的重点是高速计数器的使用、变频器的面板操作和参数设置等基本技能的训练、变频器输出频率的模拟量控制、运行时实时频率的检测和显示、FX3U 系列 PLC 的模拟量适配器的使用等。

③本项目任务5、任务6 的分拣要求比较简单,在检测区出口处确定工件属性后就能直接确定选择分支的后续步,但对于较复杂的分拣要求,往往需要通过一系列逻辑算法才能确定。为了使程序结构化,建议采用调用子程序的方法实现。

④在实际工程应用中,组态人机界面的步骤,通常是首先制作工程画面,在实时数据库中定义所需要的数据对象,组态完成整个应用系统;再把所需的硬件设备接上,进行设备窗口的组态,建立设备通道和对应数据对象的连接。本项目的重点是设备组态,它是人机界面组态中基本的和重要的环节。

思 考 题

①在本项目任务3 中,如果要实现7 段速,参数该如何设置?

②在本项目任务5 变频器参数设定中,减速时间设定为 Pr.8 =0.2 s。若将此设定改为 Pr.8 =1 s,运行时会出现什么现象? 试设计解决方案,使得程序运行时,能使工件顺利推入规定的料槽中。

③在本项目任务6 中,对人机界面上设定频率的要求仅为设定整数频率值,如果要求设定频率须精确到 0.1 Hz,请设计一个简单易行的人机界面组态和 PLC 编程方案。

④工业环境下各种电磁干扰信号常常较为严重,模拟量控制更多地倾向于使用电流输入和输出的控制方式。请进一步查阅 FR-E740 型变频器有关资料,设计一个用 FX3U-3A-ADP 适配器采用 4 ~20 mA 电流输出方式馈送频率指令信号,控制 FR-E740 型变频器运行的实训方案。

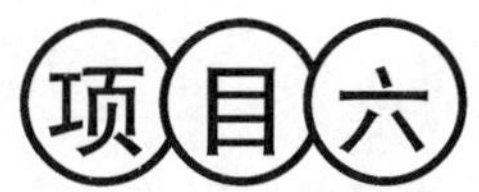

输送单元的安装与调试

①掌握伺服电动机的特性及控制方法，伺服驱动器的基本原理及电气接线；能使用伺服驱动器进行伺服电动机的控制，会设置伺服驱动器的参数。

②掌握 FX3U 系列 PLC 内置定位控制指令的使用和编程方法，编制程序实现伺服电动机定位控制。

③掌握输送单元直线运动组件的安装和调整、电气配线的敷设；能在规定时间内完成输送单元的安装和调整并进行程序设计和调试；能解决安装与运行过程中出现的常见问题。

建议学时

任务 1　输送单元机械拆装　　8 学时

任务 2　输送单元电气线路设计　　8 学时

任务 3　输送单元运行控制　　8 学时

①输送单元的机械装配与调整。

②输送单元双电控电磁阀工作原理与接线。

③输送单元伺服电机与驱动器接线、参数设置、定位控制。

④输送单元定位指令应用。

⑤输送单元综合编程与调试。

难点

①双电控电磁阀的工作原理与编程控制。

②输送单元归零指令、绝对位置控制指令、相对位置控制指令以及相应的特殊辅助触点与寄存器。

③输送单元伺服驱动器参数含义、参数设置与接线。

任务 1　输送单元机械拆装

一、工作任务

在 YL-335B 的工作台面上，将输送单元拆成零部件形式，再按照原样完成输送单元的硬件机械安装。

二、关联知识点

（一）输送单元工作过程

YL-335B 出厂配置时，输送单元在网络系统中担任着主站的角色，它接收来自触摸屏的系统主令信号，读取网络上各从站的状态信息，加以综合后，向各从站发送控制要求，协调整个系统的工作。

视频

输送单元运行

输送单元的功能：驱动其抓取机械手装置精确定位到指定单元的物料台，在物料台上抓取工件，把抓取到的工件输送到指定地点后放下。

（二）输送单元机械结构

输送单元装置侧由直线运动组件、抓取机械手装置、拖链装置、接线端口等部件组成。图 6-1 是安装在工作台面上的输送单元装置侧部分。

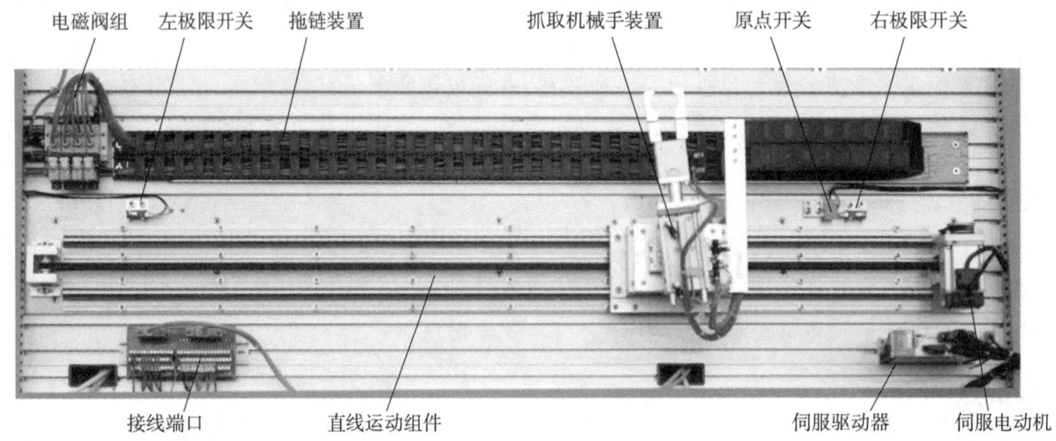

图 6-1　输送单元装置侧部分

1. 直线运动组件

直线运动组件用以拖动抓取机械手装置做往复直线运动，完成精确定位的功能。图 6-2 是该组件的俯视图。

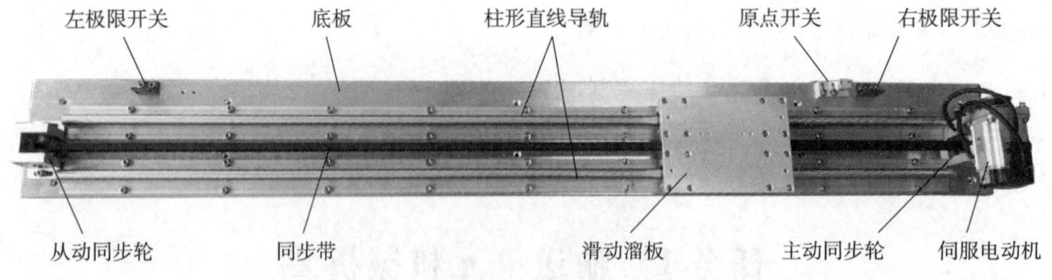

图 6-2　直线运动组件的俯视图

直线运动组件由直线导轨组件（包括柱形直线导轨及其安装底板），滑动溜板，同步轮和同步带，伺服电动机及伺服驱动器，原点开关，左、右极限开关等组成。

伺服电动机由伺服驱动器驱动，通过同步轮及同步带带动滑动溜板沿柱形直线导轨做往复直线运动，固定在滑动溜板上的抓取机械手装置也随之运动。同步轮齿距为5 mm，共12个齿，即旋转一周机械手装置位移60 mm。

2. 抓取机械手装置

抓取机械手装置是一个能实现三自由度运动（即升降、伸缩、气动手指夹紧/松开和沿垂直轴旋转的四维运动）的工作单元。该装置整体安装在直线运动组件的滑动溜板上，在传动组件带动下整体做直线往复运动，定位到其他各工作单元的物料台，然后完成抓取和放下工件的功能。图6-3是该装置的实物图。

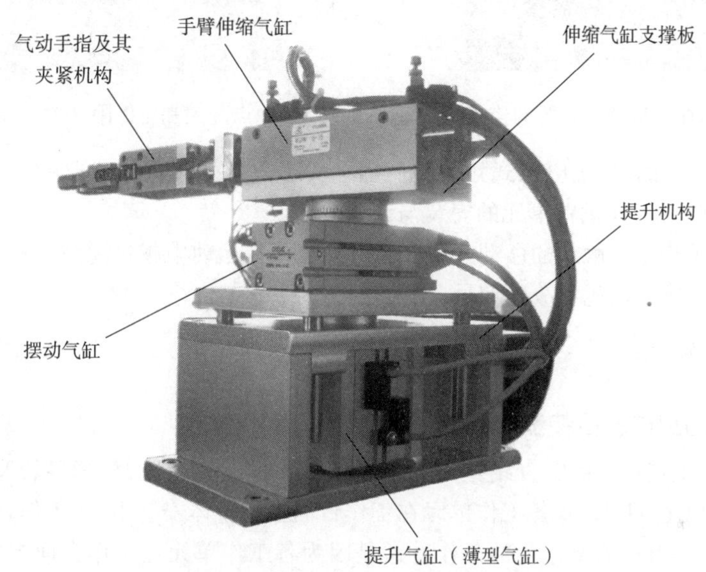

图6-3　抓取机械手装置的实物图

该装置具体构成如下：

①气动手指及其夹紧机构：用于在各个工作单元物料台上抓取/放下工件。由一个二位五通双向电控阀控制。

②手臂伸缩气缸：用于驱动手臂伸出/缩回。由一个二位五通单向电控阀控制。

③回转气缸（摆动气缸）：用于驱动手臂正反向90°旋转，由一个二位五通双向电控阀控制。

④提升气缸：用于驱动整个机械手上升与下降，由一个二位五通单向电控阀控制。

3. 拖链装置

抓取机械手通常工作在往复运动的状态。为了使其上引出的电缆和气管随之被牵引并被保护，输送单元使用塑料拖链作为管线敷设装置。拖链装置一端固定在工作台面上，活动端则通过拖链安装支架与抓取机械手装置连接，如图6-4所示。抓取机械手引出的气管和电缆沿拖链敷设，从固定端引出后，气管连接到电磁阀组上，电缆则进入线槽后连接到接线端口上。

4. 原点开关和极限开关

抓取机械手做直线运动的起始点信号，由安装在直线导轨底板上的原点开关提供。此外，为了防止机械手越出行程而发生撞击设备事故，直线导轨底板上还安装了左、右极限开关。其中，原点开关和右极限开关在底板上的安装如图6-5所示。

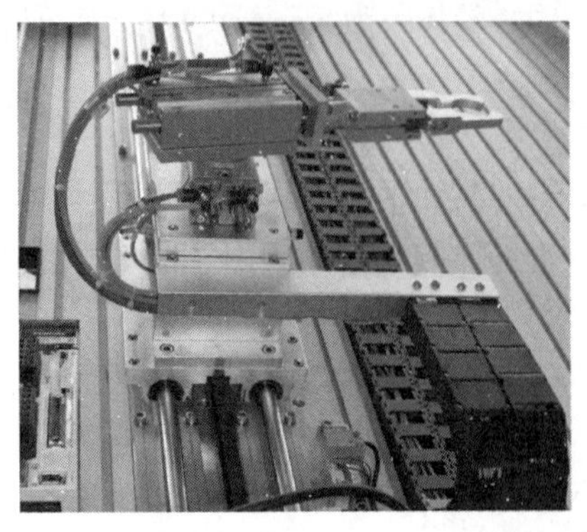

图6-4　拖链与抓取机械手装置的连接

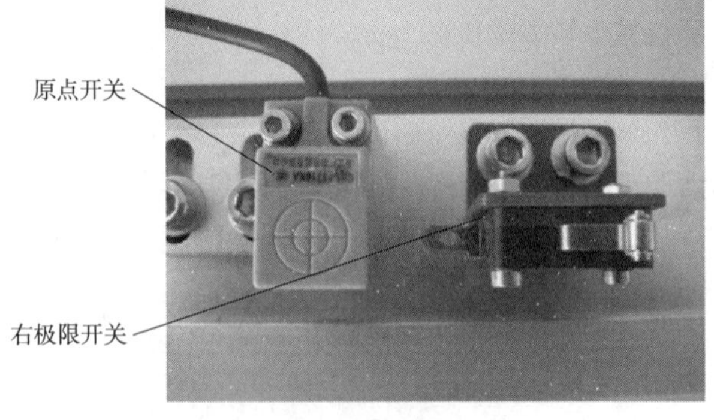

图6-5　原点开关和右极限开关在底板上的安装

原点开关是一个无触点的电感式接近传感器。关于电感式接近传感器的工作原理及选用、安装注意事项请参阅项目二（供料单元的安装与调试）。

左、右极限开关均是有触点的微动开关。当滑动溜板在运动中越过左或右极限位置时，极限开关会动作，从而向系统发出越程故障信号。

三、任务实施

（一）直线运动组件的组装步骤

①在工作台面上定位并固定直线导轨组件。直线导轨组件包括圆柱形导轨及其安装底板。在输送单元的安装，以至YL-335B各工作单元在工作台面上的整体安装中，在工作台面上定位并固定直线导轨组件通常是首先需要进行的工作。这是因为各工作单元在工作台面上的布局，均以固定在安装底板上的原点开关中心为基准参考点的缘故。

图6-6所示为直线导轨组件在工作台面上定位的尺寸要求。在沿T形槽方向，组件右端面与工作平台右端面之间的距离为60 mm；沿垂直T形槽方向，只需要指定置入紧定螺母的T形槽即可确定定位位置。

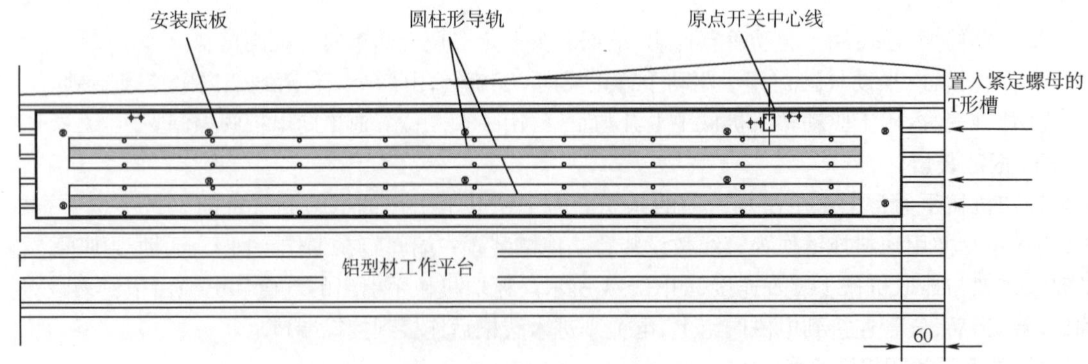

图6-6　直线导轨组件在工作台面上定位的尺寸要求

用于固定安装底板的紧定螺栓共10个。安装时，首先将10个紧定螺栓穿入底板的固定孔并旋上螺母（不要拧紧），然后沿相应的T形槽将直线导轨组件插入工作台面，找准定位位置后固定组件。

注意：拧紧螺栓时必须按一定的顺序逐步进行，才能使机械手装置运动平稳、受力均匀、运动噪声小。

②安装滑动溜板、同步带和同步轮，组成同步带传送装置：

a. 装配滑动溜板、四个滑块组件：将滑动溜板与两直线导轨上的四个滑块的位置找准并加以固定。在拧紧固定螺栓的时候，应一边推动滑动溜板左右运动，一边拧紧螺栓，直到滑动顺畅为止。

b. 连接同步带：

- 将连接了四个滑块的滑动溜板整体从导轨的一端取出，翻转放在导轨上。
- 将同步带两端分别穿过主动和从动同步轮安装支架组件上的同步轮，在此过程中应注意两个同步轮安装支架组件的安装方向、两组件的相对位置。
- 在滑动溜板的背面，将同步带的两端用同步带固定座固定。然后，重新将滑块套入导轨。

注意：用于滚动的钢球嵌在滑块的橡胶套内，滑块取出和套入导轨时必须避免橡胶套受到破坏或用力太大致使钢球掉落。

c. 分别将主动和从动同步轮安装支架固定在导轨安装底板上，注意保持连接安装好后的同步带平顺。然后，调整好同步带的张紧度，锁紧螺栓。

图6-7分别给出滑动溜板、主动同步轮组件和从动同步轮组件安装完成后的效果图。

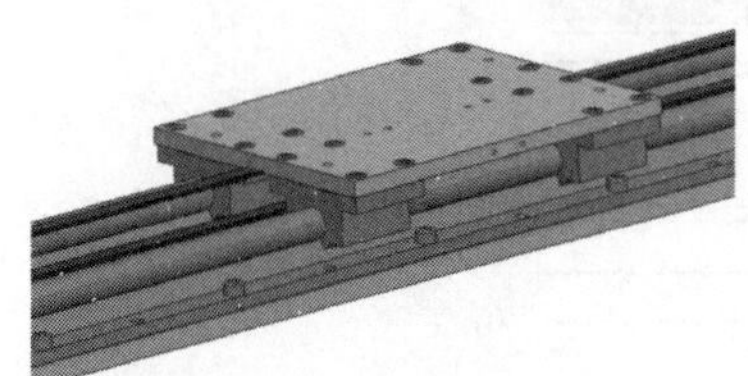

（a）连接了同步带的滑动溜板

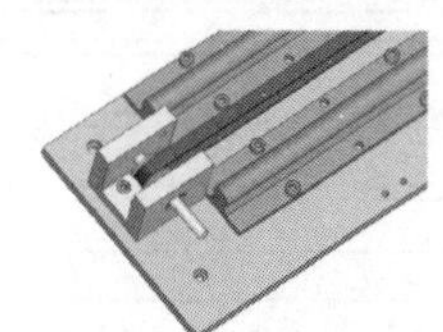

（b）主动同步轮组件装配

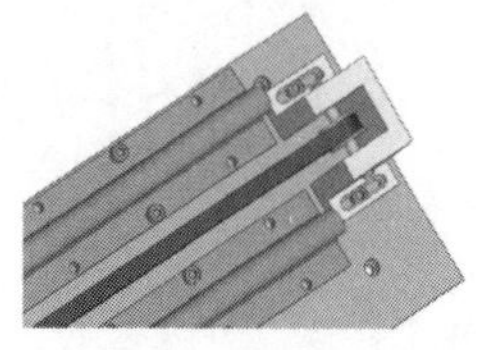

（c）从动同步轮组件装配

图6-7　安装完成后的效果图

③安装伺服电动机，为同步带传送装置提供动力头。将电动机安装板固定在主动同步轮支架组件的相应位置，将电动机与电动机安装板活动连接，并在主动轴、电动机轴上分别套接同步轮，安装好同步带，调整电动机位置，锁紧连接螺栓，如图6-8所示。

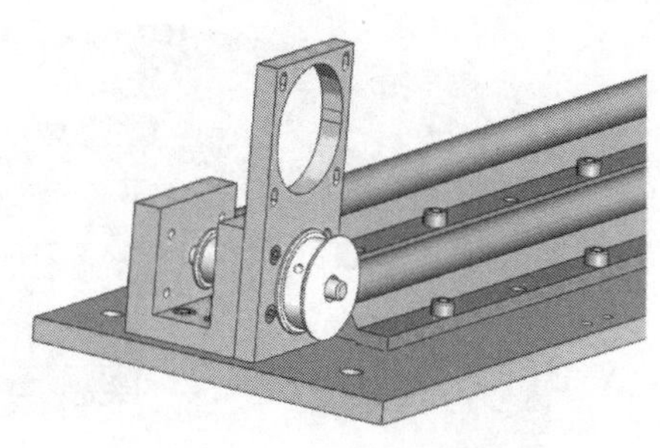

（a）伺服电动机安装支架固定在主动轮支架侧面

（b）装配伺服电动机组件

图6-8　伺服电动机组件的安装

注意: 伺服电动机是一精密装置,安装时注意不要敲打它的轴端,更不要拆卸电动机。另外,在以上各构成零件中,轴承以及轴承座均为精密机械零部件,拆卸以及组装需要较熟练的技能和专用工具,因此,不可轻易对其进行拆卸或修配工作。

完成上述安装后,装上左、右限位以及原点传感器支架,最后完成直线运动组件的装配。

(二)拖链装置的安装步骤

拖链装置由塑料拖链和拖链托盘组成。安装时,首先确定拖链托盘相对于直线运动组件的安装位置,将紧定螺母置入相应的T形槽中;接着固定拖链托盘,然后将塑料拖链铺放在托盘上,再固定拖链的左端,如图6-9所示。

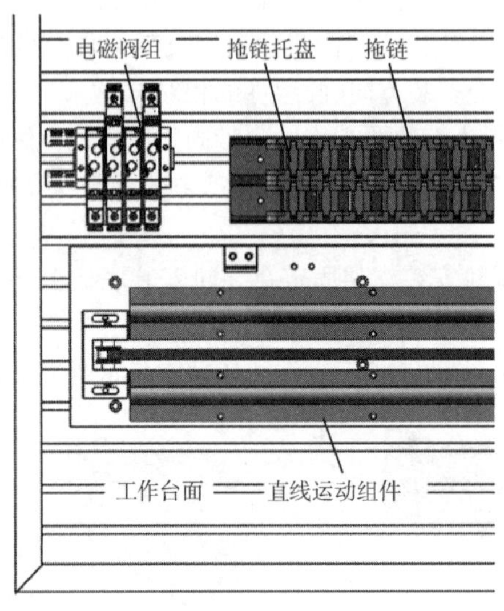

图6-9　在工作台面安装拖链

(三)组装机械手装置步骤

①组装提升机构的步骤见表6-1。

表6-1　组装提升机构的步骤

步骤1　装配机械手的支撑架	步骤2　装配提升机构

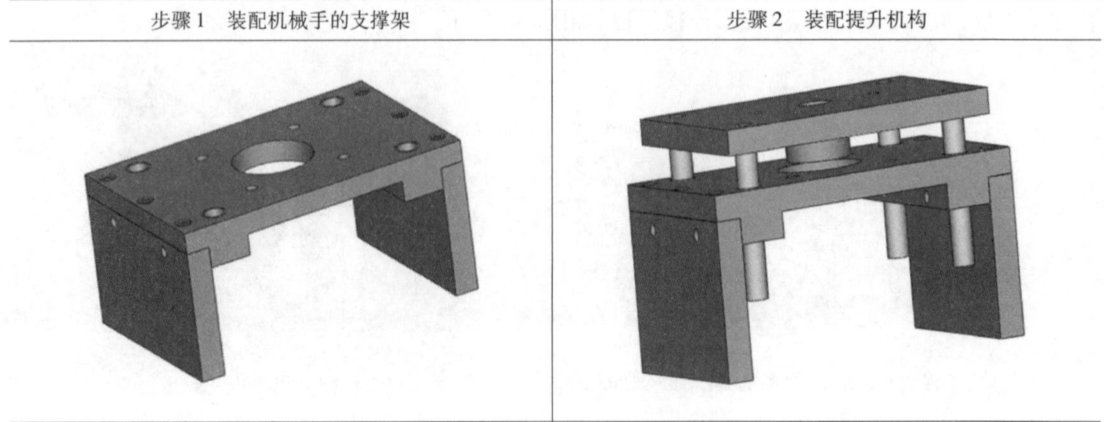

步骤3　装配薄型气缸、组件底板,完成组件装配

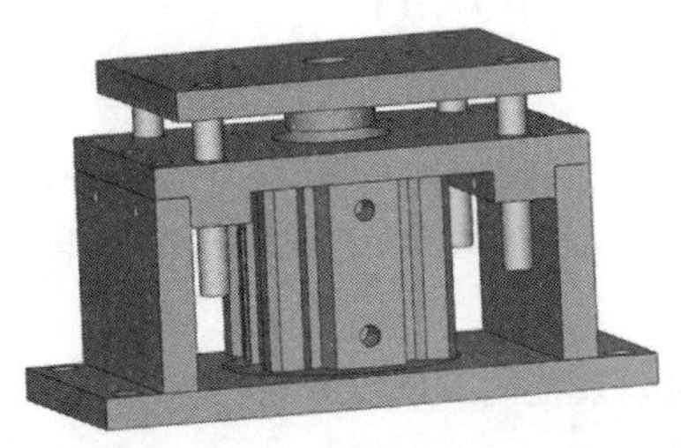

装配说明:固定薄型气缸、组件底板的紧定螺栓均从底部向上旋入,装配时请在步骤2完成后翻转过来以便操作

②把摆动气缸固定在组装好的提升机构上,然后在摆动气缸上固定导杆气缸安装板,如图6-10所示。安装时,注意要先找好导杆气缸安装板与摆动气缸连接的原始位置,以便有足够的回转角度。

③连接气动手指和导杆气缸,然后把导杆气缸固定到导杆气缸安装板上,完成抓取机械手装置的装配,如图6-11所示。

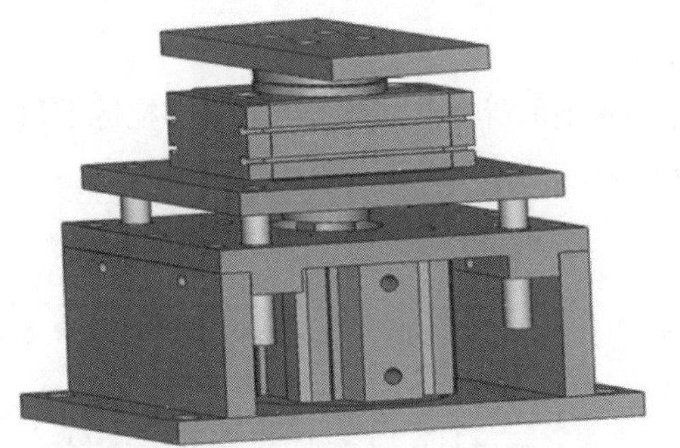

图6-10　安装摆动气缸和导杆气缸安装板

视频

输送单元机械装配

④把抓取机械手装置固定到直线运动组件的滑动溜板上,再装上拖链连接器,并与拖链装置相连接,从而完成工作单元机械部分的安装,如图6-12所示。

图6-11　连接气动手指和导杆气缸

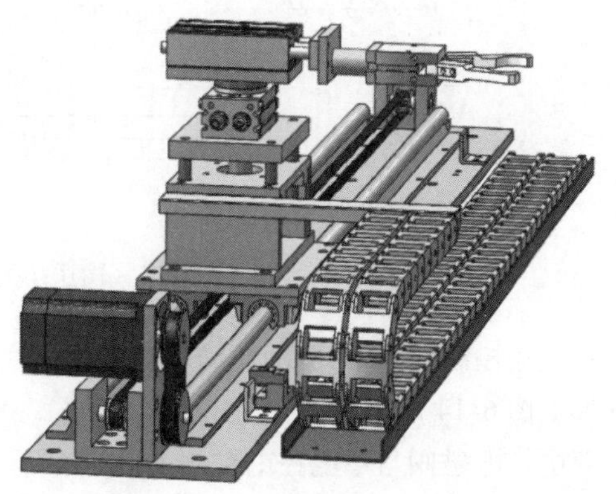

图6-12　装配完成的输送单元机械部分

任务2　输送单元电气线路设计

一、工作任务

输送单元的机械装配已经完成,请在此基础上进行电磁阀组的安装,完成输送单元电气控制系统设计,具体包括:

①自行分配输送单元的装置侧与PLC侧信号分配,规划系统的I/O点并绘制电气接线图。

②完成输送单元装置侧与PLC侧电气接线:

a. 装置侧与PLC侧传感器、电磁阀组、伺服驱动器的接线;

b. PLC侧按钮指示灯接线。

③完成输送单元气路连接与调节。

④完成输送单元传感器调节。

二、关联知识点

(一)输送单元气动制回路

输送单元的抓取机械手装置上的所有气缸连接的气管沿拖链带敷设,插接到电磁阀组上,其气动控制回路原理图如图6-13所示。

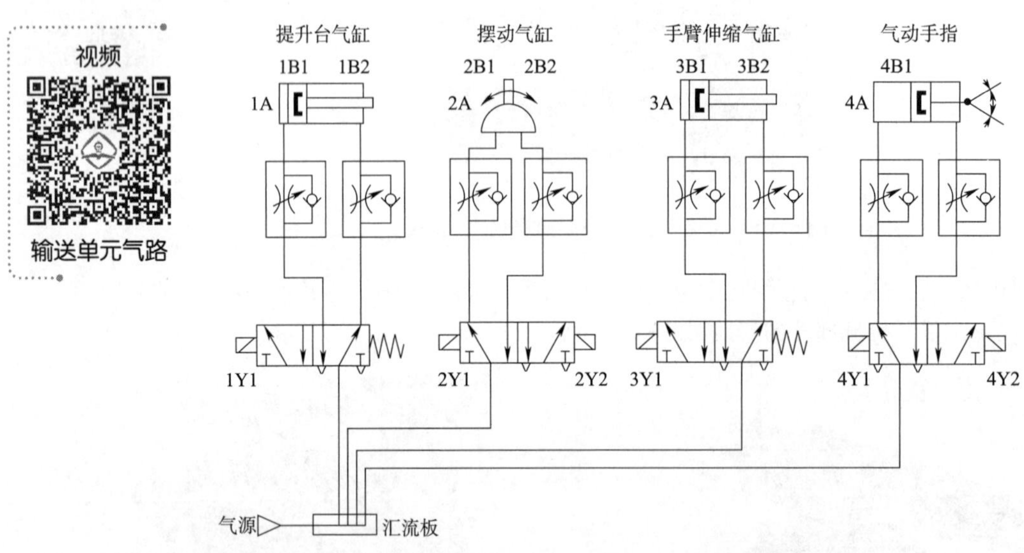

图6-13　输送单元气动控制回路原理图

在气动控制回路中,驱动摆动气缸和手指气缸的电磁阀采用的是二位五通双电控电磁阀,电磁阀外形如图6-14所示。

双电控电磁阀与单电控电磁阀的区别在于,对于单电控电磁阀,在无电控信号时,阀芯在弹簧力的作用下会被复位;而对于双电控电磁阀,在两端都无电控信号时,阀芯的位置取决于之前一个电控信号的动作结果。

图 6-14　双电控电磁阀外形

注意：双电控电磁阀的两个电控信号不能同时为"1"，即在控制过程中不允许两个线圈同时得电；否则，可能会造成电磁线圈烧毁，当然，在这种情况下阀芯的位置是不确定的。

（二）永磁式同步伺服电动机及伺服驱动器

现代的自动化生产线中，交流伺服系统是主流的执行机构。当前高性能的电伺服系统大多采用永磁式同步伺服电动机，控制驱动器都采用快速、准确定位的全数字位置伺服系统。

1. 永磁式同步伺服电动机的基本结构

永磁式同步伺服电动机在结构上也由定子和转子两部分组成。图 6-15 为永磁式同步伺服电动机的外观和剖视图，其定子为硅钢片叠成的铁芯和三相绕组，转子是由高矫顽力稀土磁性材料（例如钕铁硼）制成的磁极。为了检测转子磁极的位置，在电动机非负载端的端盖外面还安装上光电编码器。

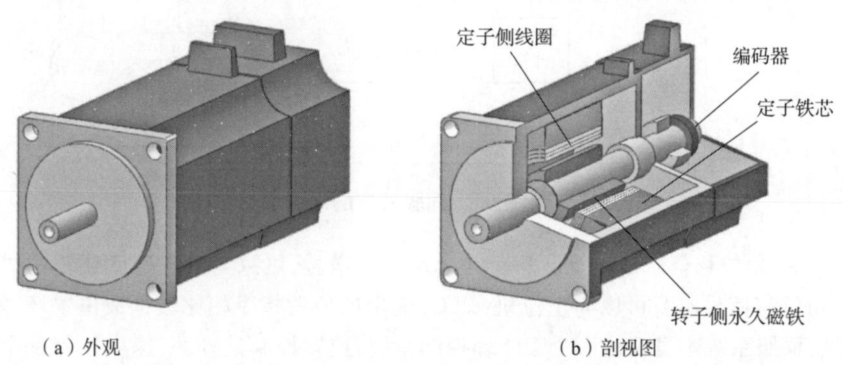

（a）外观　（b）剖视图

图 6-15　永磁式同步伺服电动机的外观和剖视图

2. 伺服电动机和伺服驱动器的控制原理

图 6-16 所示为两极的永磁式同步伺服电动机的工作原理图。当定子绕组通上交流电源后，就产生一旋转磁场，在图中以一对旋转磁极 N、S 表示。当定子磁场以同步转速 n_1 逆时针方向旋转时，根据异性相吸的原理，定子旋转磁极吸引转子磁极，带动转子一起旋转，转子的旋转速度与定子磁场的旋转速度（同步转速 n_1）相等。

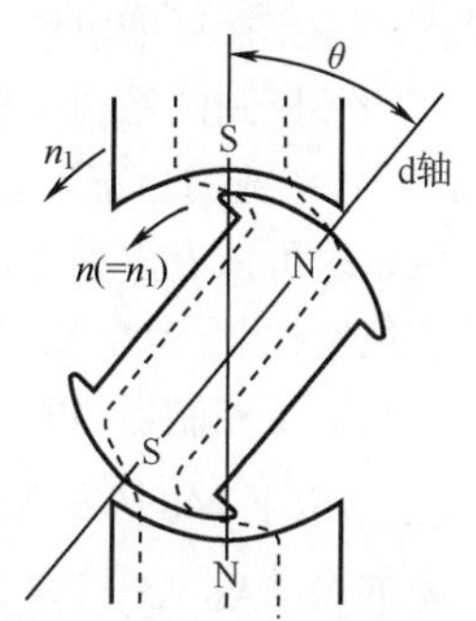

图 6-16　两极的永磁式同步伺服电动机的工作原理图

当电动机转子上的负载转矩增大时，定、转子磁极轴线间的夹角 θ 就相应增大，导致穿过各定子绕组平面法线方向的磁通量减少，定

子绕组感应电动势随之减小，而使定子电流增大，直到恢复电源电压与定子绕组感应电动势的平衡。这时电磁转矩也相应增大，最后达到新的稳定状态，定、转子磁极轴线间的夹角 θ 称为功率角。虽然夹角 θ 会随负载的变化而改变，但只要负载不超过某一极限，转子就始终跟着定子旋转磁场以同步转速 n_1 转动，即转子的转速为 $n = n_1 = \frac{60f_1}{p}$。

注意：只有定子旋转磁极对转子磁极的切向吸力才能产生带动转子旋转的电磁转矩，因此电磁转矩与定子电流大小的关系并不是一个线性关系，不能简单地通过调节定子电流的大小来控制电磁转矩。实际上，现代的伺服系统对定子电流的控制，除了引入定子电流的反馈信息外，还引入来自伺服电动机内置的旋转编码器的角位移信号，通过复杂的运算处理来获得希望的电流控制信号。

由于算法比较复杂，必须在具有功能强大的微处理器的智能装置中才能实现。伺服驱动器就是整合了智能控制器、驱动执行机构以及参数设定和状态显示等功能的装置，它与伺服电动机配套使用，构成伺服系统。一个智能控制器采用 DSP（数字信号处理器）、IPM（智能功率模块）作为逆变器的伺服系统的结构示意图如图 6-17 所示。

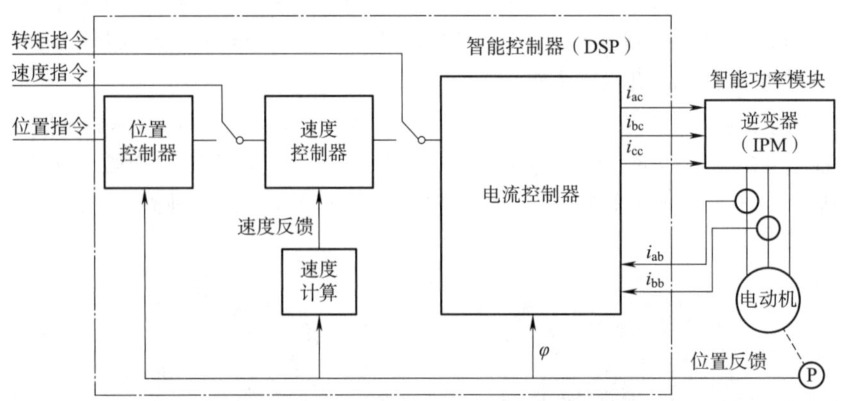

图 6-17　永磁同步伺服系统的结构示意图

在图 6-17 中，角位移信号 φ 的变化率就是速度反馈信号，可以与给定速度比较构成速度环，实现速度控制；角位移信号本身可以与上位机（PLC）输出的位置指令相比较构成位置环，实现位置控制。由此可见，伺服系统本身就是一个三闭环控制系统：位置控制是外环，速度控制是中环，电流控制是内环。变换后的电流信号对智能功率模块（IPM）逆变器进行控制，使伺服电动机运行。

三闭环控制的系统结构提高了系统的快速性、稳定性和抗干扰能力，并且由于位置控制器带有 PI 调节器，系统的稳态误差为零，因而对给定位置信号具有良好的跟随能力。此外，这种结构也使得伺服系统可以有多种控制模式。例如，YL-335B 设备所选用的松下 MINAS A5 系列的伺服系统，就具有位置控制、速度控制、转矩控制等控制模式。YL-335B 只使用了位置控制模式，这种控制模式根据从上位控制器（PLC）输入的位置指令（脉冲列）进行位置控制，是最基本和常用的控制模式。

（三）松下 MINAS A5 系列交流伺服电动机和驱动器

松下 MINAS A5 系列交流伺服电动机和驱动器具有设定和调整简单；所配套的电动机采用了 20 位增量式编码器，在低刚性机器上有较高的稳定性，可在高刚性机器上进行高速、高精度运转等特点，因而广泛应用于各种机器上。

1. 认知松下 MINAS A5 系列伺服系统

YL-335B 的输送单元抓取机械手的运动控制装置所采用的松下 MINAS A5 系列的伺服电动机为 MSMD022G1S 型，配套的伺服驱动装置为 MADHT1507E 型。

MSMD022G1S 的含义：MSMD 表示电动机类型为低惯量；02 表示电动机的额定功率为 200 W；2 表示电压规格为 200 V；G 表示编码器为增量式编码器，脉冲数为 2 500 p/r，分辨率为 10 000，输出信号线数为 5 根；1S 表示标准设计，电动机结构为有键槽、无保持制动器、无油封。

该伺服电动机外观及各部分名称如图 6-18 所示，伺服驱动器的外观和接口如图 6-19 所示。

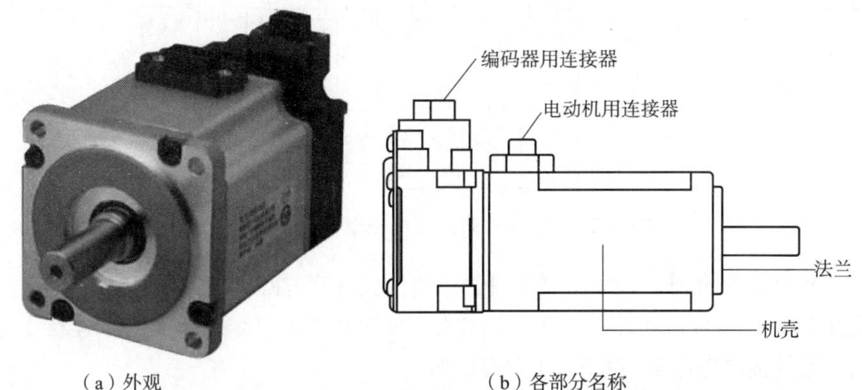

（a）外观　　（b）各部分名称

图 6-18　YL-335B 所使用的 MINAS A5 系列伺服电动机

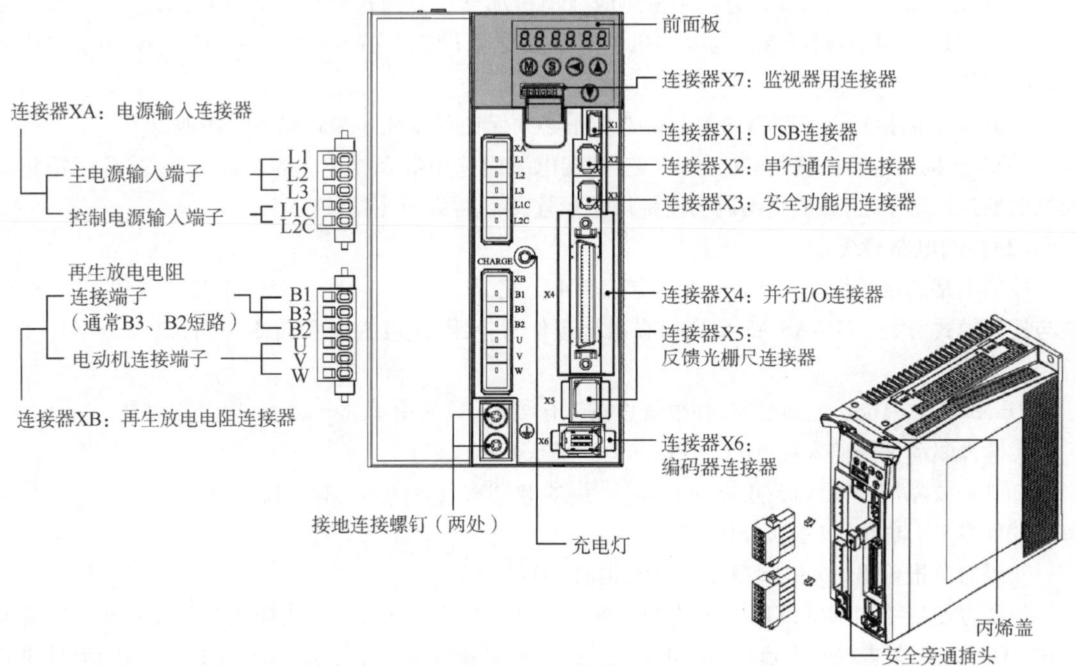

图 6-19　伺服驱动器的外观和接口

2. 伺服系统的接线

（1）伺服系统的主电路接线

MADHT1507E 伺服驱动器面板上有多个接线端口，YL-335B 设备上伺服系统的主电路接线只使用了电源接口 XA、电动机连接接口 XB、编码器连接器 X6,接线图如图 6-20 所示。

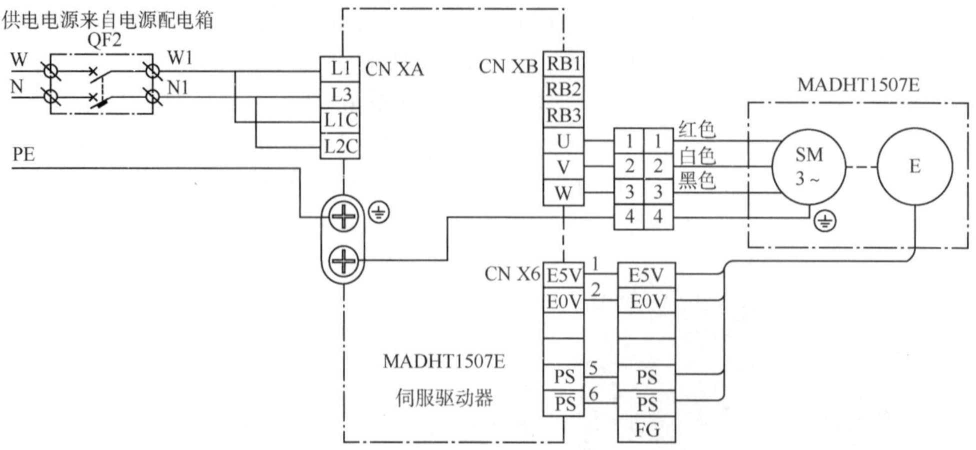

图 6-20 伺服驱动器与伺服电动机的连接

①AC 220 V 电源连接到 XA 的 L1、L3 端子,同时也连接到控制电源端子 L1C、L2C 上。

②XB 是电动机连接接口和外置再生放电电阻接口,其中 U、V、W 端子用于连接电动机;RB1、RB2、RB3 端子是外接放电电阻,YL-335B 没有使用。

进行电动机接线时必须注意:

a. 交流伺服电动机的旋转方向不像感应电动机那样可以通过交换三相相序来改变,必须保证驱动器上的 U、V、W、E 接线端子与电动机主回路接线端子按规定的次序一一对应,否则可能造成驱动器的损坏。

b. 电动机的接线端子和驱动器的接地端子必须保证可靠地连接到同一个接地点上。

③X6 连接到电动机编码器信号接口。连接电缆应选用带有屏蔽层的双绞电缆,屏蔽层接到电动机侧的接地端子上,并应将编码器电缆屏蔽层连接到插头的外壳(FG)上。

(2)控制电路接线

控制电路的接线均在 I/O 控制信号端口 X4 上完成。该端口是一个 50 针端口,各引出端子功能与控制模式有关。MINAS A5 系列伺服系统有位置控制、速度控制和转矩控制,以及全闭环控制等控制模式。

YL-335B 采用位置控制模式,并根据设备工作要求,只使用了部分端子,它们分别是:

①脉冲驱动信号输入端(OPC1、PULS2、OPC2、SIGN2)。

②越程故障信号输入端:正方向越程(9 引脚,POT),负方向越程(8 引脚,NOT)。

③伺服 ON 输入(29 引脚,SRV_ON)。

④伺服警报输出(37 引脚,ALM +;36 引脚,ALM-端)。

为了方便接线和调试,YL-335B 在出厂时已经在 X4 端口引出线接线插头内部把伺服 ON 输入(SRV_ON)和伺服警报输出负端(ALM-)连接到 COM- 端(0 V)。因此,从接线插头引出的信号线只有 OPC1、PULS2、OPC2、SIGN2、POT、NOT、ALM + 等七根信号线,以及 COM + 和 COM-电源引线。所使用的 X4 端口部分引出线及内部电路图如图 6-21(a)所示。图中,脉冲和方向信号都来自 PLC,若选用漏型输出的 FX3U 系列(晶体管输出),PLC 的脉冲输出端与驱动器的连接如图 6-21(b)所示。

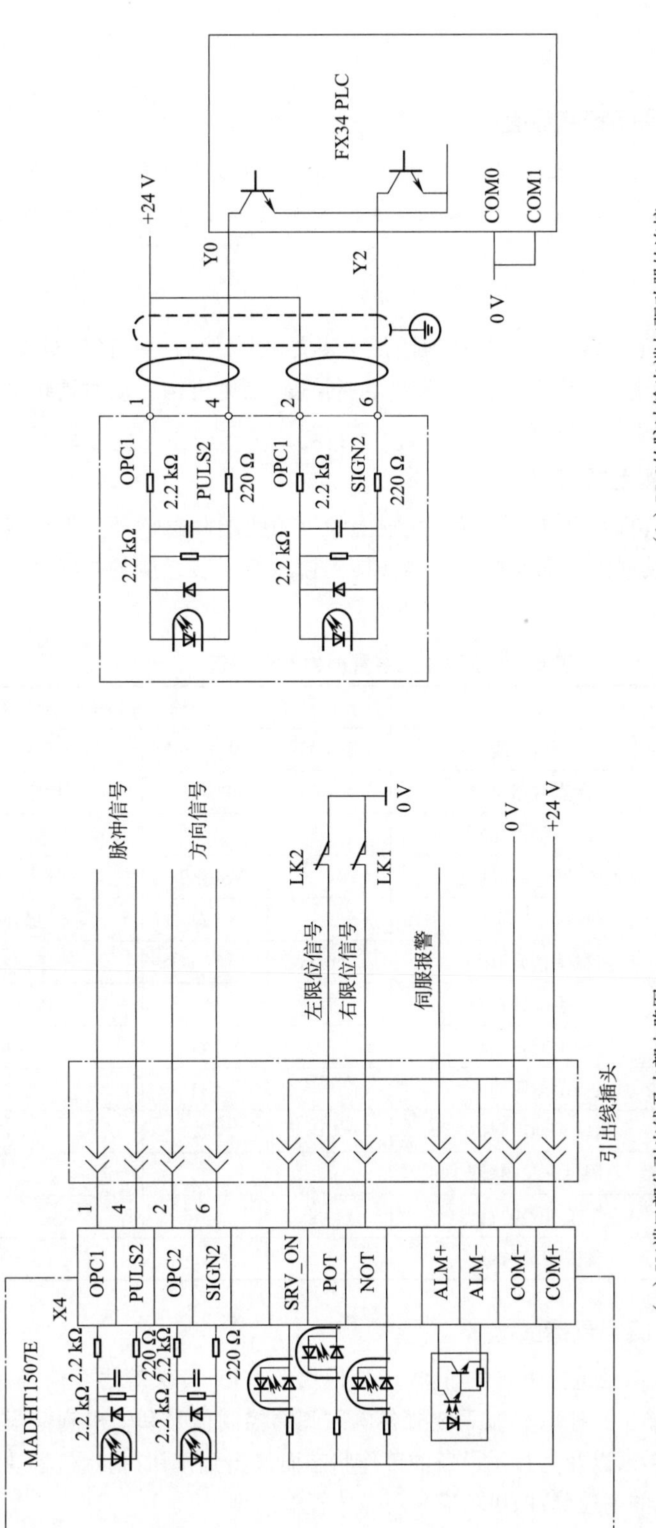

（a）X4端口部分引出线及内部电路图

（b）PLC的脉冲输出端与驱动器的连接

图 6-21　伺服驱动器控制信号及接线

三、任务实施

(一)装置侧电气设备的安装调整

装置侧电气设备包括原点开关、左右极限开关、伺服驱动器、接线端口、电磁阀组以及线槽等。伺服驱动器、接线端口、电磁阀组等设备的安装位置的确定,应以连接管线便捷,便于操作,不妨碍运动部件的运行为原则。

(二)拖链配线敷设

连接到机械手装置上的管线首先绑扎在拖链带安装支架上,然后沿拖链带敷设,进入管线线槽中。绑扎管线时要注意管线引出端到绑扎处保持足够长度,以免机构运动时被拉紧造成脱落。沿拖链敷设时注意管线间不要相互交叉。

(三)输送单元装置侧电气接线

装置侧电气接线工作包括:机械手装置各气缸上的驱动线圈和磁性开关引出线、原点开关、左右限位开关的引出线,以及伺服驱动器控制线等连接到输送单元装置侧的接线端口。输送单元装置侧的I/O分配见表6-2。

表6-2　输送单元装置侧的I/O分配

输入端口中间层			输出端口中间层		
端子号	设备符号	信　号　线	端子号	设备符号	信　号　线
2	BG1	原点传感器	2	PULS2	伺服电动机脉冲
3	SQ1_K	右限位开关开触点	3	—	—
4	SQ2_K	左限位开关开触点	4	SIGN2	伺服电动机方向
5	1B1	机械手抬升下限	5	1Y1	提升台上升
6	1B2	机械手抬升上限	6	3Y1	摆缸左旋驱动
9	2B1	机械手旋转右限	7	3Y2	摆缸右旋驱动
10	2B2	机械手旋转左限	8	2Y1	手爪伸出
11	3B1	机械手缩回到位	9	4Y1	手爪夹紧
12	3B2	机械手伸出到位	10	4Y2	手爪松开
13	POT	右限位开关闭触点			
14	NOT	左限位开关闭触点			
15	ALM +	伺服报警信号			

(四)输送单元PLC侧电气接线

输送单元PLC的输入信号包括来自按钮/指示灯模块的按钮、开关等主令信号,各构件的传感器信号等;输出信号包括输出到抓取机械手装置各电磁阀的控制信号和输出到伺服电动机驱动器的脉冲信号和驱动方向信号,以及为显示设备的工作状态而输出到按钮/指示灯模块的信号。由于需要输出驱动伺服电动机的高速脉冲,PLC应采用晶体管输出型。

基于上述考虑,并根据输送单元装置侧的接线端口信号分配,选用三菱FX3U-48MT PLC,共

24 点输入，24 点晶体管输出。表 6-3 为输送单元 PLC 侧的 I/O 分配，电气控制电路图如图 6-22 所示。

表 6-3　输送单元 PLC 侧的 I/O 分配

输入信号					输出信号				
序号	PLC 输入点	信号名称	符号	信号来源	序号	PLC 输出点	信号名称	符号	信号来源
1	X000	原点开关检测	BG1	装置侧	1	Y000	脉冲	PULS	装置侧
2	X001	右限位保护	SQ1_K		2	Y001	—	—	
3	X002	左限位保护	SQ2_K		3	Y002	方向	DIR	
4	X003	提升机构下限	1B1	装置侧	4	Y003	—	—	装置侧
5	X004	提升机构上限	1B2		5	Y004	提升台上升	1Y	
6	X005	手臂旋转左限	2B1		6	Y005	手臂左转驱动	2Y1	
7	X006	手臂旋转右限	2B2	装置侧	7	Y006	手臂右转驱动	2Y2	装置侧
8	X007	手臂伸出到位	3B1		8	Y007	手爪伸出驱动	3Y	
9	X010	手臂缩回到位	3B2		9	Y010	手爪夹紧驱动	4Y1	
10	X011	手指夹紧检测	4B		10	Y011	手爪放松驱动	4Y2	
11	X012	伺服报警信号	ALM		…	Y012 ~ Y024 未接线			
…	X013 ~ X023 未接线								
21	X024	启动按钮	SB1	按钮/指示灯模块					
22	X025	复位按钮	SB2		22	Y025	报警指示	HL1	按钮/指示灯模块
23	X026	急停按钮	QS		23	Y026	运行指示	HL2	
24	X027	方式选择	SA		24	Y027	停止指示	HL3	

图 6-22 中，输入点 X001 和 X002 分别与右、左极限开关 SQ1 和 SQ2 常开触点连接，给 PLC 提供越程故障信号。以右越程故障为例，当此故障发生时，右极限开关 SQ1 动作，其常闭触点断开，向伺服驱动发出报警信号，使伺服发生 Err38.0 报警；同时 SQ1 常开触点接通，越程故障信号输入到 PLC，这样一旦发生越程故障时，伺服立即停止，同时 PLC 接收到故障信号后立即做出故障处理，使系统运行的可靠性得以提高。

接线完毕，可用编程软件的状态监控表校验逻辑控制部分的 I/O 接线。但 PLC 与伺服驱动器之间的 I/O 接线，宜用万用表校验。

（五）输送单元气路连接与调节

从拖链带引出的气管按图 6-13 所示的气动控制回路图要求插接到电磁阀组上。气路连接完毕，应按规范绑扎（包括拖链带内的气管）。

视频

摆动气缸角度调节

①装置侧气路的调试。首先用各气缸电磁阀上的手动换向按钮验证各气缸的初始和动作位置是否正确。进一步调整气缸动作的平稳性时要注意，回转气缸的转动力矩较大，应确保气源压力足够，然后反复调整节流阀控制活塞杆的往复运动速度，使得气缸动作时无冲击，同时无爬行现象。

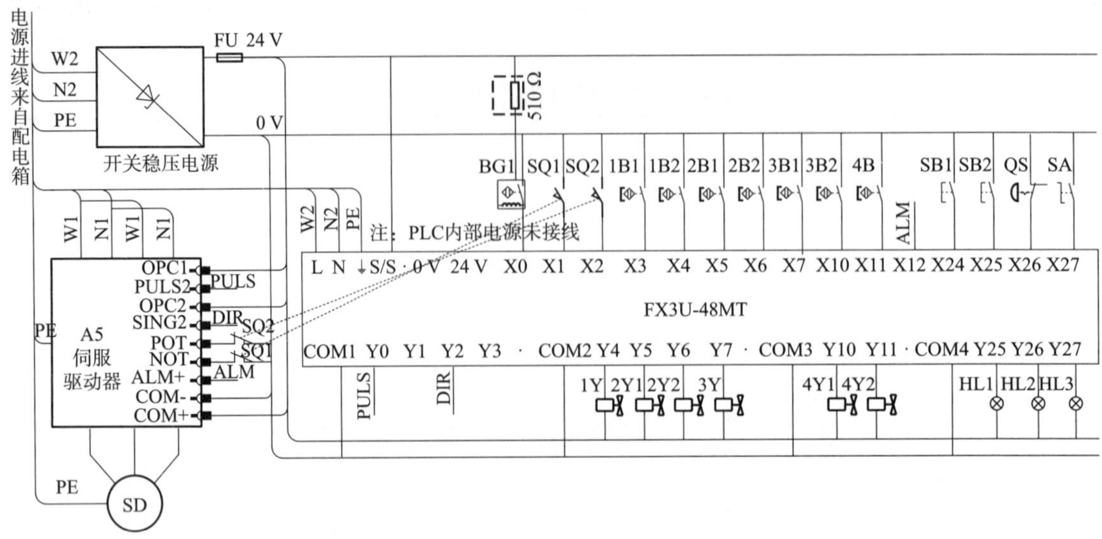

图 6-22　电气控制电路图

②装置侧机械部件的装配和气动回路的连接完成以后,断开伺服装置的电源,手动来回移动机械手装置,测试直线运动机构的安装质量,并做必要的调整。

③传感器调节方法与前述项目相同,不做过多介绍,其中输送单元磁性开关外观有多种类型,气路断开进行传感器调节好后,上气再进行测试确认。为确保手动调节气路的安全性,建议将输送单元机械手置于导轨中间进行调节。

任务 3　输送单元运行控制

一、工作任务

输送单元的机械装配与电气接线已经完成,请按控制要求编制和调试 PLC 程序。

输送单元单站运行的目标是测试设备传送工件的功能。进行测试时,要求其他各工作单元已经就位,如图 6-23 所示。设备加电前,请将机械手装置手动移动到直线导轨约中间位置,并且在供料单元的出料台上放置工件。

①设备加电和气源接通后,若工作单元各气缸均处于初始位置、原点位置已确认,且机械手装置位于原点位置上,则系统已在初始状态。这时指示灯 HL1 长亮,表示设备准备好;否则,该指示灯 HL1 以 1 Hz 频率闪烁。(气缸初始位置是指提升气缸在下限位,摆动气缸在右限位,伸缩气缸在缩回状态,气动手指在松开状态。)

②若系统不在初始状态,应按下复位按钮 SB1,执行复位操作,使各个气缸满足初始位置的要求,且机械手装置回到原点位置。

当机械手装置回到原点位置,且各气缸满足初始位置的要求,则复位完成,指示灯 HL1 长亮。若按钮/指示灯模块的方式选择开关 SA 置于“单站方式”位置,按下启动按钮 SB2,设备启动,“设备运行”指示灯 HL2 也长亮,开始功能测试过程。

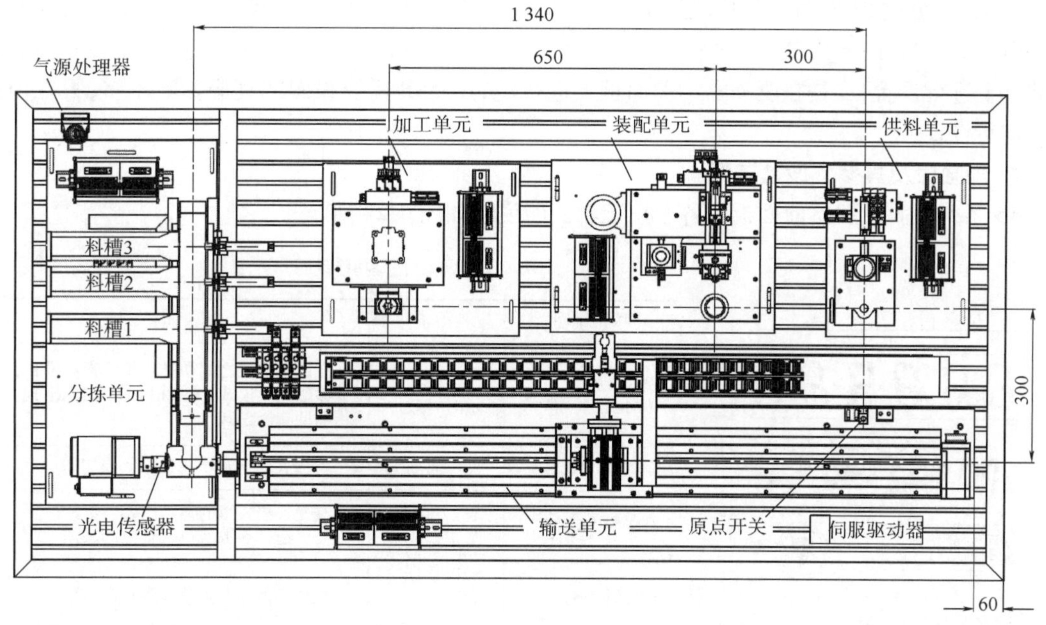

图 6-23　YL-335B 设备的安装平面图(单位:mm)

③正常功能测试:

a. 抓取机械手装置从供料单元出料台抓取工件。

b. 抓取动作完成后,机械手装置向装配单元移动,移动速度不小于 300 mm/s。到达装配单元物料台的正前方后,把工件放到装配单元物料台上。

c. 放下工件动作完成 2 s 后,机械手装置执行抓取装配单元工件的操作。

d. 抓取动作完成后,机械手装置向加工单元移动,移动速度不小于 300 mm/s。到达加工单元物料台的正前方后,把工件放到加工单元物料台上。

e. 放下工件动作完成 2 s 后,机械手装置执行抓取加工单元工件的操作。

f. 抓取动作完成后,摆台逆时针旋转 90°,然后机械手装置向分拣单元移动,移动速度不小于 300 mm/s。到达后在分拣单元进料口把工件放下。

g. 放下工件动作完成后,机械手手臂缩回,摆台顺时针旋转 90°,然后以 350 mm/s 的速度返回原点。

h. 当机械手装置返回原点后,一个测试周期结束,系统停止运行。当供料单元的出料台上放置了工件时,可再按一次启动按钮 SB2,开始新一轮的测试。

④系统运行的紧急停车测试。若在工作过程中按下急停按钮 QS,则系统立即停止运行。急停按钮复位后系统从急停前的断点开始继续运行。在急停状态,绿色指示灯 HL2 以 1 Hz 的频率闪烁,直到急停按钮复位且恢复正常运行时,HL2 恢复长亮。

二、关联知识点

(一)伺服驱动器的参数

伺服驱动器具有设定其特性和功能的各种参数,参数分为七类,即分类 0(基本设定);分类 1

(增益调整);分类2(振动抑制功能);分类3(速度、转矩控制、全闭环控制);分类4(I/F监视器设定);分类5(扩展设定);分类6(特殊设定)。设置参数的方法:一是通过与PC连接后在专门的调试软件上进行设置;二是在驱动器的前面板上进行。YL-335B需要设置的伺服参数不多,只在前面板上进行设置。

1. 前面板及其参数设置操作

A5系列伺服驱动器前面板及各个按键功能的说明如图6-24所示。

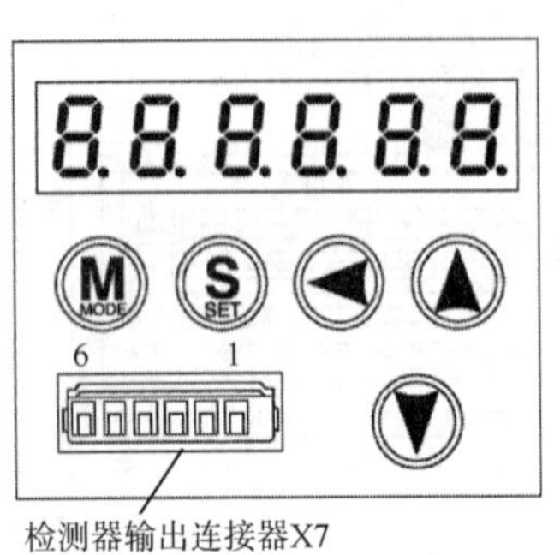

按键功能说明

按键说明	激活条件	功能
模式转换(MODE)键	在模式显示时有效	在以下模式之间切换：①监视器模式；②参数设置模式；③EEPROM写入模式；④辅助功能模式
设置键(SET)	一直有效	在模式显示和执行显示之间切换
升降键 ▲ ▼	仅对小数点闪烁的哪一位数据位有效	改变各模式里的显示内容、更改参数、选择参数或执行选中的操作
移位键 ◄		把移动的小数点移动到更高位数

图6-24 A5系列伺服驱动器前面板及各个按键功能的说明

在前面板上进行参数设置操作包括参数设定和参数保存两个环节。图6-25所示为将参数Pr_008的值从初始值10 000修改为6 000的流程示例。

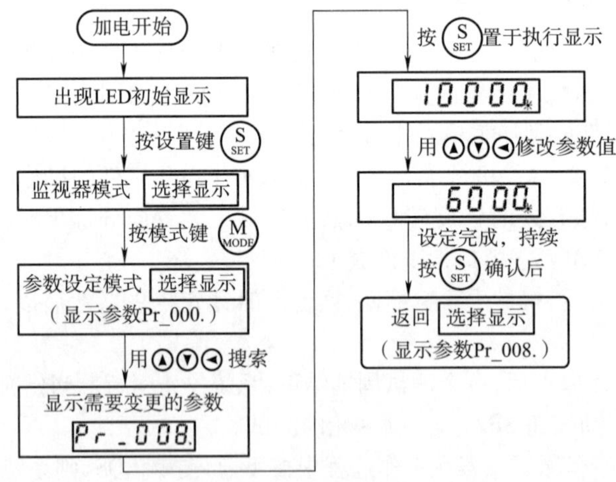

图6-25 参数设定的操作流程

图6-26是在参数设定完成后将参数设定结果写入EEPROM,以保存设定数据的操作流程。

2. 参数初始化

参数初始化操作属于辅助功能模式。须按MODE键选择到辅助功能模式,出现选择显示"AF_Acl",然后按▲键选择辅助功能;当出现"AF-ini"时,按SET键确认,即进入参数初始化功能;出现执行显示“ini-”，持续按Ⓐ 键（约 5 s），出现“StArt”时参数初始化开始，再出现“Finish”时，初始化结束。

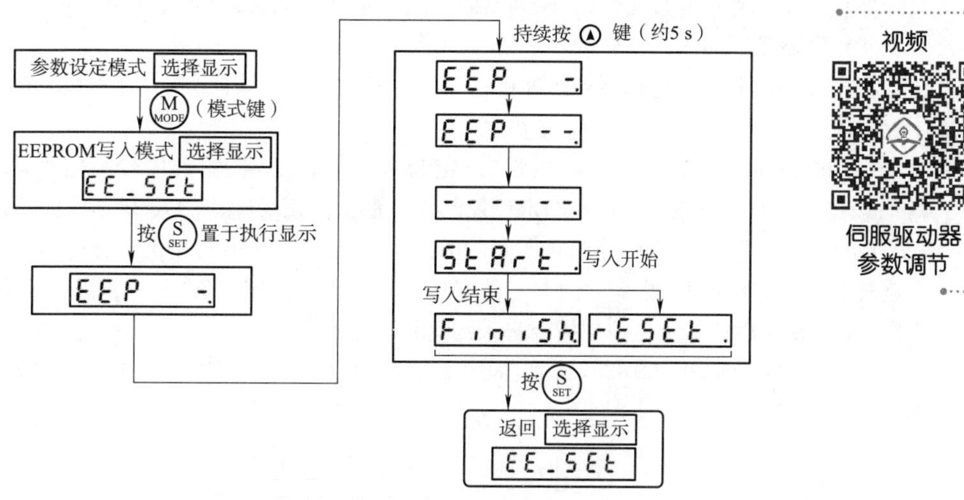

图 6-26　参数保存的操作流程

3. YL-335B 设备中伺服系统需要设置的参数

YL-335B 设备中伺服系统工作于位置控制模式，PLC 的高速脉冲输出端输出脉冲作为伺服驱动器的位置指令，脉冲的数量决定了伺服电动机的旋转位移，亦即机械手的直线位移；脉冲的频率决定了伺服电动机的旋转速度，即机械手的运动速度；PLC 的另一输出点作为伺服驱动器的方向指令。伺服系统的参数设置应满足控制要求，并与 PLC 的输出相匹配。

①指定伺服电动机旋转的正方向。设定的参数为 Pr0. 00。如果设定值为 0，则正向指令时，电动机旋转方向为 CCW 方向（从轴侧看电动机为逆时针方向）；如果设定值为 1（默认值），则正向指令时，电动机旋转方向为 CW 方向（从轴侧看电动机为顺时针方向）。

YL-335B 设备的输送单元要求机械手装置运动的正方向是向着远离伺服电动机的方向。从图 6-27 所示的伺服电动机的传动装置图可见，这时要求电动机旋转方向为 CW 方向（从轴侧看电动机为顺时针方向），故 Pr0. 00 设定为默认值 1。

图 6-27　伺服电动机的传动装置图

②指定伺服系统的运行模式。设定的参数为 Pr0. 01。该参数设定范围为 0 ~ 6，默认值为 0，指定定位控制模式。

③设定运行中发生越程故障时的保护策略。设定的参数为 Pr5. 04，该参数设定范围为 0 ~ 2，数值含义如下：

0：发生正方向（POT）或负方向（NOT）越程故障时，驱动禁止，但不发生报警。

1：POT、NOT 驱动禁止无效（默认值）。

2:POT/NOT 任一方向的输入,将发生 Err38.0(驱动禁止输入保护)出错报警。

机械手装置运动时若发生越程,可能导致设备损坏事故,故该参数设定为2。这时伺服电动机立即停止。仅当越程信号复位,且驱动器断电后再重新加电,报警才能复位。

④设定驱动器接收指令脉冲输入信号的形态,以适应 PLC 的输出信号。

指令脉冲信号形态包括指令脉冲极性和指令脉冲输入模式两方面,分别用 Pr0.06 和 Pr0.07 两个参数设置。

Pr0.06 设定指令脉冲信号的极性,设定为 0 时为正逻辑,输入信号高电平(有电流输入)为“1”;设定为 1 时为负逻辑。PLC 的定位控制指令都使用正逻辑,故 Pr0.06 应设定为 0(默认值)。

Pr0.07 用来确定指令脉冲旋转方向的方式。旋转方向可用两相正交脉冲、正向旋转脉冲和反向旋转脉冲、指令脉冲 + 指令方向等三种方式来表征。当设定 Pr0.07 = 3 时,选择指令脉冲 + 指令方向。FX 系列 PLC 的定位控制指令都采用这种驱动方式。

当设定 Pr0.06 = 0,Pr0.07 = 3 时,伺服驱动器的 PULS 和 SIGN 端子输入的正向指令信号波形图如图 6-28 所示。

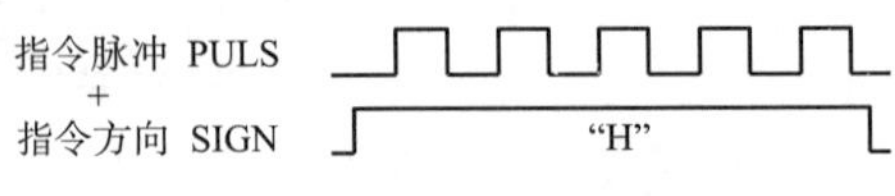

图 6-28　正向指令信号波形图

⑤设置电子齿轮比,以设置指令脉冲的行程。电子齿轮的概念扼要说明如下:图 6-17 所示的三环控制系统结构图可等效地简化为一个单闭环位置控制系统结构图,如图 6-29 所示。图中,指令脉冲信号进入驱动器后,须通过电子齿轮变换后才能与电动机编码器反馈脉冲信号进行偏差计算。电子齿轮实际是一个分-倍频器,合理搭配它的分-倍频值,可以灵活地设置指令脉冲的行程。

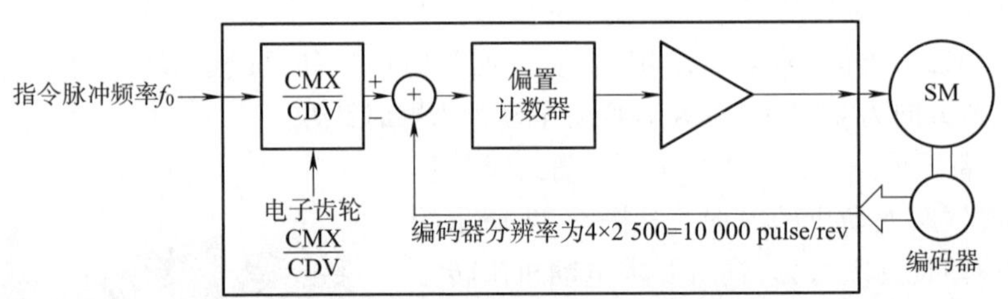

图 6-29　等效的单闭环位置控制系统结构图

A5 系列伺服驱动器配置了 Pr0.08 这一参数,其含义为“伺服电动机每旋转一周的指令脉冲数”。该参数以编码器分辨率(2 500 × 4 = 10 000)为电子齿轮比的分子,Pr0.08 的设置值为分母而构成电子齿轮比。当指令脉冲数恰好为设置值时,偏差器给定输入端的脉冲数正好为 10 000,从而达到稳态运行时伺服电动机旋转一周的目标。

在 YL-335B 中,伺服电动机所连接的同步轮齿数为 12,齿距为 5 mm,故每旋转一周,抓取机械手装置移动 60 mm。为便于编程计算,希望脉冲当量为 0.01 mm,即伺服电动机转一圈,需要 PLC 发出 6 000 个脉冲,故应把 Pr0.08 设置为 6 000。

电子齿轮的设置还用于更复杂设置的场合,需要分别设置电子齿轮比的分子和分母,这时应设定 Pr0.08 = 0,用参数 Pr0.09、Pr0.10 来设置电子齿轮比。

⑥设置前面板显示用 LED 的初始状态。设定参数为 Pr5. 28，参数设定范围为 0 ~ 35，默认设定为 1，显示电动机实际转速。

以上六项参数是 YL-335B 设备的伺服系统在正常运行时所必需的。须注意的是，参数 Pr0. 00、Pr0. 01、Pr5. 04、Pr0. 06、Pr0. 07、Pr0. 08 的设置必须在控制电源断电重启之后才能修改、写入成功。

（二）PLC 的定位控制

1. 认知定位控制的基本要求

（1）原点位置的确定

为了在直线运动机构上实现定位控制，运动机构应该有一个参考点（原点），并指定运动的正方向。YL-335B 输送单元的直线运动机构，原点位于原点开关的中心线上，抓取机械手从原点向分拣单元运动的方向为正方向，可通过设定伺服驱动器的 Pr0. 00 参数确定。

PLC 进行定位控制前，必须搜索到原点位置，从而建立运动控制的坐标系。定位控制从原点开始，时刻记录着控制对象的当前位置，根据目标位置的要求驱动控制对象运动。

（2）目标位置的指定

进行定位控制时，目标位置的指定，可以用两种方式：一种是指定当前位置到目标位置的位移量；另一种是直接指定目标位置对于原点的坐标值，PLC 根据当前位置信息自动计算目标位置的位移量，实现定位控制。前者为相对驱动方式，后者为绝对驱动方式。FX3U 系列 PLC 配置了相对位置控制和绝对位置控制的指令。

在 YL-335B 输送单元机械手的定位控制中，主要使用绝对位置控制指令，这是因为若使用相对位置控制指令，在某些情况下（例如紧急停车后再启动），编程计算当前位置到目标位置的位移量会比较烦琐的缘故。

当目标位置不明确时，上述 PLC 还提供可变速脉冲输出指令。这是另一种运动控制方式，即只指定运动方向和速度，并且速度大小在运动过程中是可改变的，通过外部条件或手动控制来终止运动。

（3）定位控制过程

定位控制驱使控制对象从某一基底速度开始，加速到指定的速度，在到达目标位置前减速到最低速度后停止，如图 6-30 所示。

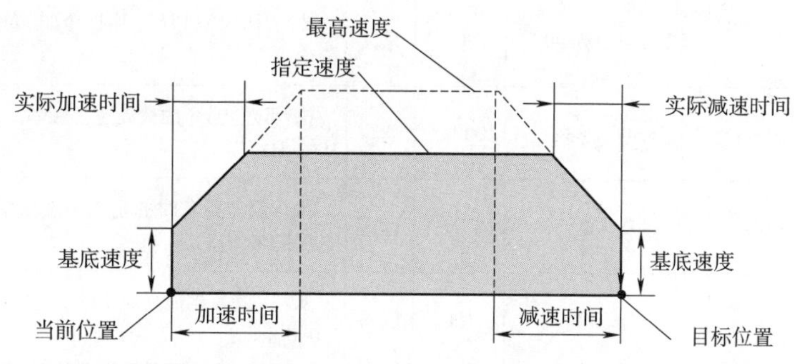

图 6-30　定位控制过程

在图 6-30 中，最高速度受限于电动机和 PLC 的最大输出频率，指定速度应不大于允许的最高速度。基底速度则是运动开始和停止时的速度，如果基底速度数值过低，可能会在运动开始和结束时跳动；数值过高，电动机可能在启动时丧失脉冲，并且在停车时负载惯性过大停不下来。基底速度、最高速度和加、减速时间等是进行定位控制的基本参数信息，需要预先存储在PLC内存中。

2. 认知FX3U系列PLC的定位控制功能

晶体管输出的FX3U系列PLC基本单元均内置最多三轴的定位控制功能。具有这项功能的输出点为Y000 ~ Y002。本任务仅以输出点Y000为例介绍相关定位控制指令，以及它们的功能、指令格式、编程和调试注意事项。

（1）定位控制的相关软元件

FX3U系列PLC用一系列特殊软元件来记录定位控制的参数信息。下面仅对输送单元机械手的定位控制中所使用的部分特殊软元件加以介绍。

①相关的特殊辅助继电器。编程输送单元机械手的定位控制，只使用了脉冲输出中监控、脉冲输出停止指令等两个定位控制专用的标志，此外还使用了“应用指令执行正常结束”标志M8029。（**注意：**M8029适用于指令系统的所有应用指令，其使用方法请参阅有关编程手册。）

两个定位控制专用的标志位见表6-4。

表6-4　两个定位控制专用的标志位

标志位名称	FX3U中地址	属　性	内　　容
Y000脉冲输出中监控（BUSY/READY）	M8340	只读	定位指令（例如ZRN、DRVA、PLSV等）执行时，监控脉冲输出
Y000脉冲输出停止指令（立即停止）	M8349	可驱动	驱动此标志位为ON，立即使脉冲输出停止。注意，这时M8029不能动作

②相关的特殊数据寄存器。表6-5给出了使用Y000输出时，定位指令所使用的部分特殊数据寄存器。其中，最高速度、基底速度、加速时间和减速时间是定位控制的基本参数信息，如果需要修改其初始值，须在PLC加电首个扫描周期写入设定值。

表6-5　定位指令的特殊数据寄存器（使用Y000作为脉冲输出口时）

数据寄存器名称	FX3U地址	初始值	属性	内　　容
当前值寄存器/PLS(32 bit)	[D8341,D8340]	0	只读	执行DRVA、PLSV等指令时，对应旋转方向增减当前值
最高速度频率/Hz(32 bit)	[D8344,D8343]	100 000	读写	执行定位指令的最高速度频率。设定范围为10 Hz ~ 100 kHz
基底速度频率/Hz(16 bit)	D8342	0	读写	执行定位指令时的基底速度频率。设定范围为最高速度的1/10以下
加速时间/ms	D8348	100	读写	从基底速度到最高速度的加速时间。设定范围为50 ~ 5 000 ms
减速时间/ms	D8349	100	读写	从最高速度下降到基底速度的减速时间设定范围为50 ~ 5 000 ms

(2) 原点回归指令 FNC156(ZRN)

①指令的功能。原点回归指令主要用于加电时和初始运行时,搜索和记录原点的位置信息。该指令要求提供一个近原点的信号,原点回归动作从近点信号的前端开始,以指定的原点回归速度向负方向移动;当近点信号为 ON 时,减速至爬行速度;最后,当近点信号由 ON 变为 OFF 时,在停止脉冲输出的同时,使当前值寄存器清零。原点归零动作过程示意图如图 6-31 所示。

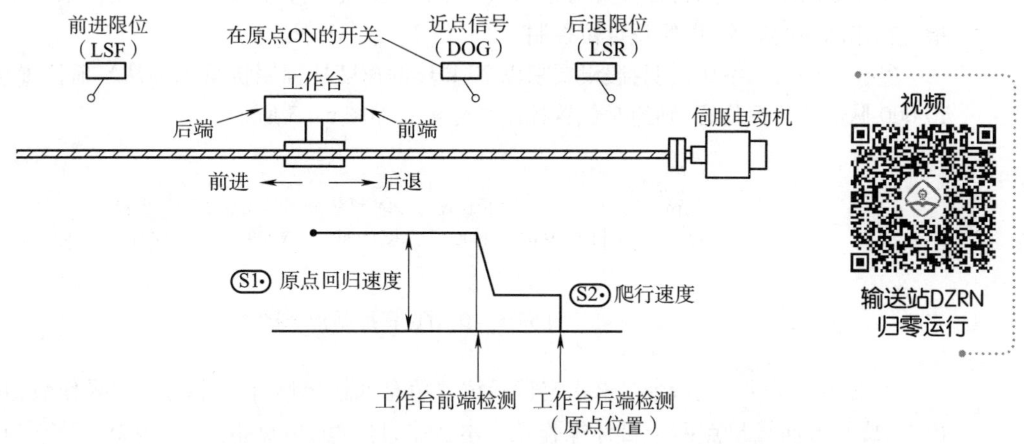

图 6-31　原点归零动作过程示意图

②指令格式。由上述可见,原点回归指令要求提供原点回归开始的速度、爬行速度、指定近点信号输入等三个源操作数,并指定脉冲输出的 Y 编号作为目标操作数。图 6-32 所示为原点回归指令格式的一个示例。

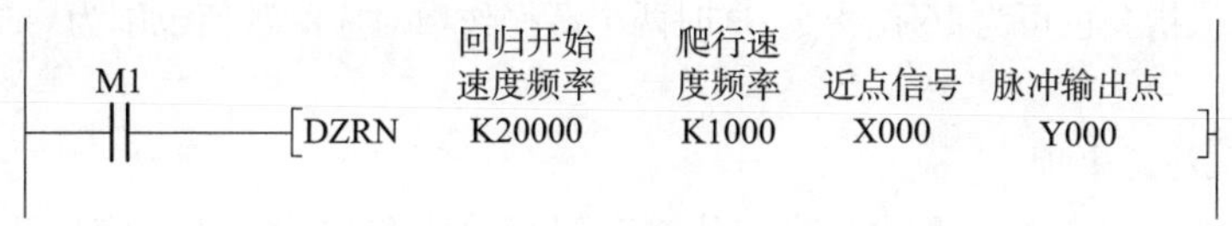

图 6-32　原点回归指令格式的一个示例

示例的指令格式中,回归开始速度频率为 20 kHz,爬行速度频率为 1 000 Hz,近点信号输入点为 X000;脉冲输出点为 Y000。这是一个 16 位指令,如果指定的回归开始速度超过32 767 Hz,就要用 32 位指令 DDZRN,这时回归开始速度的范围为 10 Hz ~ 100 kHz。另外,须指出,近点输入信号应指定输入继电器(X);否则,由于 PLC 运算周期的影响,会引起原点位置的偏移增大。结合输送单元,使用该指令回归原点时,到达原点的时刻不是原点传感器检测到信号,而是原点传感器检测信息从高电平跳转为低电平的时刻。

③编程和调试注意事项:

a. 回归动作必须从近点信号的前端开始向后退方向运动,因此当前值寄存器数值将向减少方向动作。

b. 在原点回归过程中,指令驱动接点 M1 变 OFF 状态时,将不减速而停止,并且在“脉冲输出中"标志处于 ON 时,将不接受指令的再次驱动。这时需至少等待该标志变成 OFF 状态后一个扫描周期,才能再次驱动。

c. 当回归过程正常完成时,指令执行完成标志(M8029)将动作。可用 M8029 的动作来判别回归过程是否正常完成。

(3)绝对位置控制指令 FNC159(DRVA)

①指令的功能。用目标位置对于原点的坐标值(以带符号的脉冲数表示)来指定目标位置,并指定输出脉冲的频率,以实现定位控制。

②指令格式。举例说明:假设要求以 20 kHz 的速度把伺服执行机构从当前位置移到坐标值为 40 000 脉冲的目标位置,则绝对位置控制指令格式如图 6-33 所示。

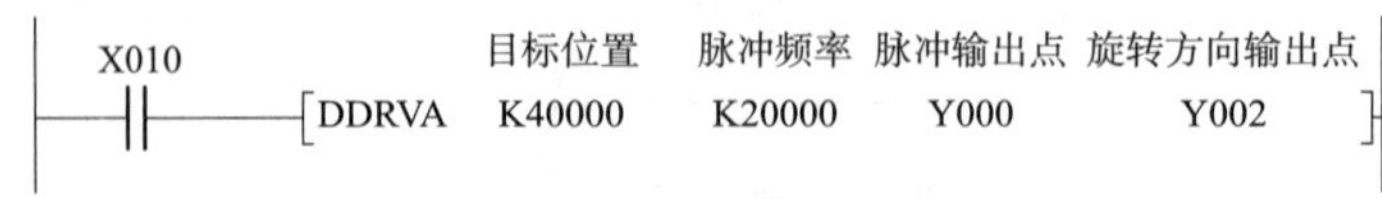

图 6-33 绝对位置控制指令格式

由图 6-33 可见,该指令要求指定目标位置信息和输出脉冲频率两个源操作数,并指定脉冲输出点、旋转方向输出点两个目标操作数。本例中,脉冲输出点指定为 Y000;旋转方向输出点指定为 Y002。

指令格式中,当前位置坐标的信息是隐含的。PLC 执行指令时,自动根据目标位置和当前值寄存器的值计算输出脉冲数,并确定旋转方向信号的状态。当输出的脉冲数为正时,方向输出为 ON;当输出的脉冲数为负时,方向输出为 OFF。

该例的指令为 32 位,目标位置坐标值的范围为 -999 999 ~ +999 999,输出脉冲频率范围为 10 Hz ~ 100 kHz。该指令也可为 16 位指令,这时两个源操作数对应的数值范围为 -32 768 ~ +32 767;10 ~ 32 767 Hz。

③编程和调试注意事项:

a. 脉冲输出时,指令执行过程中的当前值寄存器存放当前位置对于原点的坐标值(32 位数),正转时其数值增加,反转时其数值减小。

b. 在指令执行过程中,即使改变操作数的内容,也无法在当前运行中表现出来,只在下一次指令执行时才有效。

c. 若在指令执行过程中,指令驱动的接点变为 OFF 时,将减速停止。这时指令执行完成标志 M8029 不动作。指令驱动的接点变为 OFF 后,在"脉冲输出中"标志处于 ON 时,将不接受指令的再次驱动,需至少等待该标志变成 OFF 状态后一个扫描周期,才能再次驱动。

(4)可变速脉冲输出指令 FNC157(PLSV)

①指令的功能。PLSV 指令是一个附带旋转方向的可变速脉冲输出指令。执行这一指令,即使在脉冲输出状态中,仍然能够自由改变输出脉冲频率。

②指令格式示例如图 6-34 所示。

该指令只有一个源操作数,用来指定输出脉冲频率。对于 16 位指令,操作数的范围为 1 ~ 32 767 Hz, -1 ~ -32 767 Hz;对于 32 位指令,范围为 10 Hz ~ 100 kHz, -10Hz ~ -100 kHz。

图 6-34　可变速脉冲输出指令格式示例

目标操作数有两个：一是指定脉冲输出地址，此处为 Y000；二是指定旋转方向信号输出地址，此处为 Y002。

③编程和调试注意事项：

a. 在启动/停止时不执行加减速过程。

b. 指令驱动接点变为 OFF 后，在“脉冲输出中”标志处于 ON 时，将不接受指令的再次驱动。需至少等待该标志变成 OFF 状态后一个扫描周期，才能再次驱动。

三、任务实施

（一）编制输送单元控制程序

1. 状态检测和启停控制部分的编程

输送单元运行的程序结构与其他工作单元类似，但具体程序的编制则复杂得多。下面首先说明状态检测和启停控制部分的编程要点。

(1) 加电初始化的处理

加电初始化处理包括如下三项工作：

①把装配、加工和分拣等单元物料台中心点对原点位置的坐标数据装入内存，为位置控制指令提供目标数据。

注意：由图 6-23 给出的装配、加工和分拣等单元的安装定位数据是设计值，实际的安装中不可避免存在误差，因此编程初应首先以设计值指定，在调试过程中加以修正。

表 6-6 给出已转换为脉冲数的各工作单元的安装定位数据的设计值和某次安装后的实际值。

表 6-6　各工作单元的安装定位数据的设计值和某次安装的实际值

项　目	供料单元	装配单元	加工单元	分拣单元
设计值/PLS	0	33 000	98 000	104 000
安装实际值/PLS	0	32 905	97 925	104 065

②对程序运行时的某些位元件进行必要的置位或复位处理。例如，复位“归零完成”标志；置位步进顺序控制程序的初始步 S0 等。

③指定定位控制使用的基本信息。

(2) 异常情况的检测和处理

输送单元运行时的异常情况主要是越程故障和紧急停车，一旦发生这两种情况，PLC 应立即停止输出脉冲，然后再做进一步的处理。系统异常情况检测及处理的编程要点见表 6-7。

表 6-7 系统异常情况检测及处理的编程要点

编 程 要 点	程序段梯形图
①越程故障发生或运行中按下急停按钮，立即使 M8349 ON，停止脉冲输出。 ②急停按钮按下后延迟一个扫描周期，置位急停标志，以停止步进顺序控制程序的执行。直到急停按钮被复位。 **注意：**越程故障时，伺服将报警并立即停止。只有断开伺服电源，并将机械手移出越程位置，重新加电后，伺服报警才能复位。如果出现越程故障，说明系统有缺陷，必须停机检查	X001 右限位 X002 右限位 [SET M40 越程故障] M40 越程故障 X026 急停按钮　M10 系统运行 (M8349 脉冲停止) X026 急停按钮　M10 系统运行　M46 [SET M45 急停标志] (M46) X026 急停按钮 [RST M45 急停标志]

(3)初始状态检查和复位

输送单元的初始状态包括：

①机械手装置各气缸均在初始位置。

②直线运动的参考点（即设备原点）已经被确立，且机械手装置位于指定坐标位置（本任务指定在原点位置）。

若这两个条件均满足，则系统已经处于初始状态，或者说系统已准备就绪。

设备在每次加电时，设备原点尚未确立，此外由于某些原因，由双电控电磁阀驱动的气动手指和摆动气缸也可能不在初始位置（例如，若前次运行期间发生停电，再重新加电时）。因此，系统启动前必须进行初始状态检查。如果系统尚未处于初始状态，就需要按下复位按钮进行复位操作。复位操作的编程要点见表 6-8。

表 6-8 复位操作的编程要点

编 程 要 点	程序段梯形图
①主程序中初始化程序段编程要点： a. 检查机械手装置各气缸是否在初始位置，如均在初始位置，则“机械手初态”标志为 ON。 b. 如果“机械手初态”标志为 ON，设备原点已确立，机械手装置位于原点位置，则初始状态条件被满足。 c. 若系统启动前，系统尚未处于初始状态，则按复位按钮，调用初始化子程序，进行复位操作	X003 下降到位　X006 摆缸右限　X010 缩回到位　X011 夹紧到位 (M5 机械手初态) M5 机械手初态　M0 归零完成　X000 原点开关 (M7 初始状态) X025 SB1_复位　M7 初始状态　M10 系统运行 M17 复位运行 (M17 复位运行) M17 复位运行 [CALL P1 初始化]

续表

<table>
<tr><th>编 程 要 点</th><th>程序段梯形图</th></tr>
<tr><td>

②初始化子程序 P1 编程要点：

a. 机械手装置的复位操作，只需考虑由双电控电磁阀驱动的气动手指和摆动气缸；由单电控电磁阀驱动的提升气缸和伸缩气缸不需要考虑。

b. 如果气动手指在夹紧状态，则置位松开驱动输出，使电磁阀用于松开的线圈得电。气动手指复位到松开状态后，延时 1 s 复位松开驱动输出，使复位后驱动电磁阀的两个线圈均失电。

c. 摆动气缸的复位编程方法与气动手指相同。

d. 在正常安装下，若气动手指和摆动气缸均在复位状态，则机械手装置处于初始位置。如果设备原点尚未确立，则调用原点回归子程序 P2 以确定设备原点

</td><td>

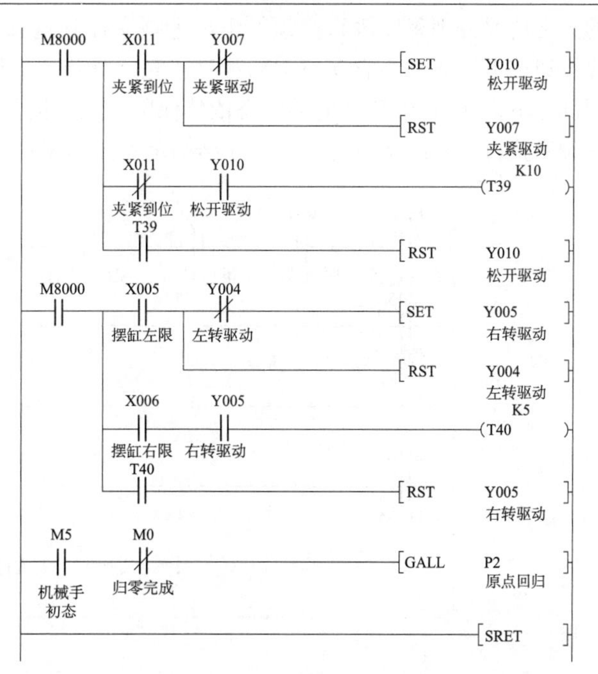

</td></tr>
<tr><td>

③原点回归子程序 P2 编程要点：

a. 由于原点位置定义在原点开关的中心线位置，编制原点回归子程序 P2 时，应分为两个阶段：分别用归零 1 和归零 2 两个标志表示。

b. 在归零 1 阶段，用原点回归指令（DZRN），使机械手装置从原点开关前端位置（例如，直线运动机构中间）开始向负方向移动，搜索原点开关位置的近点信号，最后在近点信号的下降沿处停止，当前值寄存器清零。这时机械手装置与原点开关中心线之间有一个准确的负方向的偏移量（2 200 pls）。

c. 在归零 2 阶段，执行绝对位置控制指令（DDRVA），使机械手装置沿正方向移动到中心线位置处，并使当前值寄存器再次清零，这样设备原点即被确定，“归零完成”标志被置位

</td><td>

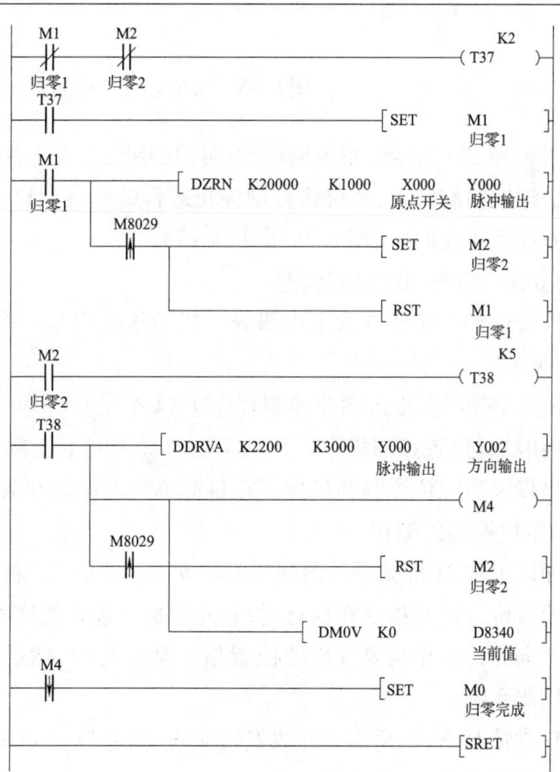

</td></tr>
</table>

(4)紧急停车处理的程序结构

对系统运行过程的编程,须考虑紧急停车的处理。急停发生时,除了立即停止脉冲输出外(见前述的异常情况处理程序段),尚须停止步进顺序控制过程的执行。本程序仍采用跳转指令实现:当急停按钮按下后急停标志 M45 ON,程序将直接跳转到主程序结束指令(FEND),被跳过的步进顺序控制部分不再执行,但跳转前的状态依然保留。急停按钮复位后急停标志断开,系统将继续断点前程序顺序执行。系统运行过程的程序结构示意图如图 6-35 所示。

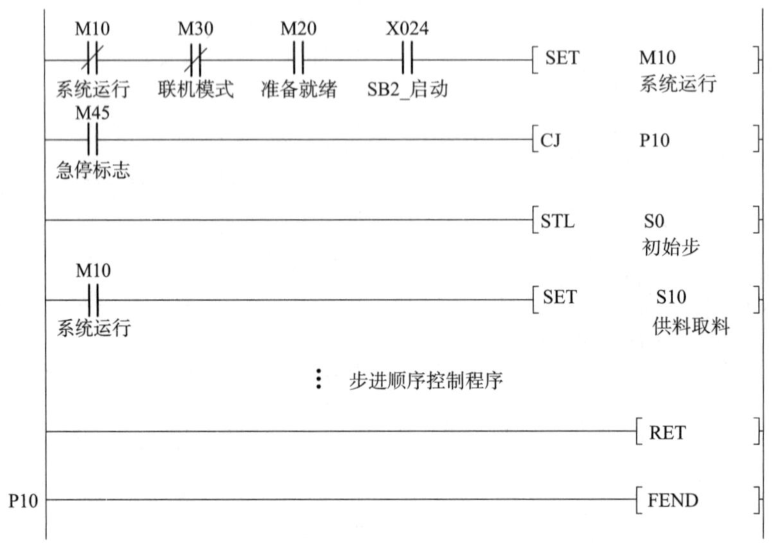

图 6-35　系统运行过程的程序结构示意图

由图 6-35 尚可看到,系统启动后(M10 ON),并没有外部停止指令使系统停止的操作。这是因为当一个测试周期结束,系统将自动停止运行的缘故。自动停止运行的编程,是在步进顺序控制程序返回原点后实现的(见图 6-36 的工步 13)。

2. 步进顺序控制过程的编程

工件传送是工作任务的主控部分。其工作过程是一个单序列的步进顺序控制,流程示意图如图 6-36 所示。

由图 6-36 可见,步进顺序控制程序达 14 个工步,但究其功能,可归纳为驱动机械手运动的定位控制(使用绝对位置控制指令)、机械手在目标单元上抓取和放下工件以及机械手手臂的左右摆动等。这里仅说明定位控制和机械手在目标单元上抓取和放下工件的编程要点。

(1)定位控制的编程

下面以工步 2(机械手移动到装配单元)为例说明。梯形图如图 6-37 所示。

①绝对位置控制指令在执行时,首先根据当前位置寄存器和目标位置对原点的坐标值,自动判别运动方向并计算出需要发出的位置指令脉冲总数,然后以 30 000 脉冲/s 的速率从 Y000 输出脉冲驱动伺服系统。

②正常情况下,当全部脉冲数发送完毕,指令执行完成标志 M8029 动作,使步进程序转换到装配单元进料工步。

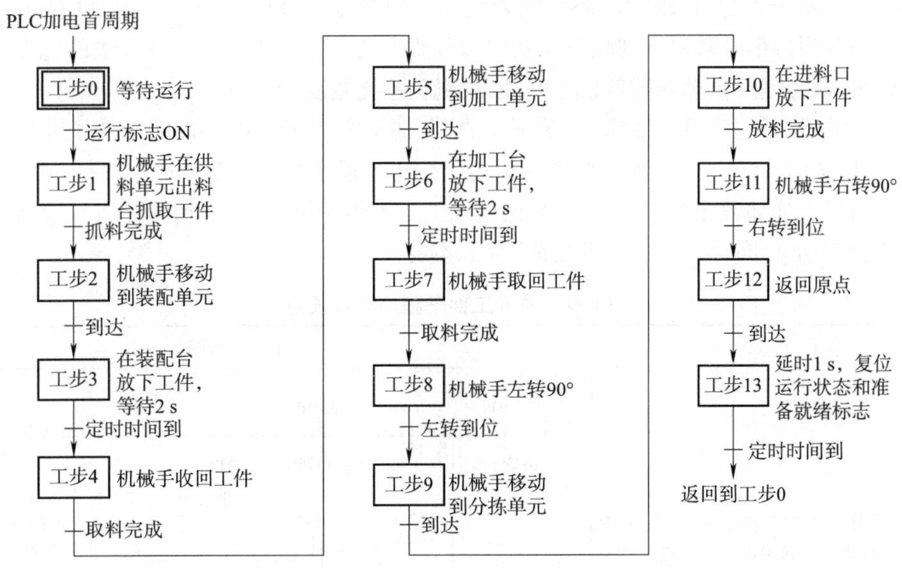

图 6-36　单序列的步进顺序控制流程示意图

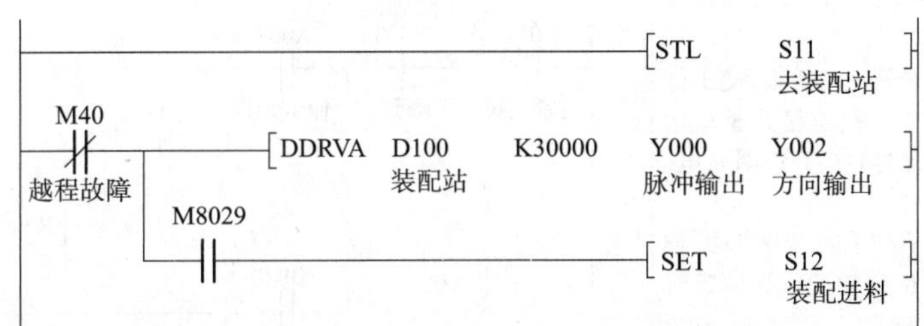

图 6-37　机械手从供料单元移动到装配单元的梯形图

③伺服系统具有良好的跟随能力，能迅速地跟随着当前已接收的位置指令脉冲数运动。倘若指令在执行过程中发生中断，比如当指令发出 10 000 个脉冲时，急停按钮被按下，脉冲输出立即停止，此时指令尚未执行完成，M8029 不动作。而伺服电动机将在完成 10 000 脉冲的运动行程后停止下来。急停复位后，绝对位置控制指令从断点前的位置开始重新执行，继续发送剩余的位置指令脉冲数后，指令执行完成。

（2）机械手在目标单元上抓取和放下工件的编程

这一过程是按顺序动作的过程。抓取工件是从机械手提升、伸缩气缸和气动手指在初始位置开始的，经过手臂伸出→手爪夹紧→提升台上升，实现将工件抓起，然后手臂缩回，完成抓取工件的动作；放下工件则是在提升台上限位置，手爪夹紧状态开始，经过手臂伸出→提升台下降→手爪松开等动作，将工件放下，然后手臂缩回，完成放下工件的动作。

机械手传送工件的过程中，有多个工步需要进行抓取或放下工件的操作，因此可在相应工步采用子程序调用的方法来实现，使程序编写得以简化。下面仅以工步 3（在装配台放下工件，等待 2 s）为例，说明放下工件子程序的编制、在工步中调用该子程序的编程要点。抓取工件子程序的编制与之相近，请读者自行完成。

编写放下工件子程序的方法有多种,例如使用移位指令或译码指令等实现顺序控制。表6-9所示的是借助各限位信号联锁实现顺序控制的编程要点及子程序清单。这种方法的优点是子程序所用步数较少,缺点是要借助各限位信号联锁,逻辑关系比较复杂。

值得注意的是,子程序最后在输出"放下完成"标志后即返回。由于返回后的子程序不再被扫描,"放下完成"标志M37的ON状态将保持。为了防止对程序的其他部分产生干扰,M37的ON状态应在适当时候由外部程序复位。图6-38给出的工步3程序段,在放下动作完成后等待2 s,转移到下一工步(S13步),同时,复位"放下完成"标志本身。

表6-9　放下工件子程序编程要点

编 程 要 点	程序段梯形图
放下工件操作是在提升台上限位置,手指夹紧,手臂缩回状态的起始位置开始进行的。 步骤1:在起始位置,延时0.5 s后执行手臂伸出操作。 步骤2:伸出到位后复位提升驱动信号,使提升机构下降。 步骤3:下降到位后,松开气动手指,使工件放下在装配台上;延时1 s,复位松开驱动信号,使气动手指驱动电磁阀的松开线圈断电。同时,执行手臂缩回操作。 步骤4:缩回到位后,机械手的提升机构、伸缩气缸、气动手指均复位到初始位置。延时0.5 s,输出放下完成标志	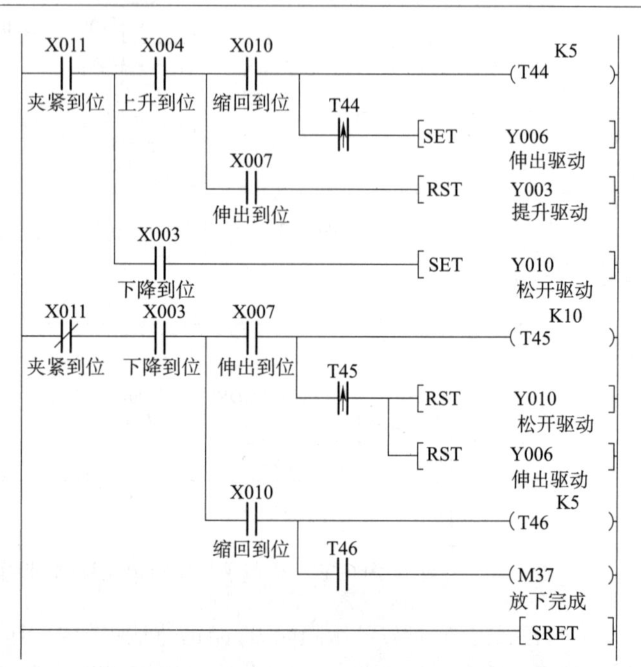

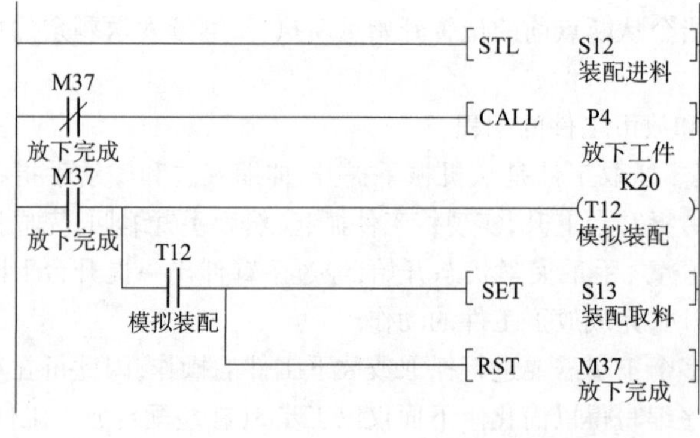

图6-38　装配进料工步的梯形图

(二)伺服驱动器参数设置

在 YL-335B 上,伺服驱动器采用位置控制模式,脉冲的频率反映伺服电动机的旋转速度,即带动机械手的运动速度,因为伺服电动机旋转一周,带动同步带行走的距离是 60 mm,因此电动机每旋转一周的脉冲数通常设定为能整除 60 的数据。根据表 6-2,FX3U-48MT 的 Y002 为脉冲输出方向端子。对于控制要求较为简单的,伺服驱动器可采用自动增益调整模式。根据上述要求,伺服驱动器参数设置见表 6-10。

表 6-10　伺服驱动器参数设置

序号	参数		设置数值	功能和含义
	参数编号	参数名称		
1	Pr5.28	LED 初始状态	1	显示电动机转速
2	Pr0.01	控制模式	0	位置控制(相关代码 P)
3	Pr5.04	驱动禁止输入设定	2	当左或右(POT 或 NOT)限位动作,则会发生 Err38 行程限位禁止输入信号出错报警。设置此参数值必须在控制电源断电重启之后才能修改、写入成功
4	Pr0.04	惯量比	250	
5	Pr0.02	实时自动增益设置	1	实时自动调整为标准模式,运行时负载惯量的变化情况很小
6	Pr0.03	实时自动增益的机械刚性选择	13	此参数值设得越大,响应越快
7	Pr0.06	指令脉冲旋转方向设置	0	
8	Pr0.07	指令脉冲输入方式	3	
9	Pr0.08	电动机每旋转一周的脉冲数	6 000	

注:其他参数的说明及设置请参见松下 MINAS A5 系列伺服电动机、驱动器使用说明书。

(三)输送单元程序综合调试

①运行程序前必须检查左、右极限开关和原点开关的动作可靠性,防止在调试过程中机械手越出行程而发生撞击设备的事故。

②运行程序前,机械手装置不要置于原点开关动作的位置;否则,执行原点回归指令时,可能会发生右越程故障。因此,设备加电前,应按工作任务的规定手动将机械手装置移动到直线导轨约中间位置。

项 目 小 结

①YL-335B 输送单元的主要功能就是控制抓取机械手装置完成工件的传送。实现准确传送的关键,是精确确定装配、加工、分拣等工作单元物料台的位置坐标。

②伺服系统具有对给定的位置信号良好的跟踪能力,因此在急停以后重新运行,仍能准确达到目标位置。

③输送单元的程序与前面几个工作单元相比较为复杂,使用了较多的中间变量。若不预先规划而到编程时随意设置,将会使程序凌乱,可读性差,甚至出现内存冲突的后果。因此,编程前对中间变量有一个大体的规划是必要的,通常的做法是按变量功能划分存储区域,设置必要的中间变量,并留有充分余地,以便程序调试时添加或修改。表6-11给出了本程序中所使用的中间变量存储区。

表6-11　中间变量存储区

中间变量含义	变量存储区	中间变量含义	变量存储区
初始化操作	M0 ~ M7	工作模式及状态	M30 ~ M37
系统运行操作	M10 ~ M17	异常情况及处理	M40 ~ M47
准备就绪检查	M20 ~ M27		

思　考　题

①输送单元抓取机械手装置在运动过程中,不允许发生越程故障,否则可能损坏设备。但设备运行中可能出现极限开关误动作的情况。请设计一个编程方案,当发生极限开关误动作时,程序能自动判断越程故障的真伪;若为误动作越程,程序能在伺服系统重新加电后恢复正常运行。

②如图6-39所示,自动线布局调整如下,输送单元的原点调整至左侧:

a. 伺服驱动器参数应如何设置?

b. 若输送单元运行的顺序为供料—装配—加工—分拣,试根据本项目任务3中已知的各个单元的尺寸,合理确定各个单元的尺寸,采用定位控制指令实现输送单元的功能。

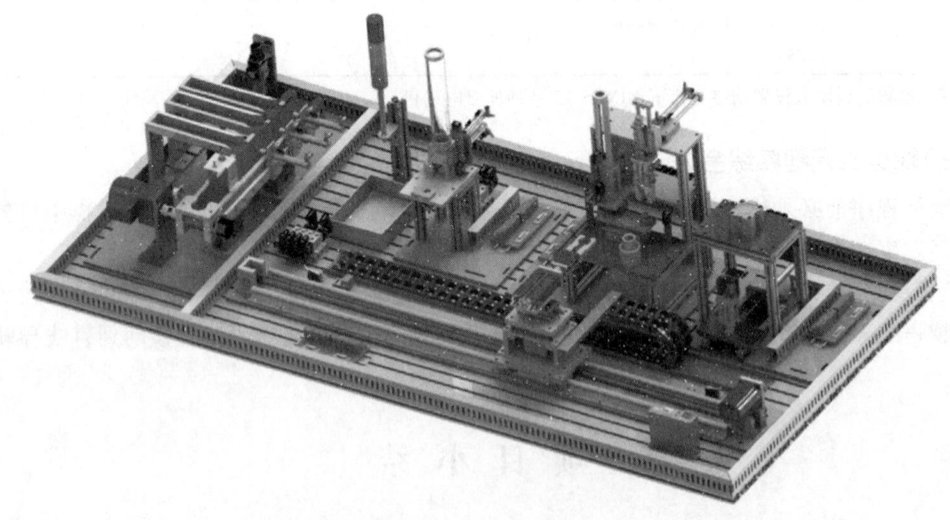

图6-39　YL-335B工作单元新布局

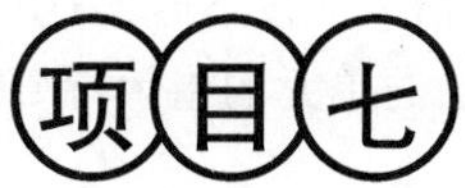

YL-335B 自动化生产线联机运行控制

项目目标

①掌握 YL-335B 自动化生产线总体安装与调试的基本方法和步骤。

②掌握 FX 系列 PLC *N*:*N* 通信协议；能进行 *N*:*N* 通信网络的安装、编程与调试；能排除一般的网络故障。

③能根据工作任务的要求进行人机界面设置、网络组建及各单元控制程序设计。

④能解决自动化生产线安装与运行过程中出现的常见问题。

建议学时

任务 1　*N*:*N* 网络组建与控制　4 学时

任务 2　系统联机运行的人机界面组态和 PLC 编程　4 学时

重点

①YL-335B 自动化生产线各工作单元安装与调试。

②*N*:*N* 网络的安装、接线与通信编程。

③YL-335B 联机运行通信数据规划。

④YL-335B 联机运行上位机界面设计。

⑤YL-335B 自动化生产线线联调。

难点

①*N*:*N* 网络的特殊辅助继电器与寄存器理解与设置。

②*N*:*N* 网络信息交换数据量规划。

③YL-335B 联机运行调试。

任务 1　*N*:*N* 网络组建与控制

一、工作任务

YL-335B 五个工作单元机械装配、电气接线、单站编程控制已完成，请完成各工作单元 *N*:*N* 网络 FX3U-485BD 板安装、接线与编程调试，实现以下控制功能：

①按下输送单元的 SB1，供料单元、加工单元、装配单元、分拣单元的指示灯 HL1 点亮，按下输

送单元的 SB2,各工作单元指示灯 HL1 熄灭。

②当某一工作单元的 SB1 被按下时,表明该单元被启动,当该工作单元 SB2 被按下时,表明该单元停止。当供料单元、加工单元、装配单元、分拣单元都处于运行状态时,输送单元的指示灯 HL1 点亮,否则有任何一个单元处于停止状态时,输送单元指示灯熄灭。

二、关联知识点

(一)串行通信的信息格式和接口标准

1. 串行通信的概念

当代 PLC 数据网络的主要通信方式是采用异步传送数据的串行通信方式。

串行通信是以二进制的位(bit)为单位的数据传输方式,所传送数据按顺序一位一位地发送或接收,所以串行通信仅需要一根到两根传送线。近年来,串行通信在速度方面发展很快,达到近兆比特每秒的数量级,因而在分布式控制系统中得到了广泛的应用。

数据的异步传送是将数据位划分成组(bit 组)独立传送,发送方可以在任何时刻发送该 bit 组,而接收方并不知道该 bit 组什么时间发送。发送方通过在送出的 bit 组前加起始位,bit 组后加停止位来实现发、收双方同步,因此异步传送又称起止式传送。

成功地进行数据传送的关键是约定好发、送双方都应遵守的通信协议。通信协议可以从两个方面来理解:一是软件方面,发、收双方应遵守相同的表达信息的格式,并设定好相同的数据传输速率即波特率;二是硬件方面,也就是规定了硬件接线的传输介质、线数、信号电平的表示、可使用的波特率和最大传输距离等接口标准。

2. 异步串行通信方式的信息格式

异步串行通信方式的信息格式如图 7-1 所示。

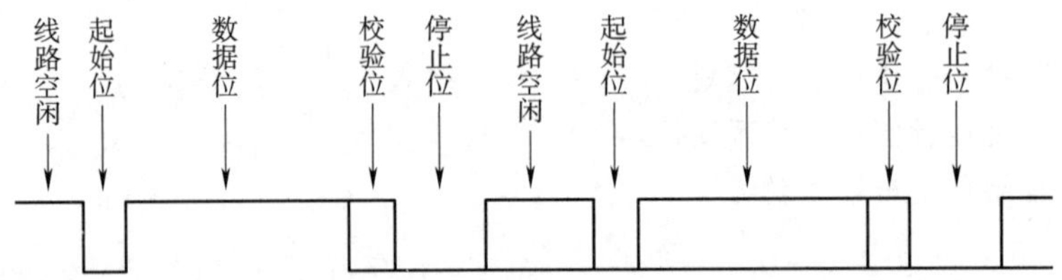

图 7-1　异步串行通信方式的信息格式

由图 7-1 可见,被传送的数据被编码成一串脉冲组成的字符,每一个字符数据则由四个部分按顺序组成。数据传送过程如下:

①当通信线上没有被传送的数据时处于逻辑 1(高电平)状态。若发送设备要发送一个字符数据,首先发出一个逻辑 0(低电平)信号,这个逻辑低电平即起始位。

②接收设备收到起始位后,紧接着就会收到数据位。这些数据位从最低有效位开始发送,依顺序在接收设备中被转换为并行数据。数据位可以是 5 ~ 8 位,不同类型的 PLC 采用不同的数据位,例如 FX 系列为 7 位。

③数据位发送完后,可以发送奇偶校验位,奇偶校验用于有限差错检测。通信双方约定一致的奇偶校验方式,如果选择偶校验,那么组成数据位和奇偶校验位的逻辑 1 的个数和必须是偶数;如

果选择奇校验,那么逻辑 1 的个数和必须是奇数。接收方发现奇偶校验错误后,就可要求发送方重发,从而增强了传输的可靠性。

④在奇偶校验位或数据位(当无奇偶校验时)之后发送的是停止位。停止位是一个字符数据的结束标志,可以是 1 位、1.5 位或 2 位的低电平。接收设备收到停止位后,通信线便又恢复到高电平,直到下一个数据字符的起始位到来。

异步传送就是按照上述约定好的固定格式进行数据传送。PLC 通信网络的软件组态,首先就是设置信息格式、数据传输的波特率。此外,对网络上的每一个工作单元还要赋予一个唯一的通信地址。

3. 串行通信接口标准

(1)RS-232-C 串行接口标准

RS-232-C 是 1969 年美国电子工业协会(EIA)公布的串行通信标准。它既是一种协议标准,又是一种电气标准,它规定了终端和通信设备之间信息交换的方式和功能。

①采用按位串行通信的方式,波特率规定为 19 200、9 600、4 800、2 400 等。

②采用单端发送、单端接收的连接方式,即以一根信号线相对于接地信号线的电压来表示逻辑状态 1 或 0。

③能在两个方向上同时发送(TXD)和接收(RXD)数据,即全双工的传输模式。

④传送介质为双绞线,连接线长度一般容许在 44 m 以内。如果是有屏蔽的双绞线,则容许长度可加长,在有干扰的环境下容许长度则要减少。

RS-232-C 是 PC 与通信工业中应用最广泛的一种串行接口,目前许多 PLC、触摸屏等设备与 PC 间的通信仍然是通过 RS-232-C 标准接口来实现的。但此接口标准接口信号电平较高,易损坏接口电路芯片;传输速率较低,波特率不超过 20 kbit/s;单端连接的共地传输方式容易产生共模干扰,抗噪声干扰能力差等缺点。

(2)RS-422-A 串行接口标准

RS-422-A 采用平衡驱动、差分接收,取消了信号地线,示意图如图 7-2 所示。

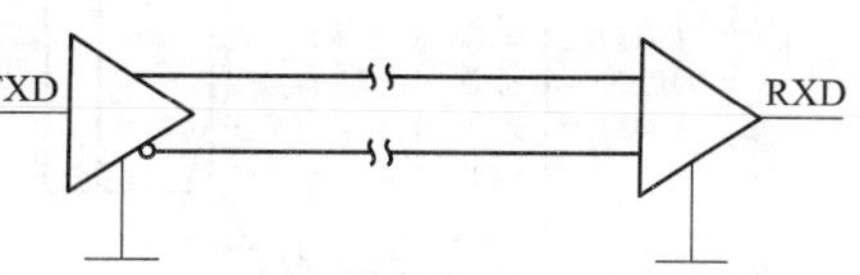

图 7-2　平衡驱动、差分接收的示意图

平衡驱动相当于两个单端驱动器,其输入信号相同,两个输出信号互为反相信号。图 7-5 中的小圆圈表示反相。接收器用抗共模干扰能力较强的差分输入,能从干扰信号中识别出驱动器输出的有用信号,从而克服外部干扰的影响,而通信速率和驱动能力也大大提高。RS-422-A 在最大传输速率(10 Mbit/s)时,允许的最大通信距离为 12 m;传输速率为 100 kbit/s 时,最大通信距离达 1 200 m。一台驱动器可以连接 10 台接收器。

RS-422-A 采用全双工的传输模式,需要四根信号线,因而限制了它的应用。在 PLC 的应用中,主要用于与 PC 连接的编程口,例如 FX 系列 PLC 目前均用 RS-422 接口作编程口,编程电缆带有 RS-232/RS-422 转换器,使用时 RS-232 端连接到 PC 串口,RS-422 端连接到 PLC 编程口。

(3)RS-485 串行接口标准

RS-485 实际上是 RS-422-A 的变形,它的许多电气规定与 RS-422-A 相仿,例如都采用平衡传输方式,都需要在传输线上接终端电阻。不同点在于,RS-485 为半双工通信方式;并且只需一对平衡差分信号线。由于信号线少,很容易实现多点双向通信,这是 RS-485 的一个重要的特点。

RS-485 的电气特性如下：

①用两线间电压差的正或负(2 ~6 V 或 -2 ~ -6 V)表示逻辑“1”或“0”。

②数据最高传输速率为 10 Mbit/s;最大传输距离标准值为 1 219.2 m,实际上可达 3 000 m。

③RS-485 接口在总线上允许连接多达 128 个收发器,即具有多站能力。

④传输介质为双绞线,一般均采用屏蔽双绞线。

视频

N：N网络通信收发数据

RS-485 接口由于信号线少、良好的抗噪声干扰性、长传输距离和多站能力等优点而成为首选的串行接口。RS-485 标准在工业控制自动化、交通控制自动化、楼宇自控系统等多个领域得到广泛应用,而且不少现场总线物理层也采取 RS-485 的电气标准。

YL-335B 采用 RS-485 串行通信总线实现各工作单元的互联,构成了分布式的控制系统。PLC 网络的具体通信模式,取决于所选厂家的 PLC 类型。YL-335B 的标准配置为:若 PLC 选用 FX 系列,通信方式则采用 N:N 网络通信。数据收发采用的是半双工广播式通信。任何一个工作站发出的信息,其他各个工作站均能接收到信息,由各个工作站判定是否接收用于逻辑控制,收和发采用的同一物理通道,既可以接收也可以发送信息,但是同一个时刻,只能收或者发信息。

(二)FX3U-485-BD 通信扩展板

使用 FX 系列的 YL-335B 一般通过安装在各单元 PLC 上的 FX3U-485-BD 通信扩展板连接成 N:N 通信系统。FX3U-485-BD 是一种价格低廉,最大延伸距离为 50 m,适用于要求不高的网络;但又可简单地对通信端口进行扩展的功能扩展板。FX3U-485-BD 的外观、LED 显示/端子排列以及安装方法如图 7-3 所示。

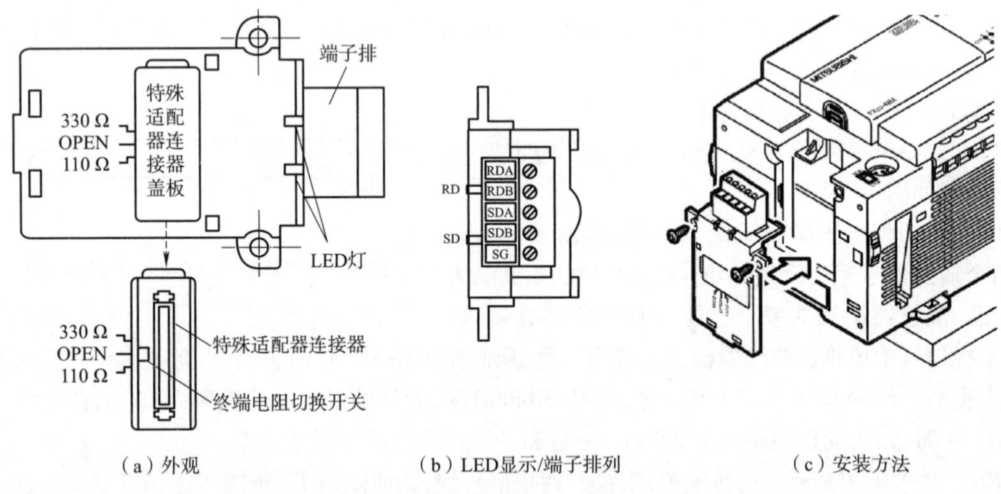

图 7-3　FX3U-485-BD 的外观、LED 显示/端子排列以及安装方法

(三)N:N 通信网络连接与组态

1. FX 系列 PLC N:N 通信网络的特性

FX 系列 PLC 的 N:N 网络建立在 RS-485 传输标准上,网络中必须有一台 PLC 为主站,其他 PLC 为从站,网络中站点的总数不超过八个。网络的通信协议是固定的:采用半双工通信,波特率(bit/s)固

定为 38 400 bit/s；数据长度为 7 位、偶校验、停止位 1 位，标题字符、终结字符和校验等也均是固定的。

N:*N* 网络采用广播方式进行通信：网络中每一站点的 PLC 内存都有一个用特殊辅助继电器和特殊数据寄存器组成的连接存储区，各个站点连接存储区地址编号都是相同的。各站点向自己站点连接存储区中规定的数据发送区写入数据，使得网络上任何一台 PLC 中的发送区的状态会反映到网络中的其他 PLC，因此数据可供通过 PLC 连接起来的所有 PLC 共享，且所有单元的数据都能同时完成更新。

2. FX3U-485-BD 板

YL-335B 上各工作单元均使用 FX3U-485-BD 通信扩展板进行 *N*:*N* 网络接线。每个 BD 板有五个端子，分别为 SDA、SDB 为发送的一对差分信号；RDA、RDB 为接收的一对差分信号；SG 为接地信号。接线时将各自的收、发的 A 信号短接，各自的收、发的 B 信号短接，按照图 7-4 连接各 BD 板端口。

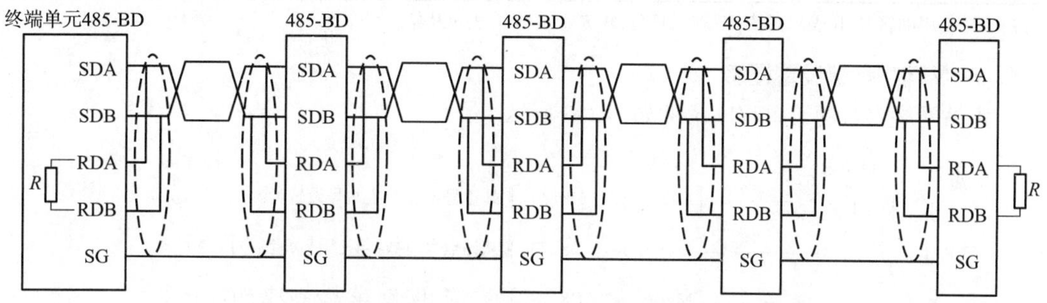

图 7-4　YL-335B 各站点的通信接线

3. 组态 *N*:*N* 通信网络

FX 系统的 *N*:*N* 通信网络的组态主要是对各站点 PLC 用编程方式设置网络参数实现的。编程十分简单，只需要在程序开始的第 0 步，用 M8038 使能，向主站的特殊数据寄存器 D8176 ~ D8180 写入相应的参数；向从站的寄存器 D8176 写入站点号即可。但必须确保把此程序作为 *N*:*N* 网络参数设定程序从第 0 步开始写入，在不属于上述程序的任何指令或设备执行时结束。这段程序不需要执行，只需要把其编入此位置时，自动变为有效。

PLC 规定了与 *N*:*N* 通信网络相关的标志位（特殊辅助继电器）、存储网络参数和网络状态的特殊数据寄存器。在 YL-335 上组态 *N*:*N* 网络时，所使用的部分标志位和特殊数据寄存器分别见表 7-1、表 7-2。

表 7-1　*N*:*N* 网络使用的特殊辅助继电器

特　性	辅助继电器	名　称	描　述	响应类型
R	M8038	*N*:*N* 网络参数设置	用来设置 *N*:*N* 网络参数	M，L
R	M8183	主站的通信错误	当主站产生通信错误时 ON	L
R	M8184 ~ M8190	从站的通信错误	当从站产生通信错误时 ON	M，L
R	M8191	数据通信	当与其他站点通信时 ON	M，L

注：表中使用的符号，R 表示只读；W 表示只写；M 表示主站；L 表示从站。

M8184 ~ M8190 是从站的通信错误标志，第 1 从站用 M8184，……，第 7 从站用 M8190。

在 CPU 错误、程序错误或停止状态下，对每一站点处产生的通信错误数目不能计数。

表 7-2 *N*:*N* 网络使用的特殊数据寄存器（部分）

特 性	数据寄存器	名 称	描 述	响应类型
R	D8173	站点号	存储它自己的站点号	M,L
R	D8174	从站点总数	存储从站点的总数	M,L
R	D8175	刷新范围	存储刷新范围	M,L
W	D8176	站点号设置	设置它自己的站点号	M,L
W	D8177	从站点总数设置	设置从站点总数	M
W	D8178	刷新范围设置	设置刷新范围模式号	M
W/R	D8179	重试次数设置	设置重试次数	M
W/R	D8180	通信超时设置	设置通信超时	M

注：表中使用的符号，R 表示只读；W 表示只写；M 表示主站；L 表示从站。

4. *N*:*N* 网络参数设置程序

①主站网络参数的设置程序示例如图 7-5 所示。

图 7-5 主站网络参数的设置程序示例

图 7-6 中的特殊数据寄存器意义如下：

a. 特殊数据寄存器 D8176 用于站点号设置，对主站必须设定为 0#站。

b. D8177 用于设定从站点总数，不包括主站点。

c. D8178 用于设置刷新范围，后文将进一步说明。

d. D8179 设置重试次数，设置范围为 0～10（默认为 3），对于从站，此设置不需要。如果一个主站试图以超过此重试次数与从站通信，此站点将发生通信错误。

e. D8180 设置通信超时值，设置范围为 5～255（默认为 5），此值乘以 10 ms 就是通信超时的持续驻留时间。

②从站网络参数设置更为简单，只需要设置站点号即可，程序示例如图 7-6 所示。

M8038
0 ─┤├─ [MOV K1 D8176] 站点号设置：1

图 7-6 从站网络参数的设置程序示例

5. *N*:*N* 网络信息交换数据量的设置

特殊数据寄存器 D8178 用于设置刷新范围，指的是各站点的连接存储区，这一参数表征了网络中信息交换的数据量。根据系统信息交换量的需求，可选择表 7-3(a)(模式 0)、表 7-3(b)(模式 1)和表 7-3(c)(模式 2)三种刷新模式。在每种模式下使用的元件被 *N*:*N* 网络所有站点所占用。

数据在网络上传输需要耗费时间，*N*:*N* 网络是采用广播方式进行通信的，每完成一次刷新所需用的时间就是通信时间(ms)，网络中站点数越多，数据刷新范围越大，通信时间就越长。为了确保网络通信的及时性，在编写与网络有关的程序时，需要根据网络上通信量的大小，选择合适的刷新模式。

表 7-3　刷新模式

(a)模式 0 的站点号与位、字软元件对应表

站点号	元　件		站点号	元　件	
	位软元件(M)	字软元件(D)		位软元件(M)	字软元件(D)
	0 点	4 点		0 点	4 点
第 0 号	—	D0 ~ D3	第 4 号	—	D40 ~ D43
第 1 号	—	D10 ~ D13	第 5 号	—	D50 ~ D53
第 2 号	—	D20 ~ D23	第 6 号	—	D60 ~ D63
第 3 号	—	D30 ~ D33	第 7 号	—	D70 ~ D73

(b) 模式 1 的站点号与位、字软元件对应表

站点号	元　件		站点号	元　件	
	位软元件(M)	字软元件(D)		位软元件(M)	字软元件(D)
	32 点	4 点		32 点	4 点
第 0 号	M1000 ~ M1031	D0 ~ D3	第 4 号	M1256 ~ M1287	D40 ~ D43
第 1 号	M1064 ~ M1095	D10 ~ D13	第 5 号	M1320 ~ M1351	D50 ~ D53
第 2 号	M1128 ~ M1159	D20 ~ D23	第 6 号	M1384 ~ M1415	D60 ~ D63
第 3 号	M1192 ~ M1223	D30 ~ D33	第 7 号	M1448 ~ M1479	D70 ~ D73

(c)模式 2 的站点号与位、字软元件对应表

站点号	元　件		站点号	元　件	
	位软元件(M)	字软元件(D)		位软元件(M)	字软元件(D)
	64 点	8 点		64 点	8 点
第 0 号	M1000 ~ M1063	D0 ~ D7	第 4 号	M1256 ~ M1319	D40 ~ D47
第 1 号	M1064 ~ M1127	D10 ~ D17	第 5 号	M1320 ~ M1383	D50 ~ D57
第 2 号	M1128 ~ M1191	D20 ~ D27	第 6 号	M1384 ~ M1447	D60 ~ D67
第 3 号	M1192 ~ M1255	D30 ~ D37	第 7 号	M1448 ~ M1511	D70 ~ D77

在图 7-7 所示的网络参数设置程序的例子中，刷新范围设置为模式 2。这时每一站点占用 64 × 8 个位软元件，8 × 8 个字软元件作为连接存储区。在运行中，对于第 0 号站(主站)，希望发送到网络的开关量数据应写入位软元件 M1000 ~ M1064 中，而希望发送到网络的数字量数据应写入字软元件 D0 ~ D7 中，……，对其他各站点依此类推。

如果按上述对主站和各从站编程,完成网络连接后,再接通各 PLC 工作电源,即使在 STOP 状态下,通信也将进行。

三、任务实施

(一)安装和连接 N:N 网络

①安装前,应首先断开电源。在各工作单元 PLC 特殊功能扩展卡接口处插上 485-BD 通信板。

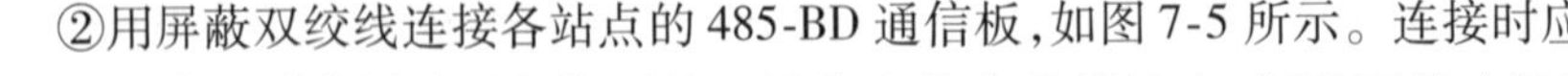

②用屏蔽双绞线连接各站点的 485-BD 通信板,如图 7-5 所示。连接时应注意:

视频

N：N网络通信接线

a. 通信板带终端电阻切换开关。网络中的非终端站点,切换开关应拨至 OPEN 位置;而网络中的终端站点,切换开关应拨至 330 Ω 或 110 Ω 位置。

b. 端子 SG 应连接到 PLC 主体的接地端子,而主体用 100 Ω 或更小的电阻接地。

c. 屏蔽双绞线的线径应在 AWG26 ~ 16(American Wire Gauge)范围,否则由于端子可能接触不良,不能确保正常的通信。双绞线端子的制作应使用压接工具压接,如果连接不稳定,通信就会出错。

(二)工作单元通信参数设置

通信参数的设置通过 M8038 在工作单元程序的最上端开始。设置的参数见表 7-4。

表 7-4　YL-335B 中通信参数设置

<table>
<tr><th>数据寄存器</th><th>寄存器含义</th><th>设置值</th><th colspan="2">说　明</th></tr>
<tr><td rowspan="5">D8176</td><td rowspan="5">设置自身站点号</td><td>0</td><td colspan="2">输送单元站号,站号设置为 0,表明为主站,在输送单元设置</td></tr>
<tr><td>1</td><td colspan="2">供料单元站号,在供料单元设置</td></tr>
<tr><td>2</td><td colspan="2">加工单元站号,在加工单元设置</td></tr>
<tr><td>3</td><td colspan="2">装配单元站号,在装配单元设置</td></tr>
<tr><td>4</td><td colspan="2">分拣单元站号,在分拣单元设置</td></tr>
<tr><td>D8177</td><td>设置从站点总数</td><td>4</td><td>不包括主站在内,共计四个站</td><td rowspan="4">仅在主站中设置,从站不需要</td></tr>
<tr><td>D8178</td><td>设置刷新范围</td><td>1</td><td>据通信数据选择,详见通信数据规划</td></tr>
<tr><td>D8179</td><td>设置重试次数</td><td>3</td><td>通信不成功可重试三次</td></tr>
<tr><td>D8180</td><td>设置通信超时</td><td>5</td><td>通信不成功超时 50 ms</td></tr>
</table>

(三)通信数据规划

按下输送单元按钮 SB1,其余四个工作单元的指示灯点亮;按下输送单元按钮 SB2,其余四个工作单元的指示灯熄灭,意味着各个工作单元的指示灯控制信号由输送单元通过 N:N 网络发出;其余四个工作单元也是如此,均需通过通信发出各自工作单元的启停状态。因此基于上述分析,输送单元、供料单元、加工单元、装配单元、分拣单元各需一个通信信号。该信号如果用触点,因触点数较少,选择模式 1 即可,从各个单元的 32 个触点选择一个即可。通信数据规划见表 7-5。

表 7-5　通信数据规划

工作站	站　号	位软元件	触点规划	含　义
输送单元	0	M1000 ~ M1031	M1000	输送单元发出的控制从站指示灯信号
供料单元	1	M1064 ~ M1095	M1064	供料单元发出的控制从站指示灯信号
加工单元	2	M1128 ~ M1159	M1128	加工单元发出的控制从站指示灯信号
装配单元	3	M1192 ~ M1223	M1192	装配单元发出的控制从站指示灯信号
分拣单元	4	M1256 ~ M1287	M1256	分拣单元发出的控制从站指示灯信号

(四)*N*:*N* 网络编程调试

根据以上分析，输送单元和供料单元程序如图 7-7、图 7-8 所示，其他工作站程序与供料单元程序编写思路相同。

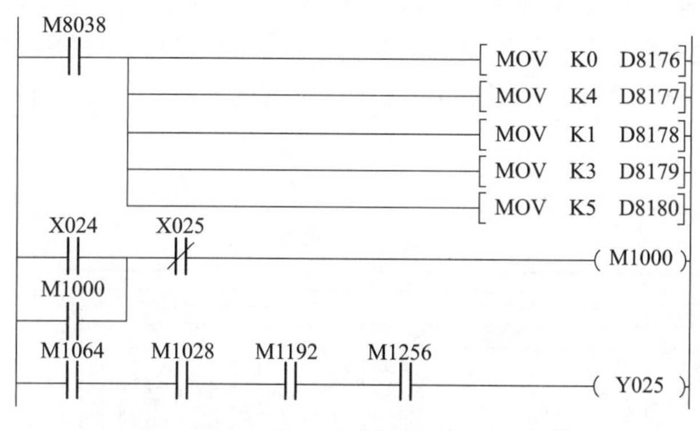

图 7-7　输送单元程序

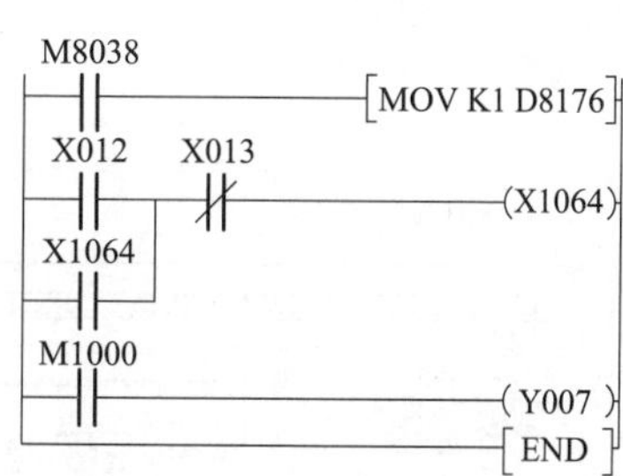

图 7-8　供料单元通信程序

在各个工作单元编制下载程序，网络上各站点 PLC 已完成网络参数的设置，在完成网络连接后，再接通各 PLC 工作电源，可以看到，各站通信板上的 SD LED 和 RD LED 指示灯都出现点亮/熄灭交替的闪烁状态，说明 *N*:*N* 网络已经组建成功。

如果 RD LED 指示灯处于点亮/熄灭的闪烁状态，而 SD LED 没有(根本不亮)，这时需要检查站点编号的设置、传输速率(波特率)和从站的总数目。

通信网络组建成，程序下载后，按下各工作单元的按钮 SB1、SB2 进行调试。

任务 2　系统联机运行的人机界面组态和 PLC 编程

一、工作任务

在前面的项目中，重点介绍了 YL-335B 的各个组成单元在作为独立设备工作时用 PLC 对其实现控制的基本思路，这相当于模拟了一个简单的单体设备的控制过程。

1. 在工作台上完成各工作单元的安装定位

本任务所要求的 YL-335B 自动化生产线设备布局如图 7-9 所示，注意加工单元的装配与项目三中所述不同，其底板是翻转过来后再装配的。

2. 系统构成及程序编制的具体要求

①YL-335B 自动化生产线各工作单元 PLC 之间通过串行通信的方式实现互连,构成分布式的控制系统,并指定输送单元为系统主站。

②系统运行时,主令工作信号由连接到系统主站(输送单元)PLC 的 TPC 人机界面提供,主站与从站之间通过网络交换信息。并在人机界面上显示系统的主要工作状态。

在调试 PLC 程序时,为保持 TPC 人机界面与 PLC 的连接,输送单元 PLC 增添一块通信适配器,TPC 人机界面应通过串口与通信适配器连接,实现人机界面与 PLC 之间的通信。

③本任务仅考虑联机运行方式。系统进入联机方式的条件是:各单元的工作方式选择开关 SA 均置于接通状态。

a. 在联机方式下,如果系统各工作单元已经准备就绪,则触摸人机界面上启动按钮将使系统启动。各工作单元准备就绪的条件与前述各项目的单站方式相同。

b. 自动化生产线联机运行的工作过程:将供料单元料仓内的白色或金属工件送往装配单元的装配台上,然后把装配单元料仓内的白色、黑色或金属的小圆柱芯件嵌入装配台上的工件中;装配完成后,把装配好的工件送往加工单元的物料台进行压紧加工,完成加工后的成品送往分拣单元分拣到各出料槽中。

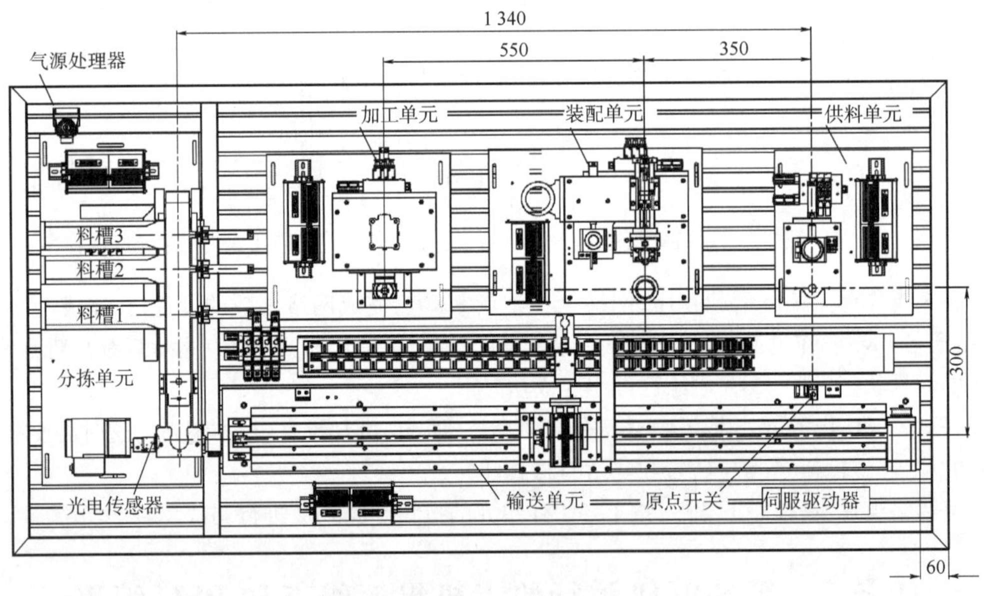

图 7-9 设备安装图(单位:mm)

c. 分拣原则如下:

- 成品工件中可能出现的金属芯金属工件和白色芯白色工件为无效工件,应推入料槽 3 中回收。其余四种工件为有效工件,其中,白色芯金属工件和黑色芯白色工件,应按计划数推入料槽 1 中;黑色芯金属工件和金属芯白色工件应按计划数推入料槽 2 中。
- 各有效工件的计划数均为两个,当某一有效工件推入指定料槽的累计数达到计划数后,下一个到来的该种工件将视作无效工件,而应推入料槽 3 中。

d. 系统运行的停止以及暂停运行：

- 当分拣单元完成一个工件的分拣工作，并且输送单元机械手装置回到原点，系统的一个工作周期才认为结束。如果在工作周期期间，系统运行指令保持为 ON 状态，系统在延时 1 s 后开始下一周期工作。
- 当所有有效工件推入指定料槽的累计数均达到计划数，则系统的分拣任务完成，系统运行指令应被复位，供料单元不再执行推料操作。当抓取机械手装置返回初始位置后系统自动停止工作，界面上“运行状态”指示灯熄灭。
- 系统工作过程中按下输送单元的急停按钮，则输送单元暂停运行。在急停按钮复位后，应从暂停前的断点开始继续运行。

e. 联机运行参数的要求及系统工作状态显示：

- 输送单元的机械手装置传送工件的速度应不小于 300 mm/s，返回速度应不小于 350 mm/s。
- 分拣单元变频器的运行频率由人机界面指定（15 ~ 35 Hz），初始值为 25 Hz（注：在传送带已启动后，修改人机界面上的变频器输出频率设定，则该修改将在传送带下一次启动才生效。）。变频器输出实际频率应在人机界面上显示（精确到 0.1 Hz）。
- 系统的工作状态应在人机界面上显示，同时安装在装配单元上的警示灯应能显示整个系统的主要工作状态，例如复位、启动、停止、报警等。

f. 联机运行过程中物料供给异常的处理：

- 若发生来自供料单元或装配单元的“物料不足”的预警信号，则系统继续工作。
- 若发生“没有物料”的报警信号，则系统在完成该工作周期尚未完成的工作后暂停工作。只有向发出报警的工作单元加上足够物料，系统才能复位暂停状态继续运行。

3. 人机界面组态的具体要求

用户窗口包括首页界面和联机运行界面两个窗口，其中首页界面是启动界面。两个界面的组态要求如下：

①首页界面组态画面如图 7-10 所示。具体要求如下：

a. 触摸屏加电后，屏幕上方的标题文字向左循环移动，等待用户操作。

b. 网络状态正常时，网络正常灯被点亮；主站已准备就绪时，主站就绪灯被点亮。

c. 仅当网络状态正常且主站已经就绪，触摸运行模式按钮，才能切换到联机运行界面；若任一条件不满足而触摸此按钮，系统不予响应。

②运行界面组态画面如图 7-11 所示。具体要求如下：

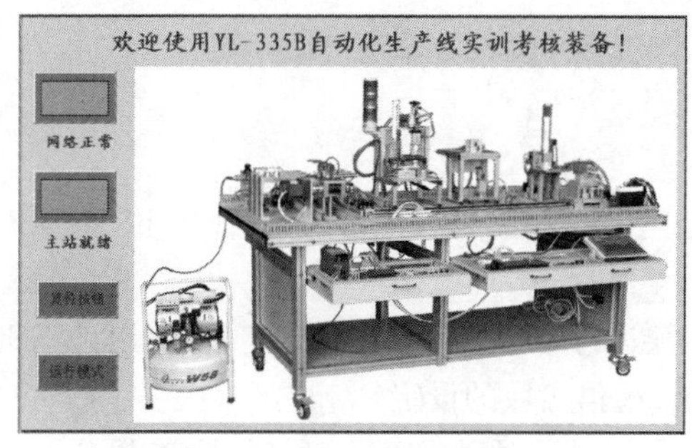

图 7-10　首页界面组态画面

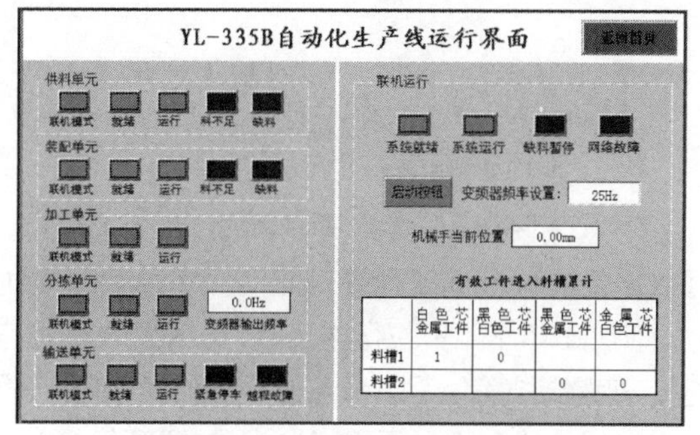

图 7-11　运行界面组态画面

a. 提供系统启动/停止的主令信号。

b. 在界面上设定分拣单元变频器的输入运行频率(15～35 Hz,整数),并实时显示变频器的实际输出频率(精确到0.1 Hz)。

c. 在人机界面上用标签显示当前位置的具体数值(显示精度为0.01 mm)。

d. 用指示灯闪烁的方式显示网络故障状态、紧急停车状态和越程状态。正常时这些指示灯应在熄灭状态。

e. 指示各工作站的工作模式,准备就绪、运行/停止、故障状态。

f. 用表格形式指示每一种有效工件被推入指定料槽的累计数。

二、关联知识点

(一)通信用特殊适配器 FX3U-485ADP

FX3U 系列 PLC 还可使用通信用特殊适配器 FX3U-485ADP 来扩展通信接口(最多可扩展至两个)。FX3U-485ADP 带有电气隔离,最大延伸距离达 500 m,通常用于较远距离传送数据的网络。YL-335B 上配置 FX3U-485ADP,主要用于分拣单元中 PLC 通过 RS-485 通信驱动变频器的实训,或与 TPC 触摸屏的 COM2 口连接,实现 TPC 与 PLC 的 RS-485 通信。

图 7-12 给出了 FX3U-485ADP 适配器外形和各部分的名称。特殊适配器的安装方法与项目五所述的模拟量特殊适配器 FX3U-3A-ADP 安装方法相同,此处不再赘述。

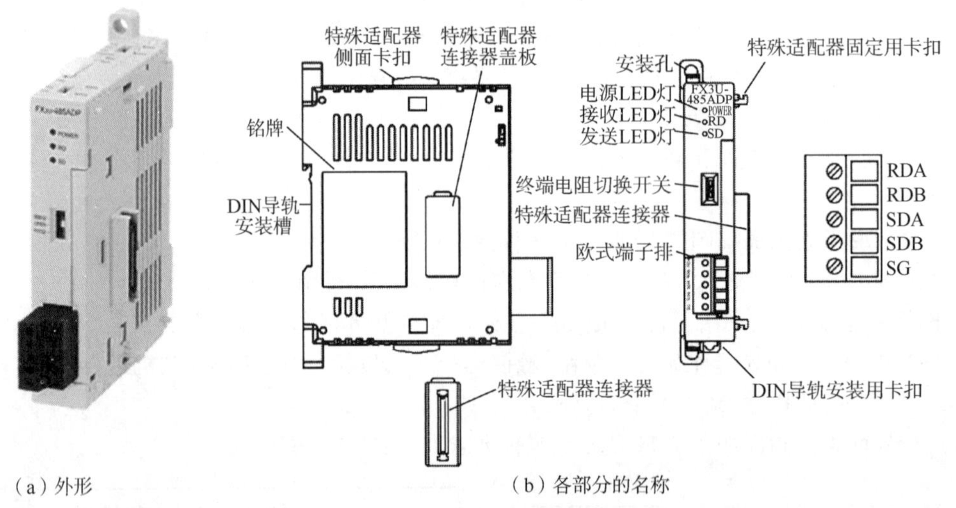

(a) 外形　　(b) 各部分的名称

图 7-12　FX3U-485ADP 适配器外形和各部分的名称

(二)串行通信参数的设定

FX3U 系列 PLC 支持 *N*:*N* 网络、并行连接、计算机连接、变频器通信、无协议通信(用 RS 指令进行数据传输)、可选编程端口通信等多种类型的通信。

使用 *N*:*N* 网络、并行连接、可选编程端口通信时,无须进行串行通信参数的设定,但使用计算机连接、变频器通信、无协议通信等通信功能时,则须进行各通信参数的设定。

本任务的人机界面组态要求中,TPC 触摸屏与 PLC 之间是通过其 COM2 口与配置在 PLC 上的

FX3U-485ADP 特殊适配器实现连接的，PLC 的通信方式是“专用协议通信”方式，必须进行参数设定。

由于在 PLC 上同时使用了 FX3U-485-BD 和 FX3U-485ADP，PLC 将有两个通信通道。FX3U 系列 PLC 规定，485-BD 通信板使用的通道为通道 1（CH1），485ADP 适配器使用的通道为通道 2（CH2）。因此，PLC 的通信设定只是对通道 2 参数的设定。

三、任务实施

（一）设备的安装和调整

1. 各工作单元装置侧在工作台面的安装

在工作单元单站安装的基础上，整体安装需要解决的主要是各工作单元在工作台面上准确定位的问题。

①供料、装配、加工和分拣等单元的物料台中心位置沿 T 形槽方向的定位，均以输送单元上原点开关中心线为基准，而输送单元的装置侧是直接安装在工作台面上的。因此，整体安装的第一步是完成输送单元在工作台面上的定位和安装，具体的工作步骤和注意事项在项目六中已做了详细的介绍。

②在进行其余工作单元的定位前，务必在相应的 T 形槽预置入数量足够的紧定螺母，这些 T 形槽由各工作单元在垂直 T 形槽方向的定位要求确定。

其中，供料、装配和加工单元在垂直 T 形槽方向的定位，以输送单元机械手在伸出状态时，能顺利在它们的物料台上抓取和放下工件为准（与直线导轨中心线距离为 300 mm）。分拣单元在垂直 T 形槽方向的定位，则应使传送带上进料口中心点在输送单元直线导轨中心线上。由此即可确定应置入螺母的 T 形槽（见图 7-13）。

③要定位某工作单元，在大体找好位置后，将其放置在工作台面上，调整固定该单元的紧定螺母的位置，然后用紧定螺栓穿过安装孔旋入螺母中（注意不要旋紧）；接着即可进行沿 T 形槽方向的准确定位。

④为了便于在定位测量过程中使用直尺或游标卡尺，可用各单元装置侧底板侧面作为单元的基准线取代物料台中心点进行间接测量。图 7-13 给出了各工作单元侧面与物料台中心点的尺寸以及各工作单元间的尺寸关系，由此很容易计算出两工作单元之间沿 T 形槽方向的距离，从而方便地进行定位操作。本任务要求安装误差不大于 1 mm，使用这种方法可完全满足要求。

2. 网络连接及 TPC 触摸屏与输送单元 PLC 的通信接线

①按照图 7-4 所示的接线图完成网络连线。另外，请注意接线的先后顺序与各站 PLC 的站号无关，应以便于连接为准。

②按工作任务要求，TPC 触摸屏应通过其 COM2 口与 FX3U-485ADP 适配器连接，接线图如图 7-14 所示，其中，RS-485 A + 端从 TPC 九针串口的 7 引脚引出，RS-485 B-端从 8 引脚引出。

3. 注意事项

①安装工作完成后，必须进行必要的检查、局部试验等工作，例如用手动移动方法检查直线运动机构的安装质量，用变频器面板操作方式测试分拣单元传动机构的安装质量等，以确保及时发现问题。在投入运行前，应清理工作台上残留线头、管线、工具等，养成良好的职业素养。

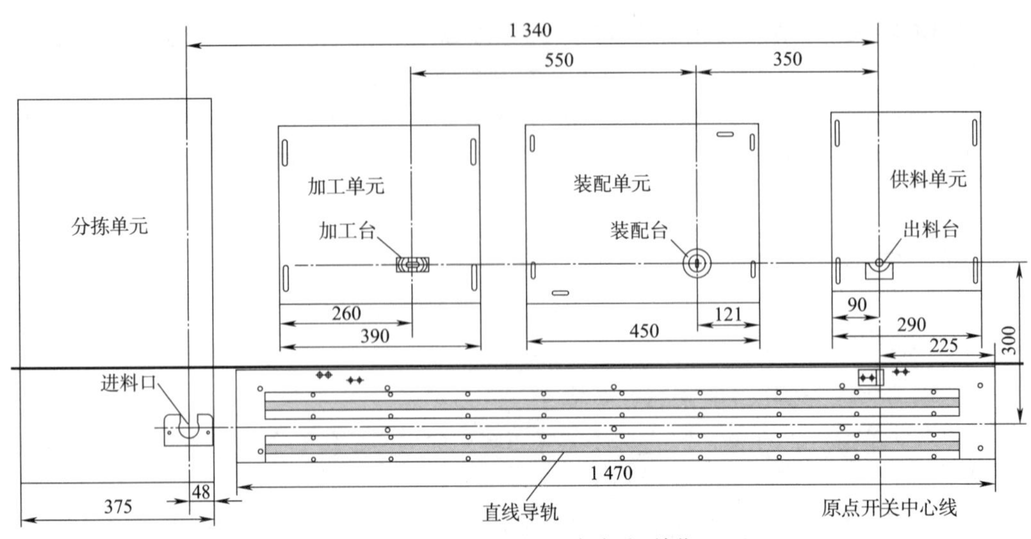

图 7-13　间接定位测量的尺寸关系(单位:mm)

②各从站的工作单元在工作台面上定位以后,紧定螺栓仍不要完全紧固,可在完成电气接线以及伺服驱动器有关参数设置后,编制一个简单的输送单元测试程序,运行此测试程序,检查各工作单元的定位是否满足任务的要求,进行适当的微调,最后将紧定螺栓完全紧固。

(二)人机界面的画面组态

首先进行人机界面的画面组态,再规划 PLC 编程数据,进一步编制程序,是工程任务实际实施的方法之一。其优点在于,已经通过模拟测试的人机界面,其实时数据库的数据对象为规划 PLC 网络变量和中间变量提供了一定的依据,使得这一规划更具直观性和可操作性。

对于本任务,组态时首先新建两个窗口,默认名称分别为"窗口 0"和"窗口 1",将各窗口名称分别改为"首页画面"和"运行画面"。然后在"用户窗口"中,选中"首页画面",右击,在弹出的快捷菜单中选择"设置为启动窗口"命令,将该窗口设置为运行时自动加载的窗口。接着分别组态两个窗口的画面(画面组态中所涉及的部分构件属性,在项目六中已有相关介绍,此处不再重复)。

1. 首页画面组态

(1)位图构件的组态

本工作任务的位图组态,只要求装载位图,步骤如下:单击"工具箱"内的"位图"按钮,光标呈"十字"形,在窗口左上角位置拖动鼠标,拖出一个矩形。调整其大小并移动到恰当的位置。

在位图上右击,在弹出的快捷菜单中选择"装载位图"命令,找到要装载的位图,单击选择该位图,如图 7-15 所示,然后单击"打开"按钮,则图片装载到了窗口中。

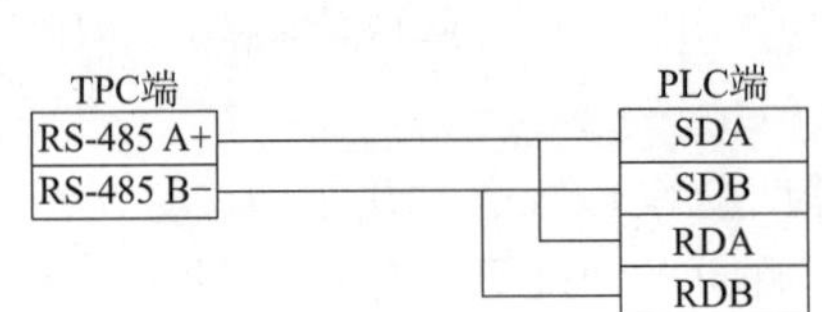

图 7-14　TPC 触摸屏与 485ADP 适配器的接线图

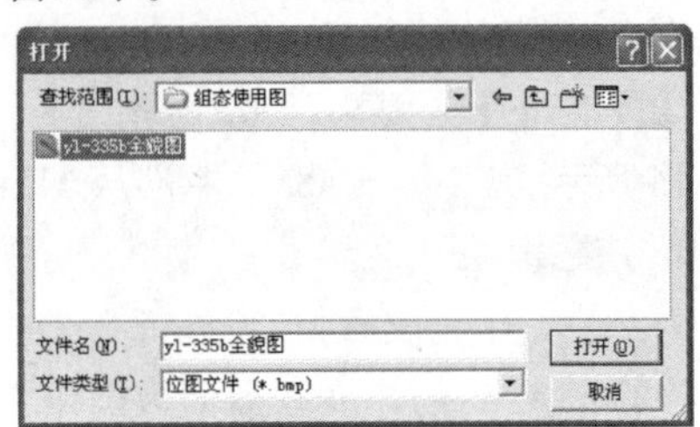

图 7-15　查找要装载的位图

(2)循环移动的文字框组态

①单击“工具箱”内的“标签”按钮A,拖动到窗口上方中心位置,根据需要拖出一个大小适合的矩形。输入文字“欢迎使用 YL-335B 自动化生产线实训考核装备!”。

②静态属性设置如下:文字框的填充颜色为“没有填充”;文字框的边线颜色为“没有边线”;字符颜色为“深蓝色”;文字字体为“楷体”,粗体字型,大小为“二号”。

③为了使文字循环移动,在“位置动画连接”中选中“水平移动”复选框,这时在对话框上端就增添“水平移动”窗口标签。水平移动属性页的设置如图 7-16(a)所示,设置要点如下:

a. 触摸屏图形对象所在的水平位置定义为:以左上角为坐标原点,单位为像素点,向左为负方向,向右为正方向。TPC7062K 的分辨率是 800 × 480,文字串“欢迎使用 YL-335B 自动化生产线实训考核装备!”向左全部移出的偏移量约为 −700 像素,故水平移动属性页中最大移动偏移量为 −700。文字循环移动的策略是,如果文字串向左全部移出,则返回 +700 的坐标重新向左移动。

b. 实现“水平移动”的方法如下:

首先建立一个与水平移动量相关的数值变量。为此,在实时数据库中定义一个数值量的内部变量“移动”,它与文字对象的位置之间关系是一个斜率为 −5 的线性关系,即当文字对象的最大移动量为 −700 时,表达式的值为(−700/ −5),即 140。

接着是使数值变量“移动”按一定规律变化,这可以通过编写一个循环脚本实现。

循环脚本是用户窗口的一种属性,在窗口打开期间以指定的间隔循环执行脚本程序;脚本程序则是一种语法上类似 Basic 的编程语言。编制循环脚本的步骤是:在“欢迎画面”的“用户窗口属性设置”对话框,单击“循环脚本”标签。在出现的脚本程序框中将“循环时间”改为 100 ms,然后输入使文字循环移动的脚本,如图 7-16(b)所示。

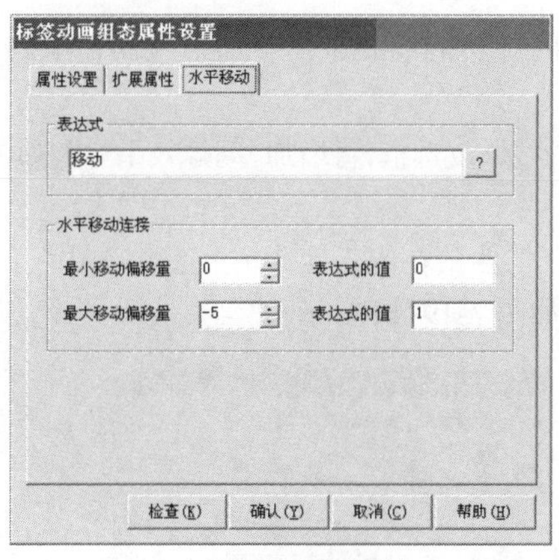

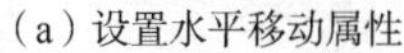
(a) 设置水平移动属性

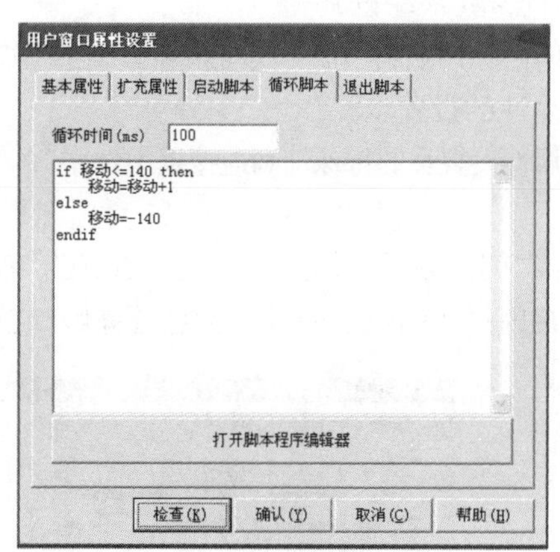

(b) 编写循环脚本

图 7-16　循环移动的文字框组态

(3)控制按钮的操作属性组态

“复位按钮”的操作属性组态如图 7-17(a)所示。由于进入运行界面,需要同时满足网络正常且主站已经就绪的条件,“运行模式”的操作属性需要编写脚本程序才能实现,如图 7-17(b)所示。

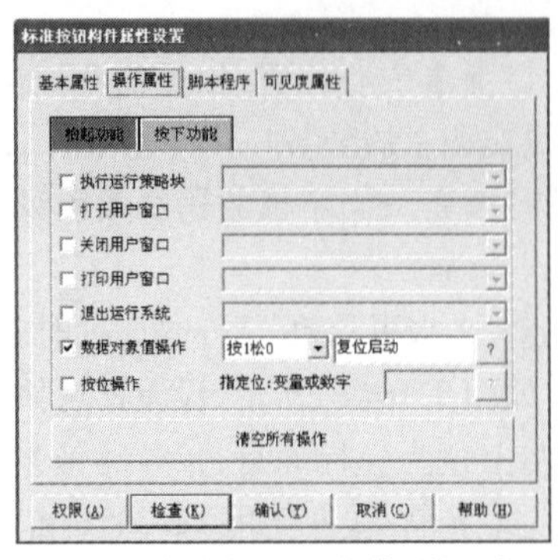

(a)“复位按钮”的操作属性组态

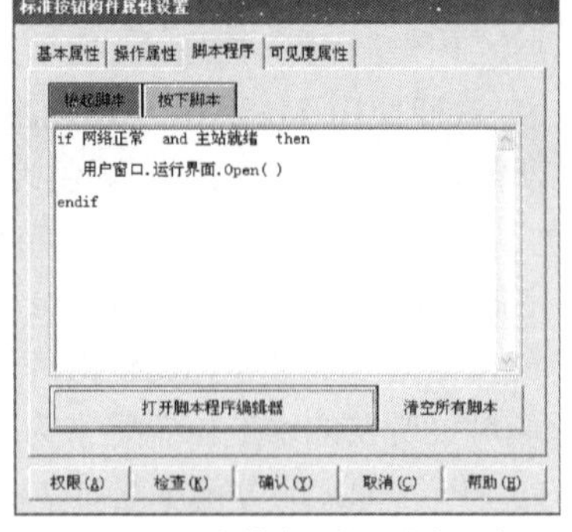

(b)“运行模式”按钮脚本程序

图 7-17 控制按钮操作属性组态

2. 运行画面组态

(1)区域划分

制作运行画面的标题文字,然后用直线构件把标题文字下方的区域划分为左右两部分。区域左侧制作各工作单元状态画面,右侧制作系统控制画面。

(2)制作各工作单元状态画面并组态

以供料单元组态为例,其画面如图 7-18 所示,图中的构件都是指示灯,用作状态显示。表示工作模式、就绪状态和运行状态的指示灯是绿色指示灯,状态为 OFF 时熄灭(墨绿色),状态为 ON 时点亮(淡绿色)。

图 7-18 供料单元状态指示组态

“料不足”和“缺料”两个状态指示灯有报警时闪烁功能的要求。下面通过制作缺料报警指示灯说明此属性的设置步骤:

①在属性设置页的特殊动画连接框中选中“闪烁效果”复选框,将增加“闪烁效果”项,如图 7-19(a)所示。

②选择“闪烁效果”复选框,表达式选择为“没有工件”;在闪烁实现方式框中选中“用图元属性的变化实现闪烁”单选按钮;填充颜色选择鲜红色,如图 7-19(b)所示。

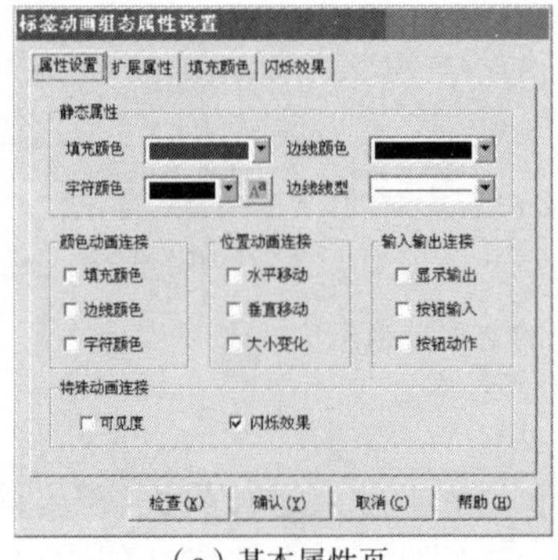

(a)基本属性页

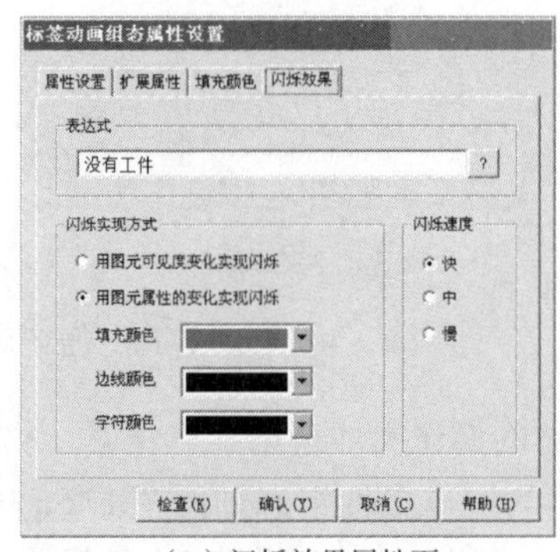

(b)闪烁效果属性页

图 7-19 具有报警时闪烁功能的指示灯制作

(3)制作系统控制部分画面

①系统启动/停止的主令信号组态：

a. 运行界面上的“系统启动”按钮应在完成分拣单元变频器的频率设定后才能按下，输出系统启动命令，但系统能否启动，还要由 PLC 程序判定。因此其脚本程序分别为：

- 按下脚本：if 频率设定 > = 15 then 系统启动
- 抬起脚本：系统启动 = 0

b. 系统停止命令和系统缺料暂停指令的组态：

- 系统停止命令应在所有有效工件按计划完成分拣时自动发出。当命令被响应，系统停止后，分拣单元 PLC 程序将清零各有效工件的累计数，这四个数据传送到人机界面后，使系统停止命令复位，系统能重新再启动工作。
- 系统缺料暂停指令则在供料单元缺料或装配单元缺料时发出。当发出报警的工作单元加上足够物料时，系统将复位暂停状态继续运行。

组态这两个命令，可在“运行界面”窗口属性设置中添加如图 7-20 所示的循环脚本程序实现。

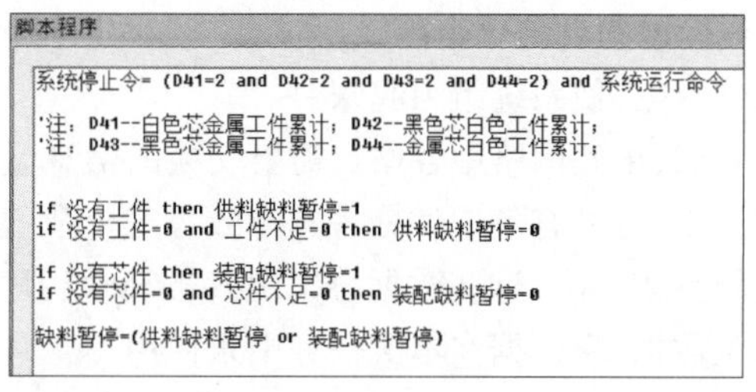
脚本程序

```
系统停止令= (D41=2 and D42=2 and D43=2 and D44=2) and 系统运行命令

'注：D41--白色芯金属工件累计；D42--黑色芯白色工件累计；
'注：D43--黑色芯金属工件累计；D44--金属芯白色工件累计；

if 没有工件 then 供料缺料暂停=1
if 没有工件=0 and 工件不足=0 then 供料缺料暂停=0

if 没有芯件 then 装配缺料暂停=1
if 没有芯件=0 and 芯件不足=0 then 装配缺料暂停=0

缺料暂停=(供料缺料暂停 or 装配缺料暂停)
```

图 7-20　系统停止和缺料暂停的脚本程序

②表格的制作方法。步骤如下：

a. 单击“工具箱”中的“自由表格”按钮，在适当位置，绘制出一个 4 行 4 列的表格。

b. 双击激活表格构件，进入表格编辑模式。进行删除一列、增加一行、改变表格表元的高度和宽度，然后在第一列和第一行表元中输入文字内容等编辑工作，如图 7-21(a)所示。

c. 选择“表格”菜单的“连接”命令，使表格切换到连接模式。这时表格的行号和列号后面会加星号(“ * ”)，接着就可以在表格表元中填写数据对象的名称，以建立表格表元和实时数据库中数据对象的连接，如图 7-21(b)所示。图中的 D41、D42、D43 和 D44 都是在实时数据库中建立的数值型数据对象，它们分别表示分拣单元已分拣的白色芯金属工件、黑色芯白色工件、黑色芯金属工件和金属芯白色工件的累计数。运行时，MCGS 嵌入版软件将把这些数据对象的值显示在对应连接的表格表元中。

	A	B	C	D	E
1		白色芯金属工件	黑色芯白色工件	黑色芯金属工件	金属芯白色工件
2	料槽1				
3	料槽2				

(a) 在表格编辑模式下编辑表格

连接	A*	B*	C*	D*	E*
1*					
2*		D41	D42		
3*				D43	D44

(b) 在表格连接模式下连接数据对象

图 7-21　自由表格属性设置

3. 工程画面的模拟测试

新建工程在 MCGS 嵌入版组态环境中完成(或部分完成)组态配置后,应当转入 MCGS 嵌入版模拟运行环境,通过试运行,进行综合性测试检查。

单击工具条中的"进入运行环境"按钮,或选择"文件"菜单中的"进入运行环境"命令,即可进入下载配置窗口,下载当前正在组态的工程,在模拟环境中对于要实现的功能进行测试。

在组态过程中,可随时进入运行环境,完成一部分,测试一部分,发现错误及时修改。例如,在首页画面组态后即可进行模拟测试,为了实现单击"运行模式"按钮切换到运行画面的功能,可临时添加网络正常和主站就绪指示灯的"按钮动作"属性。组态该属性,分别使"网络正常"和"主站就绪"变量取反。这样,单击两指示灯使其点亮,再单击"运行模式"按钮就能切换到运行画面。

最后需要指出的是,在模拟测试完成,进行系统统调时,应撤销所有临时措施,以免干扰系统的运行。

(三)编写主站 PLC 控制程序

①YL-335B 是一个分布式控制的自动化生产线,在设计它的整体控制程序时,应从它的系统性着手,通过组建网络,规划通信数据,使系统组织起来。

通过分析任务要求可以看到,虽然网络中各站点需要交换的信息量并不大,但分拣单元需要向人机界面传送变频器的运行频率、各种有效工件分拣累计数等五个数值数据信息,需要用模式 2 的刷新方式。各站通信数据规划见表 7-6。这些数据分别由各站 PLC 程序写入,全部数据为 *N*:*N* 网络所有站点共享。×号表示该位数据、字数据在本次任务中未使用。

表 7-6　*N*:*N* 网络的通信数据规划

位数据地址	数据意义	位数据地址	数据意义	字数据地址	数据意义
输送单元(0#站)数据定义					
M1000	系统运行命令	M1004	加工进料完成	D0	变频设定频率
M1001	急停指令	M1005	分拣进料完成	D1	×
M1002	请求供料	M1006	×	D2	×
M1003	装配进料完成	M1007	×	D3	×
供料单元(1#站)数据定义					
M1064	供料联机模式	M1068	工件不足	D10	×
M1065	供料单元就绪	M1069	没有工件	D11	×
M1066	供料运行状态	M1070	金属工件	D12	×
M1067	供料操作完成	M1071	×	D13	×
装配单元(2#站)数据定义					
M1128	装配联机模式	M1132	芯件不足	D20	×
M1129	装配单元就绪	M1133	没有芯件	D21	×
M1130	装配运行状态	M1134	×	D22	×
M1131	装配操作完成	M1135	×	D23	×

续表

位数据地址	数 据 意 义	位数据地址	数 据 意 义	字数据地址	数 据 意 义
加工单元(3#站)数据定义					
M1192	加工联机模式	M1196	×	D30	×
M1193	加工单元就绪	M1197	×	D31	×
M1194	加工运行状态	M1198	×	D32	×
M1195	加工操作完成	M1199	×	D33	×
分拣单元(4#站)数据定义					
M1256	分拣联机模式	M1261	×	D40	变频运行频率
M1257	分拣单元就绪	M1262	×	D41	白芯金属工件数
M1258	分拣运行状态	M1263	×	D42	黑芯白色工件数
M1259	允许分拣进料	M1264	×	D43	黑芯金属工件数
M1260	一次分拣完成	M1265	×	D44	金属芯白工件数

②人机界面提供了系统工作的主令信号,同时显示系统的主要工作状态。编程前,应规划好人机界面与 PLC 连接的相关变量。人机界面实时数据库的数据对象与 PLC 内部变量的连接见表 7-7。

表 7-7　人机界面实时数据库的数据对象与 PLC 内部变量的连接

序 号	连 接 变 量	通道名称	序 号	连 接 变 量	通道名称
1	复位命令(W)	M61	18	装配单元准备就绪(R)	M1129
2	系统停止命令(W)	M62	19	装配运行状态(R)	M1130
3	系统启动命令(WR)	M63	20	芯件不足(R)	M1132
4	越程故障标志(R)	M40	21	没有芯件(R)	M1133
5	网络故障状态(R)	M44	22	加工联机模式(R)	M1192
6	急停状态 (R)	M45	23	加工单元准备就绪(R)	M1193
7	系统缺料暂停(W)	M46	24	加工运行状态(R)	M1194
8	输送联机模式(R)	M30	25	分拣联机模式(R)	M1256
9	输送准备就绪(R)	M20	26	分拣单元准备就绪(R)	M1257
10	系统准备就绪(R)	M21	27	分拣运行状态(R)	M1258
11	输送运行状态(R)	M10	28	机械手位置(R)	D120
12	供料联机模式(R)	M1064	29	变频设定频率(W)	D0
13	供料单元准备就绪(R)	M1065	30	变频输出频率(R)	D40
14	供料运行状态(R)	M1066	31	D41(R)	D41
15	工件不足(R)	M1068	32	D42(R)	D42
16	没有工件(R)	M1069	33	D43(R)	D43
17	装配联机模式(R)	M1128	34	D44(R)	D44

注:①人机界面数据对象与 PLC 连接时的“只读”属性用 R 表示,“只写”属性用 W 表示,“读写”属性用 WR 表示。
②输送单元程序在每一扫描周期都用 DMOV 指令将当前位置寄存器 D8340 的值赋予 32 位数据寄存器 D120,D120 数据通道与实时数据库的“机械手位置”数据对象连接。

③根据各工作单元的工艺任务,大体规划控制程序用到的 PLC 内存变量(中间变量)。

项目六已经对编程前大体规划中间变量存储区的必要性以及通常的做法进行了阐述。表 7-8 给出的主站(输送单元)的中间变量表与项目六的基本相同,主要是增加了与人机界面发送数据有关的存储区域 M60 ~ M69。

表 7-8　PLC 程序的中间变量存储区

中间变量含义	FX 变量	中间变量含义	FX 变量
初始化操作	M0 ~ M9	工作模式及状态	M30 ~ M39
系统运行操作	M10 ~ M19	异常状态	M40 ~ M49
准备就绪检查	M20 ~ M29	人机界面通信	M60 ~ M69

(四)人机界面与 PLC 连接的设备组态

①添加三菱_FX 系列串口构件。激活设备窗口进入设备组态画面,在设备工具箱中单击设备管理标签,将弹出“设备管理”对话框。在其中的可选设备栏中找到“三菱_FX 系列串口”,单击“增加”按钮,如图 7-22(a)所示,然后加以确认,“三菱_FX 系列串口”构件将加入已选设备栏中,设备工具箱的设备列表中也将增加“三菱_FX 系列串口”,如图 7-22(b)所示。

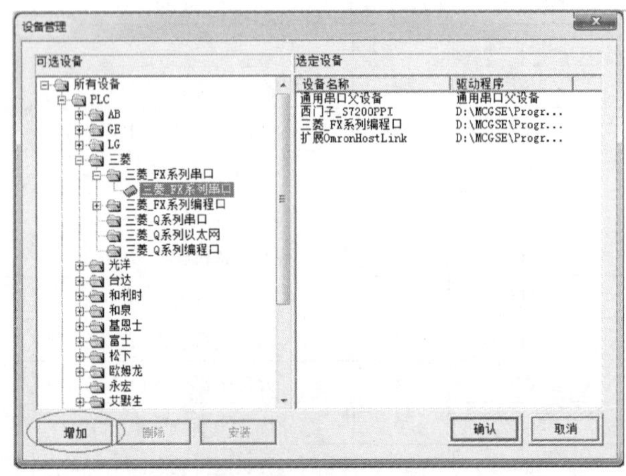

(a)在可选设备栏中选择“三菱_FX系列串口”

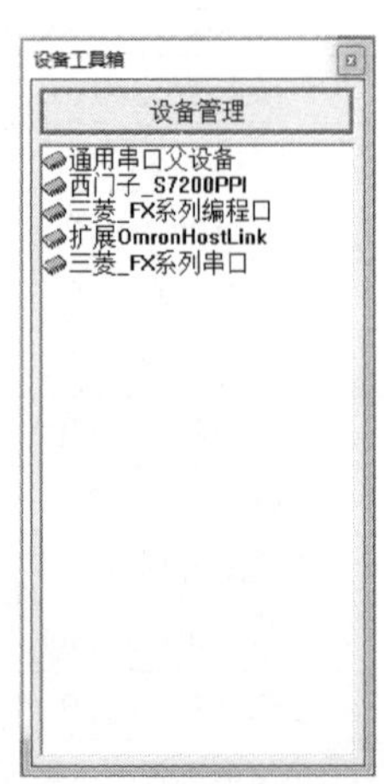

(b)添加完成的设备列表

图 7-22　添加三菱_FX 系列串口构件的操作

②在设备工具箱中,先后双击“通用串口父设备”和“三菱_FX 系列串口”,将它们添加至组态画面左上角。接着进行“通用串口父设备”属性设置和“三菱_FX 系列串口”基本信息编辑。分别如图 7-23(a)、(b)所示。

注意:所设置的通信参数必须与所连接的 PLC 通信通道 2 参数设定一致。

最后,编辑子设备编辑窗口的通道信息部分,按照表 7-7 实施连接变量的编辑。完成后,单击“确认”按钮保存,这样组态后的工程文件就可下载到触摸屏,进行联机测试了。

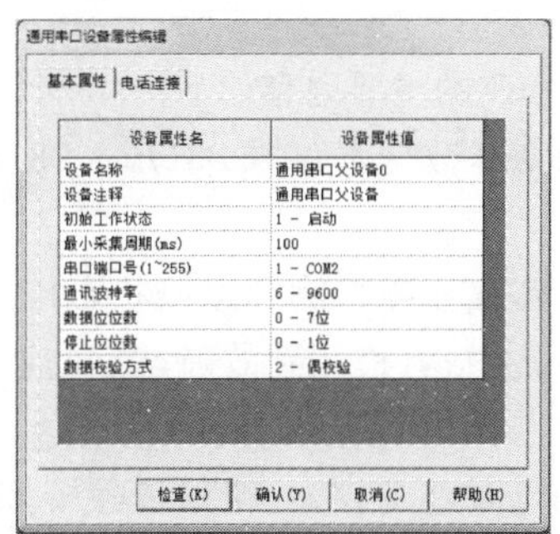

设备属性名	设备属性值
设备名称	通用串口父设备0
设备注释	通用串口父设备
初始工作状态	1 - 启动
最小采集周期(ms)	100
串口端口号(1~255)	1 - COM2
通讯波特率	6 - 9600
数据位位数	0 - 7位
停止位位数	0 - 1位
数据校验方式	2 - 偶校验

（a）“通用串口父设备”属性设置

设备属性名	设备属性值
[内部属性]	设置设备内部属性
采集优化	1-优化
设备名称	设备0
设备注释	三菱_FX系列串口
初始工作状态	1 - 启动
最小采集周期(ms)	100
设备地址	0
通讯等待时间	200
快速采集次数	0
协议格式	0 - 协议1
是否校验	0 - 不求校验
PLC类型	0 - FXON

（b）“三菱_FX系列串口”基本信息编辑

图 7-23　通用串口父设备属性设置和子设备基本信息编辑

(五)编制主站工作程序

1. 串行通信参数设置

通信的设定可在 GX Developer 编程软件上采用参数方式进行。操作步骤如下：

①启动 GX Developer，双击工程列表下的“参数”→“PLC 参数”命令，打开参数设定对话框，如图 7-24(a)所示。

②单击对话框中的“PLC 系统(2)”标签，在通道选择框中选择“CH2”，选中“通信设置操作”复选框，进行各通信的设定，如图 7-24(b)所示。

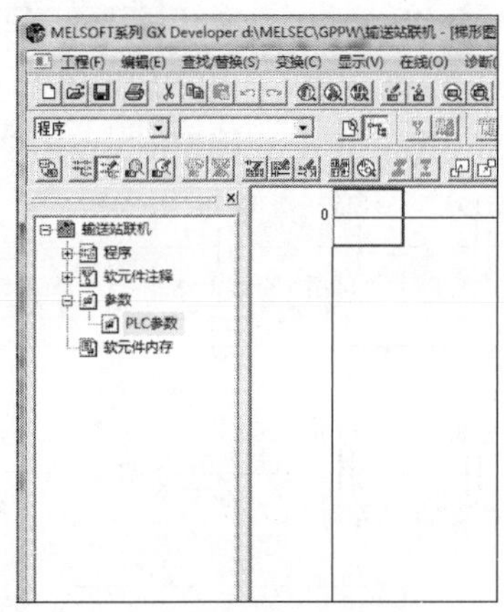

（a）打开参数设定对话框

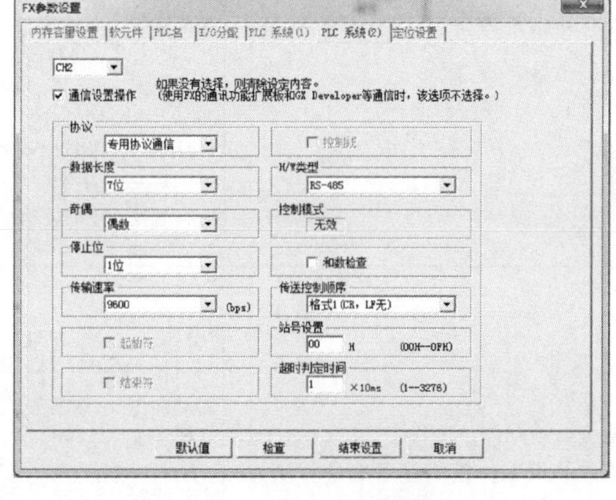

（b）进行通信参数设置

图 7-24　在 GX Developer 编程软件上进行通信参数设置

③选择工具菜单栏的“在线”→“PLC 写入(W)”命令，选中参数后，单击“执行”按钮，向 PLC 写入参数。

2. 主站程序编制

YL-335B 各工作单元在单站运行时的编程思路，在前面各项目中均做了介绍。在联机运行情况下，各站工艺过程是基本固定的，与单站程序中工艺控制程序相差不大。在单站程序的基础上修改、编制联机运行程序，应着重考虑网络组态、网络中的信息交换，以及主站与人机界面的信息交换问题。

(1)联机运行时状态检测与启停控制部分的编程

联机运行时,此部分程序与单站程序比较,新增和修改的主要内容如下:

①在程序开始的第0步,用M8038使能,向主站的特殊数据寄存器D8176~D8180写入相应的参数,完成主站的N:N网络组态,梯形图见图7-5。

②程序应在每一扫描周期执行异常状态检测。除越程故障检测和急停状态检测外,联机运行程序应增加网络故障检测项。当从站发生网络故障时,主站将检测到故障站点的通信错误标志动作(M8184~M8187),编程这些标志即可实现故障检测。

③输送单元联机运行时,启动/停止操作与单站运行时差别较大,编程步骤较多。下面以列表方式(见表7-9)分析编程要点及梯形图。

表7-9 输送单元联机运行的启动/停止操作的编程要点及梯形图

编程要点	梯形图
步骤1:检查系统启动条件。 ①主站运行前,检查工作模式是否为联机模式。当主站和所有从站的工作模式均为联机模式时,系统的工作模式为联机模式。 ②主站运行前,检查主站是否准备就绪。当主站和所有从站都准备就绪时,系统准备就绪	M10 主站运行 X027 方式选择 [SET M30 主站联机] X027 方式选择 [RST M30 联机模式] M1064 供料联机 M1128 装配联机 M1192 加工联机 M1256 分拣联机 M30 主站联机 (M31 系统联机) M10 系统运行 M7 初始状态 [SET M20 主站就绪] M7 初始状态 [RST M20 主站就绪] M1065 供料就绪 M1129 装配就绪 M1193 加工就绪 M1257 分拣就绪 M20 全线就绪 (M1008 系统就绪)
步骤2:系统启动和停止操作。 ①若系统在联机工作模式且已准备就绪,接收到人机界面的启动命令(M63 ON)时,主站投入运行(M10 ON),同时向各从站发出联机运行命令。 ②在主站运行期间,接收到人机界面的停止命令(M62 ON)时,置位停止指令M11;当主站步进程序返回初始步后,复位主站运行标志M10,系统停止运行	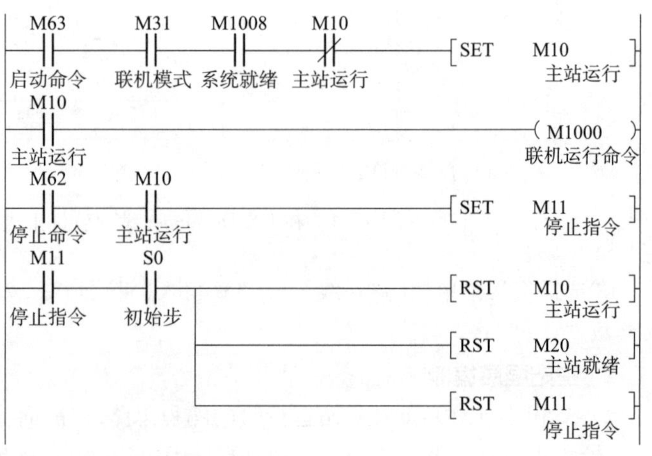

(2)步进顺序控制过程的编程要点

主站进入运行状态后,如果没有按下急停按钮,步进程序将从初始步开始运行。工作流程示意图如图 7-25 所示。

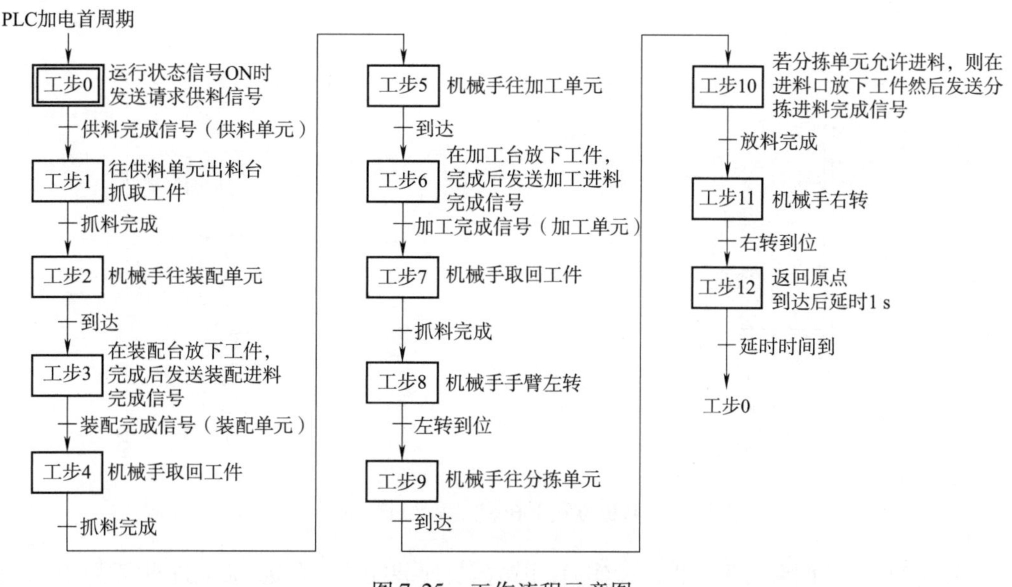

图 7-25　工作流程示意图

由图 7-25 可见,联机方式下的步进控制程序结构与单站方式十分类似。主要区别在于,联机方式下的步进控制过程中,主站与各从站不断进行信息交换:程序的初始步,机械手在装配、加工、分拣等从站放下工件的工步,其转移信号都来自从站传送来的状态信息。下面仅以初始步和装配进料步为例分析这些工步的编程要点。

①初始步(工步 0)。初始步梯形图如图 7-26 所示。输送单元进入运行状态后,在每一工作周期的开始,即在初始步,都要向供料单元发出请求供料的信号,待供料单元将工件推出,向主站应答供料完成信号后,转移到原料抓取步。

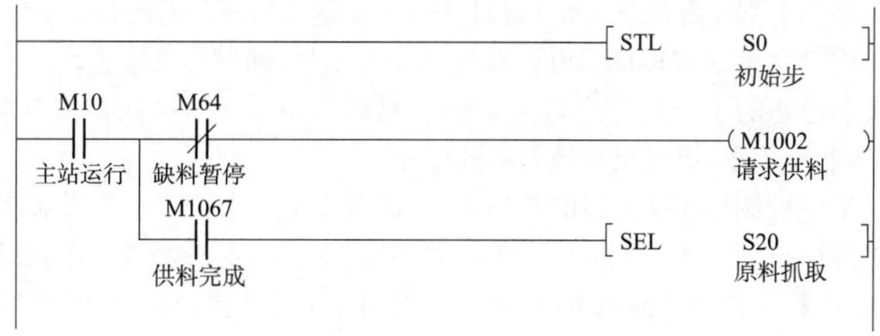

图 7-26　联机方式下的步进顺序控制程序初始步梯形图

须注意的是,发出请求供料信号要增加“缺料暂停”状态未发生这一条件。把“缺料暂停”状态的处理放在初始步,是考虑到供料或装配单元出现“没有物料”的报警信号时,系统要在完成该工作周期尚未完成的工作后才暂停下来。这时步进程序已返回到初始步,等待发出报警的工作单元加上足够物料,才复位暂停状态,再向供料单元请求供料,重新继续运行。

②装配进料步(工步3)。在项目四步进程序的装配进料步中,工步转移条件是模拟装配的定时时间到。在自动化生产线整体运行情况下,工步的转移则全靠两个工作单元之间通过网络的信息交换,梯形图如图7-27所示。

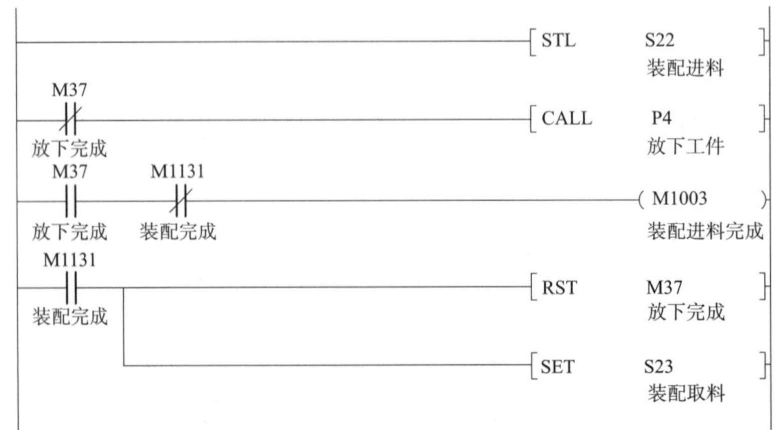

图7-27　联机方式下在装配单元进料的梯形图

机械手完成在装配台放下工件的操作后,主站需要向装配单元发送“装配进料完成”信号;而装配单元完成工件装配后,则向主站应答“装配完成”信号,主站用此信号复位“装配进料完成”“放下完成”标志,并使步进工步转移到下一步,即装配取料步。

上述编程思路同样适用于加工单元进料的工步。但分拣单元进料则略有不同,机械手在其进料口放下工件并手臂缩回后,主站须向分拣单元发送“分拣进料完成”信号,同时转移到下一步(机械手手臂右转步),而不需要等待分拣单元的应答信号。“分拣进料完成”信号则在手臂右转后才执行复位操作。

(六)编制从站联机控制程序

1. 编制从站联机控制程序的基本思路

在单站程序的基础上编制各从站联机运行程序,主要新增和修改的内容如下:

①在程序开始的第0步,用M8038使能,指定从站的站号,梯形图见图7-5。

②各从站启动和停止的主令信号来自主站的系统运行命令。从站则需要向主站发送工作模式、是否准备就绪等状态信息,以满足系统启动的条件。

③各从站步进顺序控制程序初始步的转移条件,都需要加入来自主站的请求信号。

④各从站步进顺序控制程序在完成一个工作周期后,都应向主站发送工作完成信号,如供料完成、装配完成、加工完成、一次分拣完成等,这些信号都用作主站步进过程的步转移信号。

从以上各点来看,从站联机程序的编制工作量不大。一般说来,只需在其单站控制程序的基础上做不大的修改即可。读者可对照供料、装配和加工等工作单元的单站控制程序,自行完成联机程序的编制。

2. 编写分拣单元联机运行程序

从编程任务的要求可以看到,分拣单元是网络信息交换最多的从站;而编程任务对成品工件的分拣要求,也比项目五和项目六复杂。下面重点加以分析。

(1)分拣单元联机运行时 PLC 程序状态检测与启停控制部分的编制

与单站程序比较,主要修改如下:

①在程序开始的第 0 步,用 M8038 使能,指定从站的站号为 4 号站。

②联机运行时,启动/停止操作编程步骤较多,下面以列表方式(见表 7-10)分析编程要点及梯形图。

表 7-10　分拣单元联机运行的启动/停止操作的编程要点及梯形图

编 程 要 点	梯 形 图
步骤 1:检查工作单元启动条件。 ①工作单元运行前,检查工作模式是否为联机模式。并将本站工作模式状态发往主站。 ②工作单元运行前,检查是否在初始状态,如是,则准备就绪。本站准备就绪状态应发往主站	M10 运行状态　M015 方式切换　SET M30 联机模式 X015 方式切换　RST M30 联机模式 M30 联机模式　M1256 分拣联机 X007 推杆1到　X010 推杆2到　X011 推杆3到　X000 STF　X003 入料检测　M0 初始状态 M10 运行状态　M0 初始状态　SET M20 准备就绪 M0 初始状态　RST M20 准备就绪 M20 准备就绪　M1257 分拣就绪
步骤 2:工作单元启动和停止操作。 ①如果工作单元运行前已准备就绪,当接收到主站发送的系统运行命令时,工作单元进入运行状态,M10 被置位。 ②在工作单元运行期间,当主站发送的系统运行命令(M1001)被复位时,置位停止指令 M11。在步进程序返回初始步后,复位运行标志 M10、准备就绪标志,并复位所有有效工件推入料槽累计计数器,最后复位停止指令自身	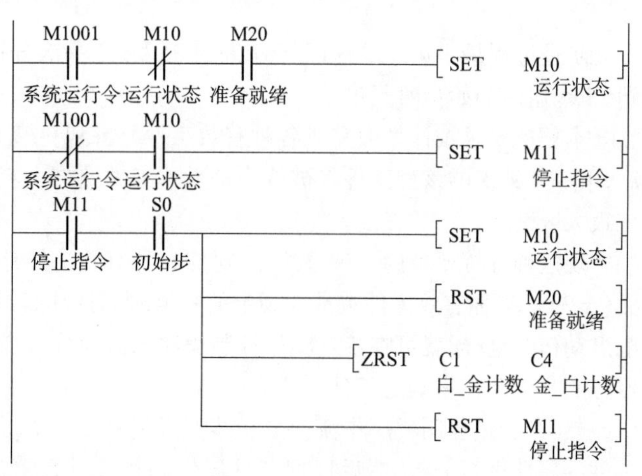

续表

编程要点	梯形图
步骤3:工作单元运行期间,每一扫描周期进行如下操作。 ①使能高速计数器C251,向主站发送分拣运行信息。 ②将主站发送来的变频器设定频率数据转换为供D/A转换的数字量: a. 将模拟量适配器A/D通道1所获取的变频器当前输出频率的数字量发往主站。 b. 接收到供料单元发送的工件金属属性标志为ON时,置位将被分拣工件的金属属性(M40)。 c. 将所有有效工件推入料槽累计计数器的当前计数值发往主站	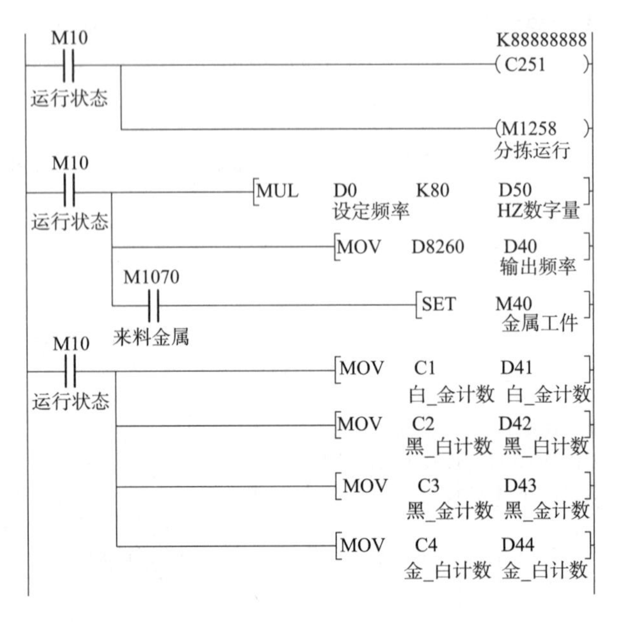

(2)分拣单元步进顺序控制过程的编程思路

本任务的分拣单元步进顺序控制过程的程序流程,与项目五基本相同,也是具有分支的步进顺序控制程序。流程示意图只做了少许修改,如图7-28所示。主要修改如下:

①步进过程的初始步转移条件,从单站运行的按钮按下,修改为主站发送来的“分拣进料完成”信号。

②步进过程最后运行至返回步时,向主站发送“一次分拣完成”信号,该信号持续1 s,当定时时间到,工步返回初始步时复位。

③本任务要求按计划数完成各种有效工件分拣到料槽1或料槽2;当某种有效工件完成分拣计划后,下一个到来的该种工件将被认为是无效工件而推入料槽3。显然,这种分拣要求与项目五比较有很大区别。

实现这种分拣要求的一种方法是,对应每种有效工件都定义一个计数器,计数器的设定值为计划数(=2)。某种有效工件被推入规定的料槽时,对应的计数器加1,当计数值达到设定值时,计数器触点动作。这样,就可在步进顺序控制程序的流向分析步中,根据有效工件的属性以及对应的计数器触点是否动作来确定工件的流向。

显然,在步进控制程序中流向分析步是关键一步。在这一步,当工件被传送到检测区出口时,对工件的属性进行分析,然后根据工件属性和相关计数器的状态,分析确定步进程序应转移的分支。步进控制程序流向分析步的编程要点及梯形图见表7-11。

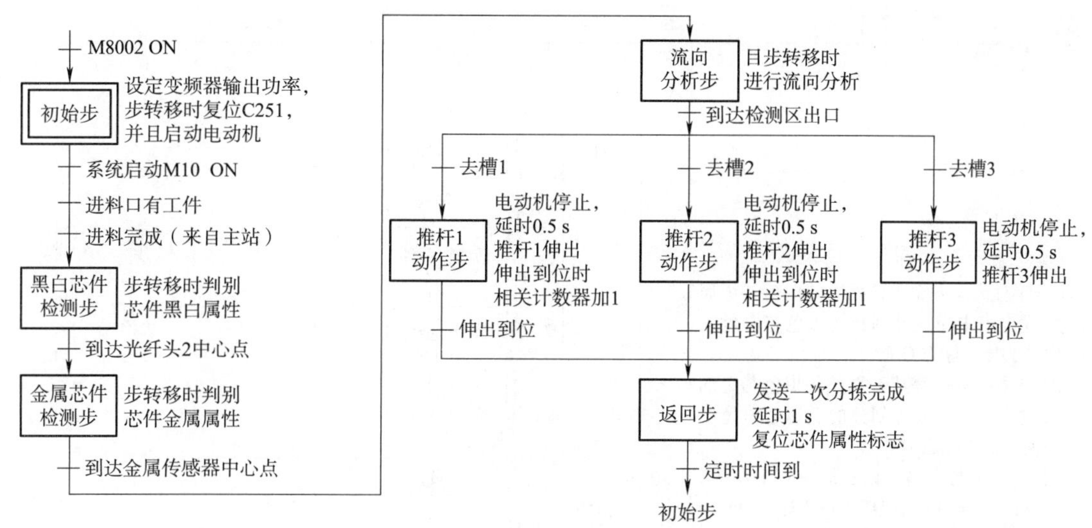

图 7-28　分拣单元步进顺序控制的流程示意图

表 7-11　步进控制程序流向分析步的编程要点及梯形图

编 程 要 点	梯　形　图
步骤 1：确定工件的属性。 当工件到达或超出检测区出口时，综合黑白芯件检测步和金属芯件检测步所获取的芯件属性以及供料单元提供的工件金属或非金属属性，确定工件是否为四种有效工件的一种： ①如果工件为白色芯金属工件，置位其属性标志 M41。 ②如果工件为黑色芯白色工件，置位其属性标志 M42。 ③如果工件为黑色芯金属工件，置位其属性标志 M43。 ④如果工件为金属芯白色工件，置位其属性标志 M44	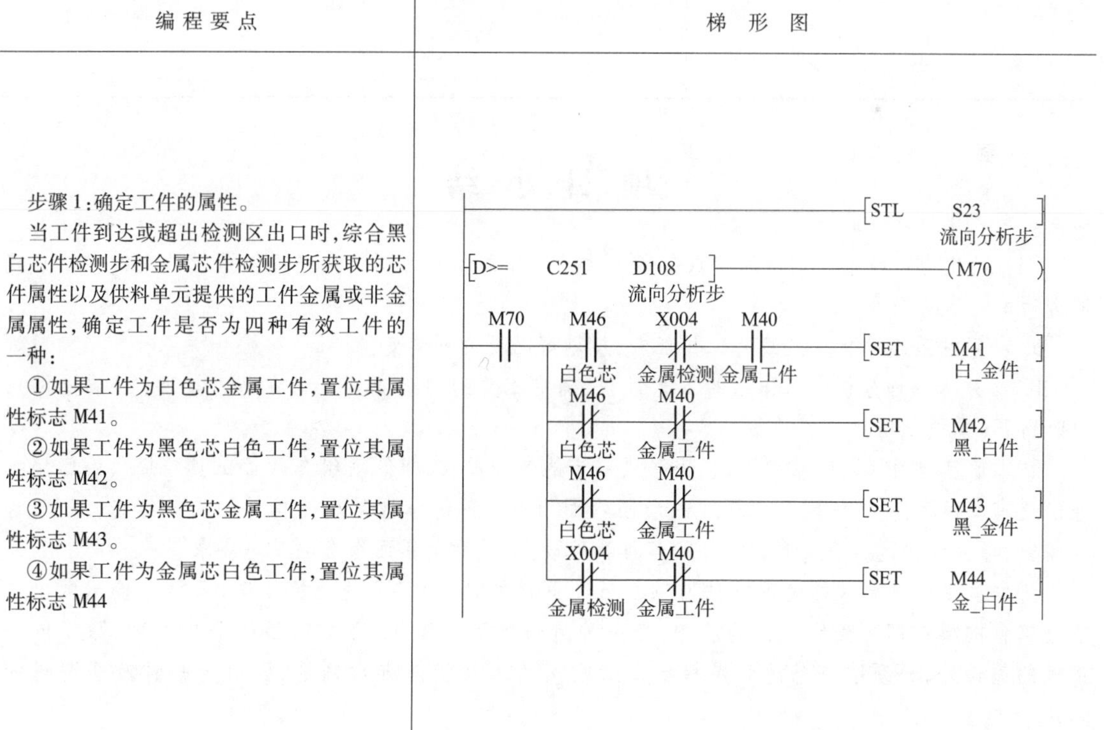

续表

<table>
<tr><th>编 程 要 点</th><th>梯 形 图</th></tr>
<tr><td>步骤2:确定工件流向的转移分支。
①若工件为尚未完成计划数的白色芯金属工件,或为尚未完成计划数的黑色芯白色工件,应使去槽1标志ON。
②若工件为尚未完成计划数的黑色芯金属工件,或为尚未完成计划数的金属芯白色工件,应使去槽2标志ON。
③若去槽1与去槽2标志都在OFF状态,则该工件为无效工件,应使去槽3标志ON。
最后,根据三个标志位的状态完成分支转移</td><td>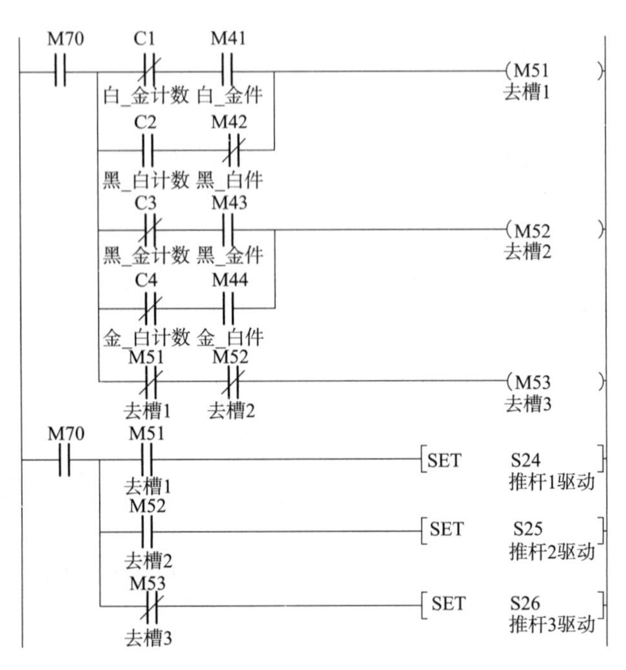
</td></tr>
</table>

项 目 小 结

①自动化生产线整体运行的特点是各工作站工作的相互协调性。确保协调性的关键在于正确地进行网络信息交换。

a. 必须细致地分析生产线的工作任务,规划好必要的网络变量。

b. 必须仔细地分析各工作站的工艺过程,确定相关的网络变量应当在何时接通(或被置位),何时断开(或被复位)。

②本项目在项目六的基础上,提出了进一步的实训要求,即使用组态软件工具箱提供的常用构件以及脚本程序,完成一定复杂程度的动画界面组态。熟练掌握常用的构件的属性组态,例如,标准按钮、指示灯、标签、输入框等构件的各种属性设置,是动画界面组态的基本要求。

③本项目分拣要求的处理方法与项目五不同之处是,项目五的分拣处理,只需在检测区出口依据工件的属性即可确定工件的流向,是一种组合逻辑的算法;而本项目的分拣处理,除了依据工件的属性外,还须结合料槽1或料槽2所收集的工件状态进行判别,因而是一种时序逻辑的算法。

思　考　题

①自动化生产线的工作模式，通常有联机（或全线）运行和单站工作模式。本项目着重于整体运行（联机运行）的实训，工作任务没有提出两种模式的要求。读者可在各单站项目和本项目的基础上，进一步分析具有两种工作模式的工作任务，并加以实施。

②公司对 YL-335B 自动化生产线进行智能化改造，升级后的智能生产线完成了工件供料、装配、加工、分拣以及机器人搬运。该智能生产线由供料、装配、加工、分拣、新输送和机器人码垛单元构成，它们的装置侧安装在铝型材工作台面上，其布局如图 7-29 所示。

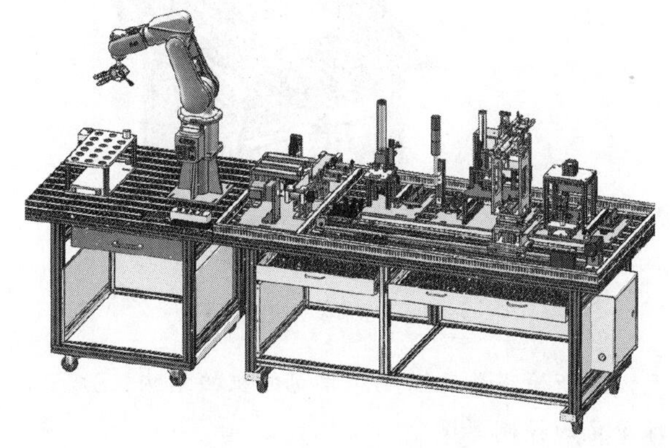

图 7-29　智能生产线布局

与原 YL-335B 相比，主要对原输送单元进行了改造，并新增了机器人码垛单元。

(1)新输送单元功能与机械结构

如图 7-30 所示，新输送单元除了在原来输送单元功能基础上，新增了二层机械手即拆解机械手，抓取码垛工作单元机器人提供的工件和芯体，并分别放入供料单元料仓内和装配单元料仓。新输送单元在项目六的输送单元基础上增加了物料收回用抓取机械手、气爪、三轴带导杆气缸等。

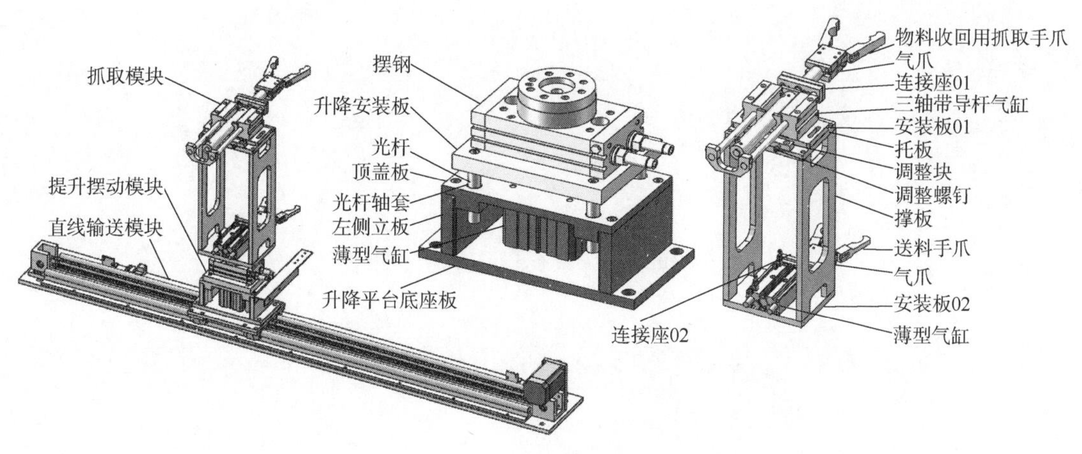

图 7-30　新输送单元机械结构

(2)码垛单元机械结构

机器人站与输送单元拆解机械手配合完成废品的拆解,并将输送单元拆解的芯体放至装配单元,尚需抓取机器人站将拆解后的外壳送往供料单元。码垛单元机械结构如图 7-31 所示。

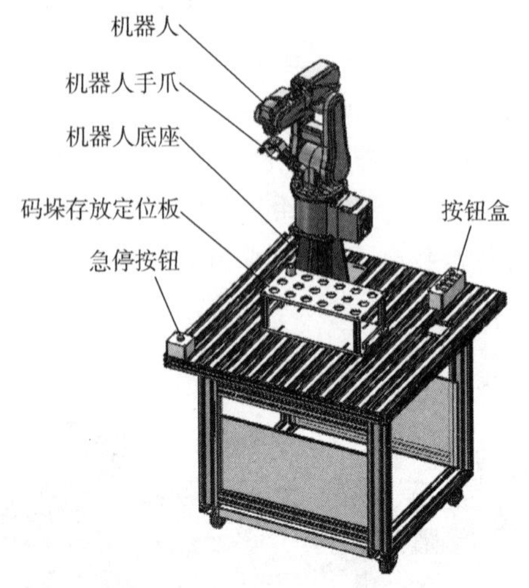

图 7-31　码垛单元机械结构

试结合前序工作单元以及新输送单元与码垛单元的机械结构,完成:

①新输送单元与码垛单元的控制器选型;

②码垛单元机器人选型,如 ABB、新时达、FANUC 等,根据机器人站抓取与拆解功能,进行试校、通信组网等;

③新输送单元与码垛单元的电气控制系统设计、气路设计、传感器调节等;

④改造后的智能生产线编程调试优化。